NUTRITION for PUBLIC HEALTH CARE

NEW 보건영양학

윤미은 · 류혜숙 · 박현진 · 오현경 · 이순희

지구문화사
JIGU PUBLISHING Co.

머 리 말

건강과 다이어트에 관한 많은 서적들이 넘쳐나지만 병원에는 항상 환자들이 북적입니다. 건강을 유지하고 질병으로부터 자유롭기가 쉽지만은 않은 것 같습니다. 이 책에서는 건강을 유지하고 질병에서 회복하는데 영향을 미치는 요인들 중 하나인 영양관리를 개인과 가정, 더 나아가서는 국가차원에서 살펴보았습니다.

이 책은 모두 5부로 구성되어 있습니다. 1부에는 인체의 건강에 유지하는데 영향을 미치는 기초지식인 에너지와 영양소에 관하여 서술하였고, 2부는 영양관리 대상의 요구 진단 및 영양평가와 생애주기별 영양관리를, 3부에서는 영양불량과 관련되는 비전염성 질환인 비만, 당뇨병, 고혈압, 암, 그리고 골다공증의 예방을 위한 영양관리를 설명하였습니다. 4부에서는 영양정책과 영양행정을, 마지막으로 5부에서는 국제적으로 대두되고 있는 영양문제와 더불어 이를 해결하기 위한 국제기구의 활동 등을 중점적으로 다루었습니다.

전문인들은 물론, 일반인들도 이해하기 쉽게 영양에 관한 기초지식들을 설명하고 최신정보들을 수집하고자 노력하였으나 교재의 내용 중 부족한 부분을 계속 보충하고 수정하는데 열과 성을 다하고자 합니다.

이 책이 나오기까지 도움을 준 지구문화사 주병오 사장님을 비롯한 직원 여러분들께 감사의 말씀을 전합니다.

갑오년 가을에

필자 대표

차례

Contents

PART Ⅲ 질병과 영양관리

Chapter 6. 비 만

Chapter 7. 당뇨병

Chapter 8. 고혈압

Contents

PART V 국제 보건영양

Chapter 13. 저영양

Chapter 14. 미량영양소 결핍

PART Ⅰ

인체의 건강과 보건영양

Chapter 1. 보건영양학 개론

2. 건강과 영양소

Chapter 1.

보건영양학 개론

- 건강의 정의를 설명할 수 있다.
- 영양과 영양소의 정의를 설명할 수 있다.
- 인체와 영양소, 그리고 식품의 관계를 이해하고 설명할 수 있다.
- 식사지침을 설명할 수 있다.
- 식품구성탑을 이해하고 설명할 수 있다.
- 영양불량을 설명할 수 있다.

SECTION 1 보건영양의 목적

보건영양은 국민을 대상으로 영양개선활동을 실시하여 건강을 증진하고 질병을 예방함으로써 삶의 질 향상에 기여함을 목적으로 한다.

SECTION 2 건강의 정의

(1) 건강의 정의

세계보건기구(WHO)에서는 건강을 "신체적, 정신적, 그리고 사회적으로 완전히 양호한 상태를 의미하며 단순히 질병이 없거나 허약하지 않은 것을 의미하는 것은 아니다(Health is a complete state of physical, mental, social well-being and not merely the absence of disease or infirmity)" 라고 정의하고 있다.

분 류	설 명
건강 (Wellness)	신체적, 정신적, 감정적, 영적 그리고 사회적으로 건강한 상태
우수한 건강 (Superior level of health)	모든 분야에서의 건강을 포함하고 모든 필요에 대처할 수 있는 상태
좋은 건강 (Good level of health)	대부분의 필요는 대처할 수 있으나 몇 부분에서는 주의가 필요한 상태
보통의 건강 (Moderate level of health)	증상을 예방할 수 있을 만큼의 최소한 필요를 대처할 수 있을 정도로 기능을 하는 상태
경계수준의 건강 (Marginal level of health)	증상이 나타나지만 곧 대처할 수 있는 상태
나쁜 건강 (Poor level of health)	증상을 대처하기 위해 약을 사용하고 잘 해결되지 않는 상태
질병으로 인한 죽음 (Death from disease)	신체적, 정신적, 감정적, 영적 그리고 사회적으로 기능을 잘 하지 못하는 상태

그림 1-1 건강과 질병라인

(2) 건강을 결정짓는 요인

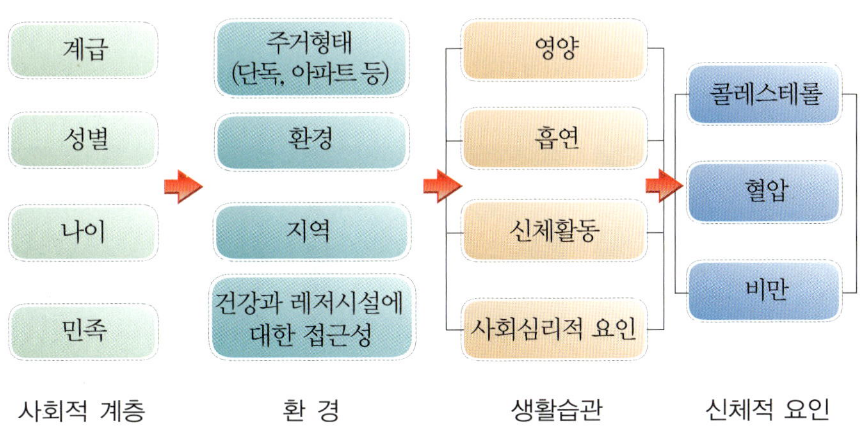

그림 1-2 건강을 결정짓는 요인

(3) 영양의 정의

영양은 체내에서 영양소가 이용되는 과정이며 영양소는 물질이다.

1) 영양이란?

영양이란 인체가 생명을 유지하고 성장 및 재생 등을 위하여 외부로부터 음식물을 섭취하여 소화, 흡수 그리고 대사하는 과정이다.

check point

탄수화물의 소화는 입에서, 단백질은 위에서, 지방은 소장에서 소화가 시작된다. 섭취하는 식품의 종류와 양은 소화시간에 영향을 미치며 특히 지방의 양과 섭취량이 많을수록 소화시간이 길어진다.

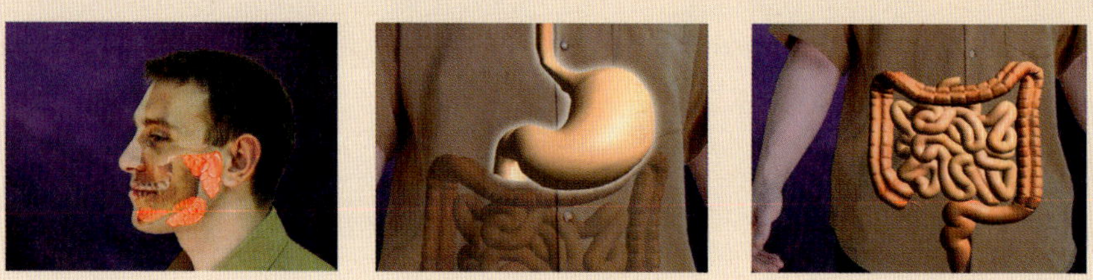

탄수화물의 소화는 입에서 시작된다. | 단백질의 소화는 위에서 시작된다. | 지방의 소화는 장에서 시작된다.

그림 1-3 다량영양소의 소화가 시작되는 장소

그림 1-4 식사량과 종류에 따른 소화시간

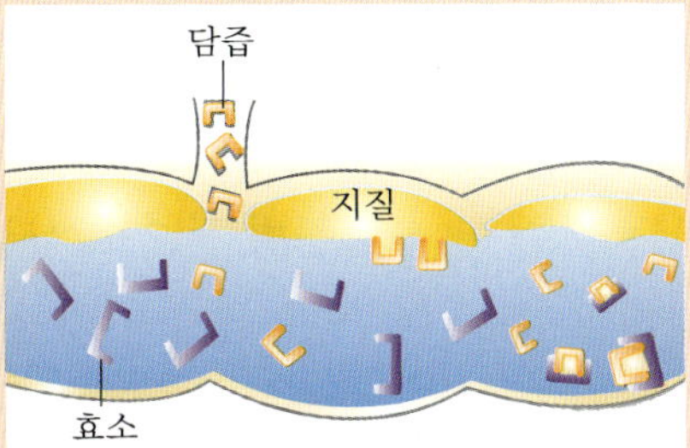

그림 1-5 지방의 소화를 돕는 담즙의 역할

지방을 함유한 음식이 입에서 위를 지나 십이지장으로 이동하면 담즙산이 분비되는데, 이 담즙산이 지방을 작은 크기의 지방으로 유화시키면 소장과 췌장에서 분비된 지방소화효소의 소화가 시작된다.

[용어 정의]

- 소화 : 섭취한 음식물을 분해하여 영양분을 흡수하기 쉬운 형태로 변화시키는 작용.
  예) 밥에 있는 크기가 큰 영양소인 전분을 세포에서 흡수할 수 있는 작은 크기의 영양소인 포도당으로 잘라 주는 과정
- 흡수 : 세포 외의 영양소를 세포 내로 빨아들이는 과정
- 대사 : 생물체가 몸 밖으로부터 섭취한 영양물질을 몸 안에서 분해하고, 합성하여 생체 성분이나 생명활동에 쓰는 물질, 에너지를 생성하고 필요하지 않은 물질을 몸 밖으로 내보내는 작용
- 당질 : 탄소(C)와 물(H_2O)이 결합되어 있는 탄수화물[$C_n(H_2O)_n$]의 다른 이름

2) 영양소의 정의

영양소란 인체가 생명을 유지하고 성장 및 재생 등을 위하여 외부로부터 섭취하는 물질을 말한다. 인체는 식품으로부터 영양소를 공급받는다. 필수영양소란 신체 내에서 합성하지 못하거나 합성하더라도 충분한 양을 합성하지 못하여 성장과 정상기능을 위해 식품으로 공급되어야 하는 영양소를 말한다. 필수영양소의 종류로는 탄수화물, 지방, 단백질, 비타민, 무기질 그리고 물이 있다.

3) 영양불량이란?

인체가 섭취한 식품 중 특정 영양소가 결핍되거나 과잉되면 결핍증이나 과잉증이 나타나며, 이러한 현상을 영양불량이라고 한다. 식품 섭취의 제한이 있는 경우에만 영양결핍이 나타나는 것이 아니라 질병 등으로 식품을 섭취하지 못하는 경우도 영양결핍이 나타날 수 있다. 입원환자의 영양불량이 한 예이다.

4) 균형식이란?

우리는 매일 매끼의 식사를 통해서 인체가 필요로 하는 영양소를 알맞은 때에 필요한 양만큼 섭취하여야 한다. 땅에 뿌리를 내리고 자라는 식물은 태양빛 에너지와 이산화탄소를 가지고 포도당이라는 에너지를 내는 영양소를 만들 수 있지만, 움직이는 동물은 에너지를 직접 생산하지 못하고 외부에서 식품 또는 음식의 형태로 영양소를 얻는다.

물, 탄수화물, 단백질, 지방, 비타민 그리고 무기질의 각각의 영양소의 기능과 역할에 대해서 익히는 것은 건강을 유지하고 증진시키며 질병을 예방하는 데 매우 중요하다.

① 에너지를 내는 영양소인 탄수화물, 단백질, 지방
② 우리 몸을 구성하는 영양소인 물, 단백질, 지방, 무기질
③ 우리 몸 기능을 조절하는 영양소인 비타민, 무기질, 단백질 등

중요한 점은 물, 탄수화물, 단백질, 지방, 비타민, 무기질이라는 영양소를 적절한 비율로 매끼 섭취하여야 한다는 것이다. 아침에는 탄수화물을 먹고 점심 때는 단백질을, 그리고 저녁에는 지방을 섭취하는 것은 바람직하지 않다. 다행히도 우리가 손쉽게 섭취할 수 있는 식품에 이들 영양소가 골고루 함유되어 있으므로 최대한 자연의 형태로 파괴시키지 않고 섭취하는 것이 중요하다.

주의할 점은 과일과 채소가 암을 예방하고 질병을 예방하는 좋은 식품이라고 하여 특정 식품만 섭취해서는 안된다는 점이다. 곡류, 콩류, 견과류 등의 식품들도 같이 골고루 섭취하여야 한다. 예를 들면 쌀에는 탄수화물이 가장 많이 포함되어 있고 단백질과 지방뿐 아니라 비타민, 무기질 그리고 소량의 물까지 모든 성분들이 포함되어 있다. 이렇게 영양적으로 우수한 쌀이라 해도 우리가 밥과 함께 국이나 반찬을 챙겨서 먹어야 하는 이유는 쌀에는 비타민 C나 단백질 그리고 철분 등이 충분히 들어 있지 않기 때문이다. 영양소 함량이 다른 식품들을 지혜롭게 선택하여 균형있게 섭취하는 것은 건강을 유지하는 데 중요한 일이다.

바람직한 식사관리를 위해서는 첫째, 다양성(variety), 둘째, 적절한 양(moderation), 셋째, 균형(balance)을 고려하여야 한다. 국가별로 식품군별 섭취량을 그림으로 나타내는데 우리나라는 자전거 모양으로, 중국은 탑 모양으로, 미국은 접시 모양으로, 일본과 지중해 지방은 피라미드 모양으로 표현한다. 식품의 위치와 크기는 식품군의 중요성과 양을 나타낸다.

그림 1-6
우리나라 식품구성 자전거

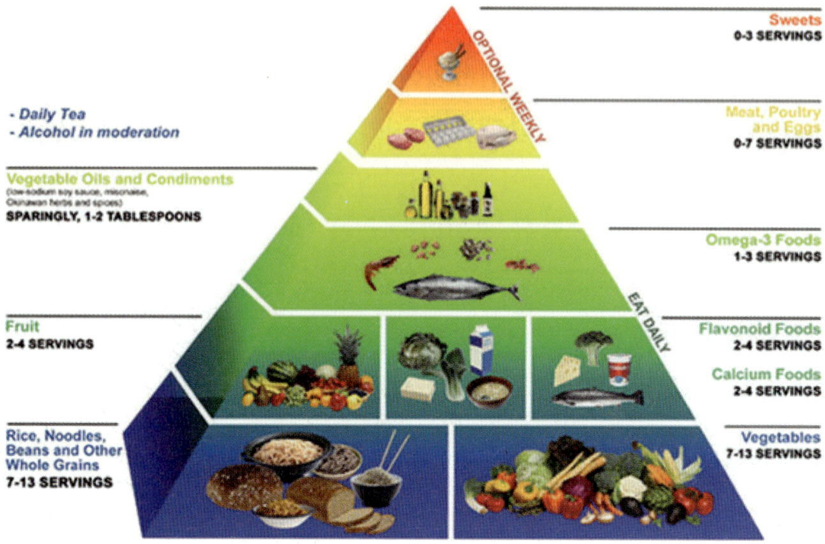

a. 일본

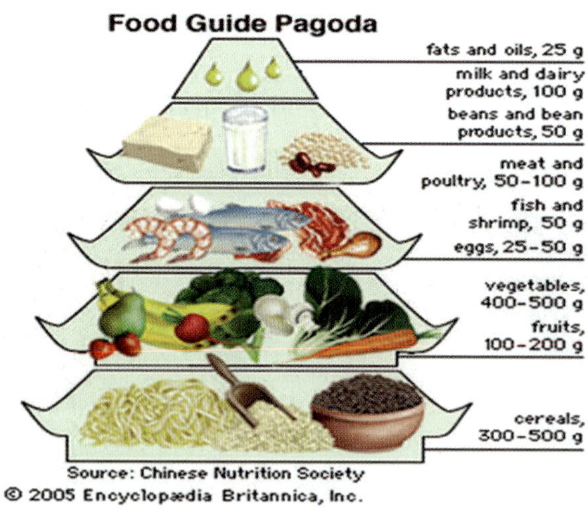

b. 중국

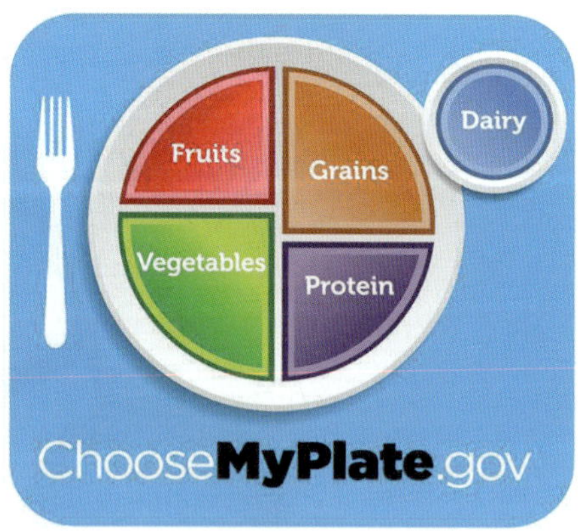

c. 미국

그림 1-7 외국의 식사구성안

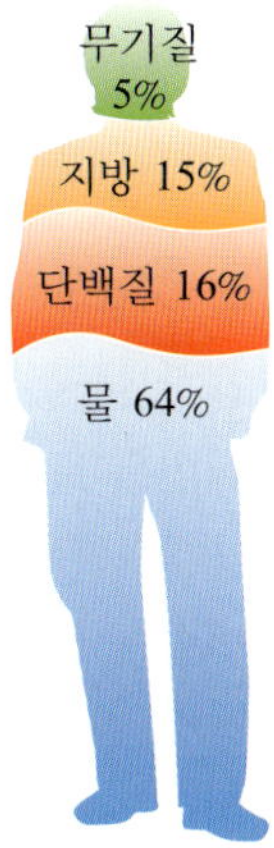

그림 1-8 우리 몸의 구성성분

식품은 인체에 영양소를 공급한다. 인체와 비슷하게 식품의 가장 많은 부분을 차지하는 영양소도 물이다. 탄수화물을 가장 많이 함유하는 식품으로 곡류 및 전분류가 있고, 지방과 단백질을 많이 함유하는 식품으로는 고기, 생선, 달걀, 콩류, 견과류가 있다. 또한, 비타민과 무기질을 많이 함유하는 식품으로는 과일과 채소가 있다. 식품마다 영양소의 함량이 각기 다르기 때문에 다양한 식품을 고루 섭취해야 필요한 영양소를 얻을 수 있다.

인체를 구성하는 영양소 중 가장 많은 부분을 차지하는 것은 물로써 체중의 약 59~62% 정도이다. 다음은 지방 16~22%, 단백질 14~16%, 무기질 5~7%, 그리고 탄수화물이 약 1%를 차지한다.

표 1-1 영양소의 인체구성 비율

성 분	비 율(%)
물	59 ~ 62
지질	16 ~ 22
단백질	14 ~ 16
무기질	5 ~ 7
당질	약 1

Question

1. 다음 중 보건영양의 목적으로 맞는 것은?

① 보건영양은 국민을 대상으로 영양개선활동의 실시를 통해 건강을 증진하고 질병을 예방하여 삶의 질 향상에 기여함을 목적으로 한다.

② 보건영양은 환자를 대상으로 영양개선활동의 실시를 통해 건강을 증진하고 질병을 치료하여 삶의 질 향상에 기여함을 목적으로 한다.

③ 보건영양은 국민을 대상으로 영양개선활동의 실시를 통해 건강을 증진하고 질병을 치료하여 삶의 질 향상에 기여함을 목적으로 한다.

④ 보건영양은 건강인을 대상으로 영양개선활동의 실시를 통해 건강을 증진하고 질병을 예방하여 삶의 질 향상에 기여함을 목적으로 한다.

⑤ 보건영양은 국민을 대상으로 생활개선활동의 실시를 통해 건강을 증진하고 질병을 예방하여 삶의 질 향상에 기여함을 목적으로 한다.

2. 다음 중 건강의 정의로 맞는 것은?

① 건강은 신체적, 정신적, 그리고 사회적으로 완전히 양호한 상태를 의미하며 단순히 질병이 없는 것을 의미한다.

② 건강은 신체적, 정신적, 그리고 사회적으로 완전히 양호한 상태를 의미하며 단순히 질병이 없거나 허약하지 않는 것을 의미하는 것은 아니다.

③ 건강은 신체적, 정신적으로 완전히 양호한 상태를 의미하며 단순히 질병이 없거나 허약하지 않는 것을 의미하는 것은 아니다.

④ 건강은 신체적, 정신적, 그리고 사회적으로 완전히 양호한 상태를 의미하며 허약하지 않는 것을 의미한다.

⑤ 건강은 신체적으로 완전히 양호한 상태를 의미하며 단순히 질병이 없거나 허약하지 않는 것을 의미하는 것은 아니다.

3. 다음 중 영양과 영양소의 정의로 가장 맞는 것은?

① 영양은 영양소가 체내에서 소화되는 과정이며 영양소는 물질이다.

② 영양은 영양소가 체내에서 흡수되는 과정이며 영양소는 물질이다.

③ 영양은 영양소가 체내에서 대사되는 물질이며 영양소는 과정이다.

④ 영양은 영양소가 체내에서 이용되는 과정이며 영양소는 물질이다.

⑤ 영양은 수분이 체내에서 이용되는 과정이며 영양소는 물질이다.

4. 다음 괄호 안에 들어갈 단어로 맞는 것은?

> 탄수화물의 소화가 시작되는 장소는 (　　)이고 단백질은 (　　)에서 그리고 지방은 (　　)은 소화가 시작된다.

① 소장, 위, 입　② 위, 입, 소장　③ 입, 소장, 위
④ 입, 위, 소장　⑤ 입, 소장, 대장

5. 다음 중 소화시간에 영향을 미치는 요인으로만 구성된 것은?

> (가) 식품의 종류　(나) 식품의 색깔
> (다) 식품의 섭취량　(라) 식품의 향

① (가), (나), (다)　② (가), (다)　③ (나), (라)
④ (라)　⑤ (가), (나), (다), (라)

6. 영양불량의 정의로 맞는 것은?

① 인체가 섭취한 식품 중 특정 영양소가 결핍인 경우를 영양불량이라고 한다.
② 인체가 섭취한 식품 중 특정 영양소가 과잉인 경우를 영양불량이라고 한다.
③ 인체가 섭취한 식품 중 특정 영양소가 결핍되거나 과잉인 경우 둘 다 영양불량이라고 한다.
④ 인체가 섭취한 식품 중 모든 영양소가 결핍되거나 과잉인 경우 둘 다 영양불량이라고 한다.
⑤ 인체가 섭취한 식품이 결핍된 경우를 영양불량이라고 한다.

7. 균형잡힌 식생활을 위해 각 식품의 양과 중요성을 그림으로 표시한 것은?

① 식품교환표　② 식품구성탑　③ 식품모형
④ 식사구성안　⑤ 식품구성자전거

8. 다음 중 필수영양소로만 구성된 것은?

(가) 지질	(나) 비타민
(다) 무기질	(라) 당질

① (가), (나), (다) ② (가), (다) ③ (나), (라)
④ (라) ⑤ (가), (나), (다), (라)

9. 다음 중 우리 몸을 구성하는 영양소 중 가장 많은 부분을 차지하는 것은?

① 지방 ② 단백질 ③ 무기질
④ 물 ⑤ 탄수화물

10. 바람직한 식사관리를 위해서 고려할 요인들로 구성된 것은?

(가) 다양성	(나) 적절한 양
(다) 균형식	(라) 기호

① (가), (나), (다) ② (가), (다) ③ (나), (라)
④ (라) ⑤ (가), (나), (다), (라)

[해답] 1. ① 2. ② 3. ④ 4. ④ 5. ② 6. ③ 7. ⑤ 8. ⑤ 9. ④ 10. ①

Chapter 2.

건강과 영양소

SECTION 1 건강과 에너지

- 다량영양소의 종류를 설명할 수 있다.
- 식품의 열량을 계산할 수 있다.
- 인체의 에너지 필요량에 대해 이해하고 설명할 수 있다.
- 인체의 에너지 필요량을 계산할 수 있다.

1. 다량영양소

다량영양소란 탄수화물, 단백질, 지방을 말하며 에너지를 만드는 영양소라는 공통점이 있다. 식품에 포함되어 있는 탄수화물과 단백질은 1g당 4kcal를 내며 지방은 1g당 9kcal를 낸다. 예를 들면 달걀 50g에는 탄수화물 0g, 단백질 10.2g, 지방 3g이 함유되어 있어서 달걀의 에너지를 구하면 다음과 같다.

달걀의 열량(에너지)

= (0g×4kcal) + (10.2g×4kcal) + (3g×9kcal)

= 0kcal + 40.8kcal + 27kcal

= 67.8kcal

그림 2-1 탄산음료의 설탕 함량과 열량

그림 2-2 각종 가공식품 중에 숨어있는 설탕 함량과 열량

[연습문제]

1. 밥 210g (한 공기)에는 탄수화물 69g, 단백질 6g, 지방 0g이 함유되어 있다. 밥 한 공기의 열량은?
   (69g× 4kcal) + (6g × 4kcal) + (0g × 9kcal) = ____kcal + ____kcal+ 0kcal = _____kcal

   답 : 300 kcal
2. 참기름 5g (한 작은술)에는 탄수화물 0g, 단백질 0g, 지방 5g이 함유되어 있다. 참기름 한 작은술의 열량은?
   (0g× 4kcal) + (0g× 4kcal) + (5g× 9kcal) = 0kcal + 0kcal +____kcal = _______ kcal

   답 : 45 kcal

2. 인체의 에너지 필요량

인체의 에너지 필요량은 기초대사량, 활동대사량, 그리고 식품의 특이동적 작용의 합으로 구할 수 있다.

인체의 에너지 필요량 = 기초대사량 + 활동대사량 + 식품의 특이동적 작용에 의한 대사량

① **기초대사량** : 신체가 생명현상을 유지하는 데 기본적으로 필요한 열량을 말한다.
[예] 호흡, 혈액순환, 배설, 근육의 긴장 등

② **활동대사량** : 신체활동을 위하여 필요한 열량을 말한다. (단위: kcal /kg /hr)
[예] 가벼운 활동 = 0.79, 중간활동 = 1.10, 심한 활동 = 1.69

③ **식품의 특이동적 작용에 의한 대사량** : 식품을 섭취할 때 식품의 열량을 완전히 공급받지 못하고 대사과정에서 이용하여 공제되는 열량을 말한다.
[예] 혼합식 = 10%, 탄수화물 = 6%, 지방 = 4%, 단백질 = 30%

④ 1일 총 에너지 필요량 (① + ② + ③)

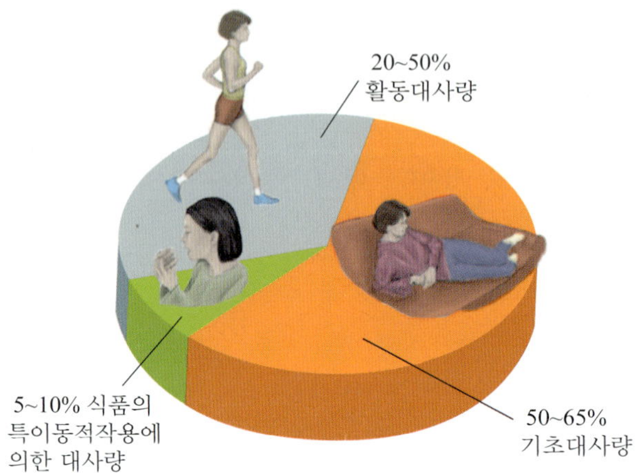

그림 2-3 에너지 필요량 구성요소

일반적으로 에너지 필요량 중 기초대사량(basal metabolism)이 50~65% 정도로 가장 큰 비율을 차지하고 다음으로 활동대사량(25~50%)과 식품의 특이동적 작용에 의한 대사량(5~10%)으로 구성된다. 늘 앉아있는 직업을 가진 사람들은 활동대사량이 기초대사량의 절반도 못되는 반면에 매우 활동적인 사람은 활동대사량이 기초대사량과 비슷하다.

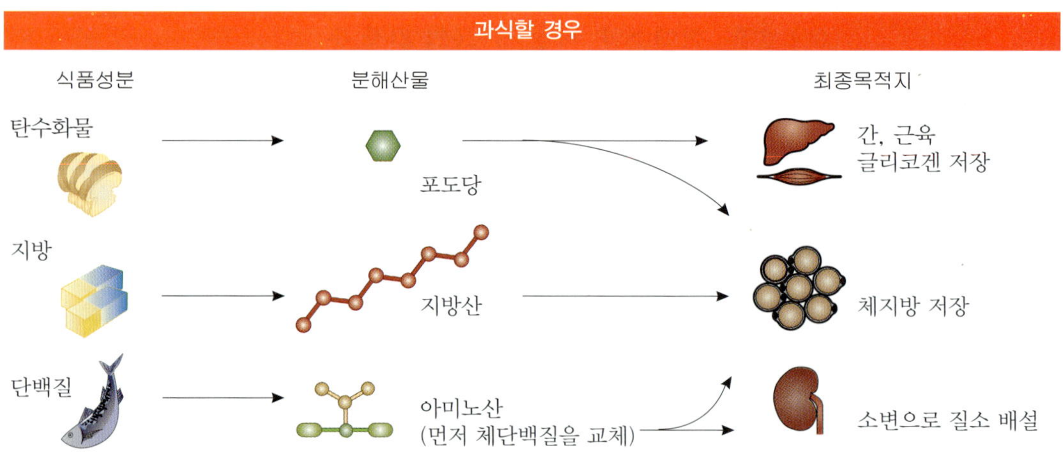

그림 2-4 과식에 의한 에너지 저장

밥이나 국수 등의 식품으로 탄수화물을 필요량보다 많이 섭취하면 소화기관에서 포도당으로 흡수되어 어느 정도까지는 포도당의 저장형태인 글리코겐으로 간과 근육에서 저장된다. 신체에서 글리코겐을 저장할 수 있는 양은 근육량에 따라 다르지만 대체적으로 300g 내외이며, 글리코겐 저장량을 초과한 탄수화물은 체지방으로 저장된다.

[용어 정의]

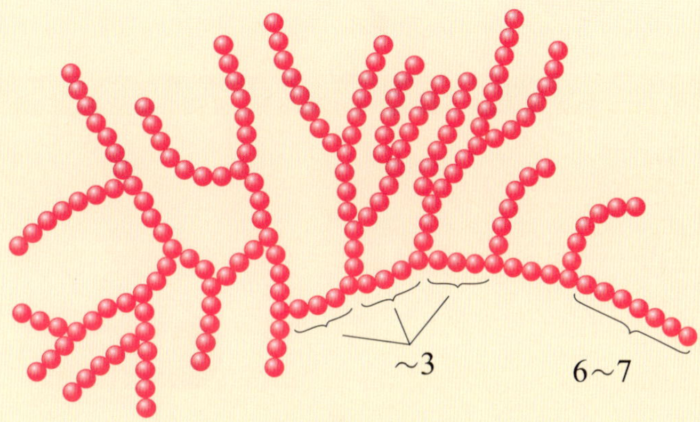

그림 2-5 글리코겐의 구조

• **글리코겐** : 글리코겐은 인체에서 에너지가 급히 필요할 때 신속하게 저장된 포도당을 공급하기 위해 간과 근육의 세포에서 포도당을 여러 개 결합한 다당류이다. 글리코겐의 구조는 포도당이 가지를 뻗어 나간 모양을 한 아밀로펙틴과 흡사하다. 간에서 생성된 글리코겐은 성인의 경우에 100~120 g 정도로 다른 장기에서도 사용된다. 근육세포의 글리코겐의 농도는 간세포보다 훨씬 낮지만, 전체적인 양은 간에 저장된 글리코겐보다 많다.

지방이 포함된 식품이나 조리과정에서 기름을 사용하여 지방량이 많아진 음식을 많이 섭취하면 소화기관에서 지방산으로 분해되어 흡수되고, 필요량을 초과한 지방은 체지방으로 저장된다.

단백질은 우선 체단백을 구성하는데 사용되며, 질소 부분은 소변으로 배설되고 과도하게 섭취한 단백질은 체지방으로 저장된다.

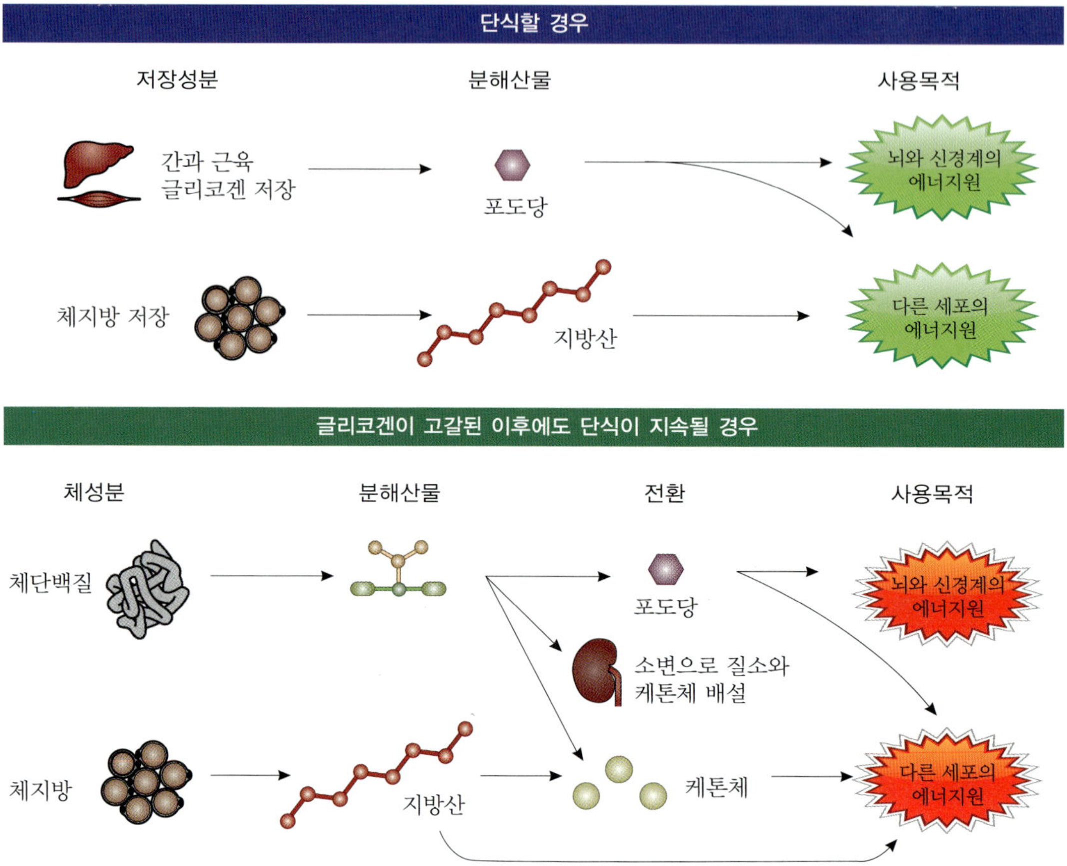

그림 2-6 단식시 에너지 사용

음식을 먹지 않고 굶으면, 우선 간과 근육에 저장된 글리코겐이 포도당으로 분해되어 뇌와 신경계를 위한 에너지로 사용된다. 저장된 체지방도 지방산으로 분해되어 다른 세포들을 위한 에너지원으로 사용된다.

저장된 글리코겐을 모두 사용하고도 계속 굶으면 체단백질이 아미노산으로 분해된 후, 포도당으로 바뀌어 뇌와 신경계를 위한 에너지로 사용된다. 저장된 체지방도 지방산으로 분해되어 다른 세포들을 위한 에너지원으로 사용된다.

[연습문제]

1. 체중 50kg, 수면시간 6시간, 활동지수가 0,79인 여대생의 1일 에너지 필요량을 계산하시오.
   ① 24시간 동안의 기초대사량(a−b, A)
   기초대사량(a) : 0.9 × 50kg × 24시간 = 1080 kcal
   (남자 대학생인 경우, 기초대사량(a) : 1 × 체중 × 24시간)
   수면에 의한 공제(b) 0.1 × 50kg × 6시간 = 30 kcal
   따라서 기초대사량A는 1080 − 30 = 1050 kcal
   ② 활동대사량(B) : 0.79 × 50 kg × 18 = 711 kcal
   따라서 활동대사량은 711 kcal
   ③ 식품의 특이동적 작용에 의한 대사량(A + B의 10%, C)
   (1050 + 711) × 0.1 = 1761 × 0.1 = 176 kcal
   따라서 식품의 특이동적 작용에 의한 대사량은 176 kcal
   ④ 1일 총 에너지 필요량(A + B + C) 1050 + 711 + 176 = 1937

2. 체중 _____kg, 수면시간 _____시간, 활동지수가 0.79인 나의 1일 에너지 필요량을 계산해 보자.
   ① 24시간 동안의 기초대사량(a−b, A)
   기초대사량(a) : 0.9 × ___ kg × 24 시간 = _____ kcal
   수면에 의한 공제(b) : 0.1 × ___ kg × ___시간 =_____ kcal
   따라서 기초대사량A는 _____ − ___ = _____ kcal
   ② 활동대사량(B): 0.79 × ___ kg × ___ = _____ kcal
   따라서 활동대사량은 _____ kcal
   ③ 식품의 특이동적 작용에 의한 대사량(A + B의 10%, C)
   (____ + ____) × 0.1 = ____ × 0.1 = ____ kcal
   따라서 식품의 특이동적 작용에 의한 대사량은 ____ kcal
   ④ 1일 총 에너지 필요량(A + B + C) _____+ ___ + ___ = ____ kcal

SECTION 2 탄수화물과 건강

- 탄수화물의 종류를 설명할 수 있다.
- 식품 속의 탄수화물의 형태를 설명할 수 있다.
- 탄수화물 필요량을 설명할 수 있다.

1. 탄수화물의 종류

탄수화물은 구성하는 당의 크기에 따라 단당류, 이당류, 소당류(올리고당) 그리고 다당류로 나눈다. 다시 단당류는 우리 혈액에 포함되어 있는 포도당, 배와 같은 과일에 들어 있는 과당, 그리고 모유나 우유 등 유즙에 들어 있는 젖당이 있다. 이러한 단당류들이 둘씩 모여서 이당류를 구성하는데 포도당만 둘이 모이면 엿당(맥아당), 포도당과 과당이 만나면 자당(설탕), 포도당과 갈락토오스가 만나면 유당이 된다.

당이 3개 이상 10개 미만이 모여 이루어진 당을 소당류(올리고당)라고 한다.

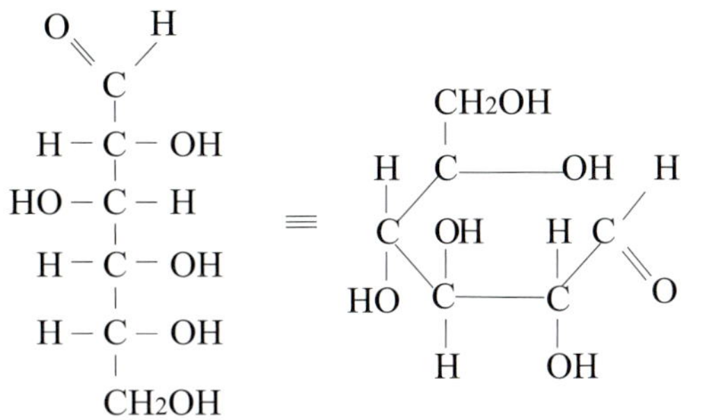

그림 2-7 포도당의 구조

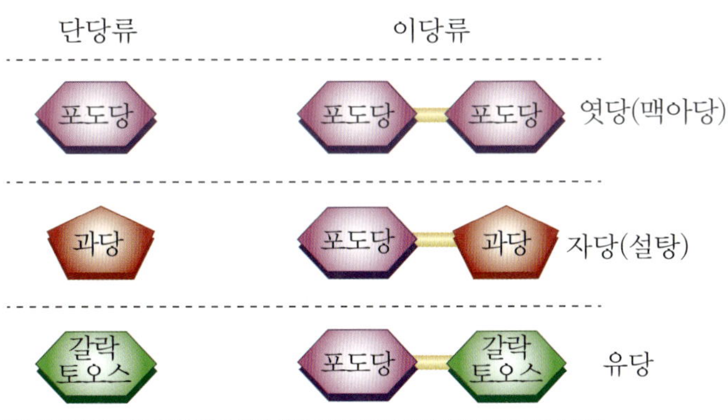

단당류와 이당류의 구성

그림 2-8 이당류의 구성

그림 2-9 우유와 그 대체식품

마지막으로 당이 10개 이상 모여서 구성된 당을 다당류라고 하는데 우리가 소화하여 에너지로 사용할 수 있는 전분과 몸에서 소화되지 않기 때문에 이용되지 않는 섬유소로 크게 나눌 수 있다.

전분은 결합한 모양에 따라 나란히 사슬 모양으로 연결된 아밀로오스와 사슬에서 옆으로 가지를 뻗어 나간 아밀로펙틴이 있다. 비유하자면 아밀로펙틴은 찹쌀밥, 아밀로오스는 멥쌀밥과 비슷하다.

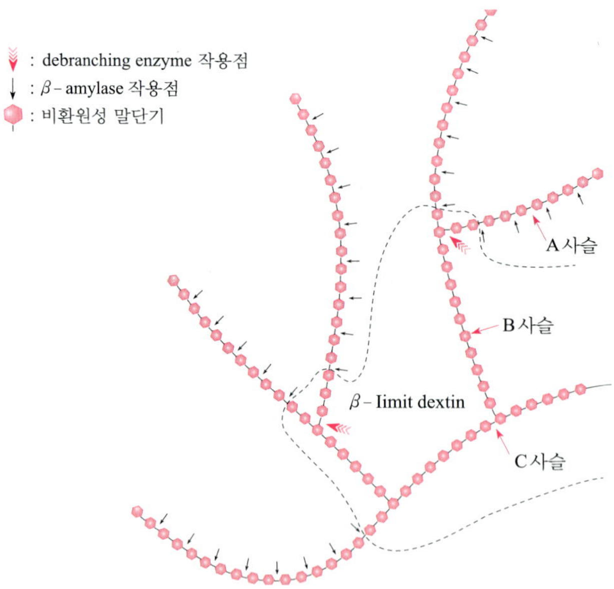

그림 2-10 아밀로펙틴의 구조

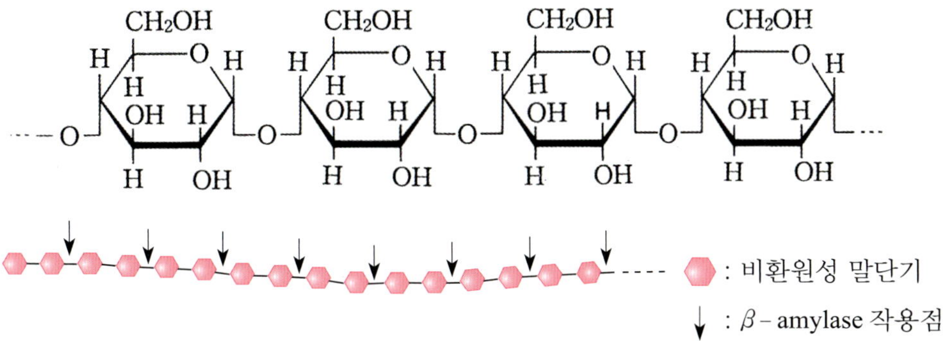

그림 2-11 아밀로오스의 구조

그림 2-12 사과 중에 함유된 식이섬유소

2. 식품 속의 탄수화물

탄수화물을 구성하는 당의 구조와 크기별 종류를 살펴보았다. 이제 우리가 먹는 식품에는 어떤 당이 있는지 알아보자.

(1) 밥

밥은 다당류인 전분이 물과 가열에 의해 호화 상태로 된 것으로 구조가 느슨해져 있는 것이다. 흰밥보다는 현미나 통밀 등 깎아내지 않은 식품인 복합다당류를 섭취하는 것이 좋다. 복합다당류는 전분 외에 단백질, 지방, 비타민, 무기질 그리고 섬유소 등이 포함되어 건강에 유익하므로 매일 매끼 섭취하기를 권장한다.

(2) 라 면

라면도 전분으로 만들어진 식품이지만, 면을 만들어 쪄 낸 후 다시 튀겨 판매한 것을 끓여 먹기 때문에 밥보다도 구조가 느슨해져 있다. 이러한 특징으로 인해 혈당을 빨리 올리고 인슐린을 바쁘게 만드는 작용을 한다.

(3) 찹쌀밥

찹쌀밥은 보리밥이나 잡곡밥보다 흡수속도가 빨라 혈당을 빨리 올릴 수 있다. 따라서, 섬유소가 많은 나물이나 야채 반찬과 함께 먹는 것이 좋다.

(4) 식 혜

식혜는 쌀에 있는 전분이 엿기름의 효소와 물 그리고 적당한 온도에 의해 포도당이 두 개씩 모여 있는 엿당이 된 것이다.

(5) 과일 주스

과일 주스는 농축된 과즙원액을 희석하는 과정에서 물을 첨가한 것에 추가로 설탕보다 저렴하고 단맛이 강한 액상과당을 첨가한 것이다. 어떤 주스는 과일이 포함되어 있지 않고 과일향과 과일맛 성분 및 과일 색소 그리고 액상과당으로 구성되기도 한다.

(6) 과 일

과당이나 포도당 등 단당류의 함량이 많은 과일일수록 더 달고 칼로리도 높다. 또한 알맹이 부분인 과육에는 콜레스테롤을 배설시켜서 혈액 중 콜레스테롤을 낮추어 주는 물에 녹는 섬유소(용해성 식이섬유소)인 펙틴 등이 포함되어 있고 껍질 부분에는 물에 녹지 않는 섬유소(불용해성 식이섬유소)라고 부르는 셀룰로오스 등이 있어 변의 통과를 빠르게 하므로 변비예방 및 대장암, 직장암 예방에 효과가 있다.

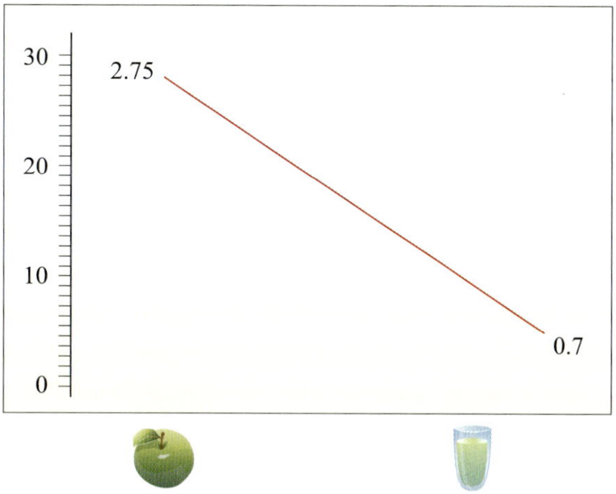

그림 2-10 사과 및 사과주스의 섬유소 함량 비교

3. 탄수화물의 필요량

하루 2000kcal 섭취를 기준으로 60%를 탄수화물로 섭취한다면 1200kcal를 탄수화물로 섭취하면 된다. 1200kcal를 4kcal로 나누면 300g이 된다. 그러므로 하루 300g의 탄수화물을 섭취하면 된다. 키가 크거나 활동량이 많아 3000kcal를 섭취하는 경우에 60%를 탄수화물로 섭취한다면 1800kcal를 탄수화물로 섭취하면 된다. 1800kcal를 4kcal로 나누면 450g이 된다. 보통 체격의 활동량이 많지 않은 경우는 300g 내외로 섭취하면 된다.

적당량의 탄수화물은 우리 몸에 꼭 필요한 에너지원으로 활용되고 필요량 이상의 탄수화물은 글리코겐이라는 저장형 탄수화물로 저장된다. 그러나 300~400g 정도(하루 사용할 정도의 양)의 글리코겐만 저장 가능하며 나머지는 간에서 지방으로 변환된다.

간에서 만들어진 지방은 혈액을 지나서 지방조직으로 이동하여 지방세포에 저장된다.

나잇살이라고 하는 허리둘레에 쌓인 지방들은 왜, 언제부터 쌓이는 것일까? 20대까지는 칼로리(에너지) 필요량이 성장과 활동 등의 증가로 계속 증가한다. 그러나 30세가 지나면서 에너지 필요량이 남,여 모두 하루 필요 에너지가 200kcal 정도씩 감소한다. 그러나 섭취량이 그대로 유지되거나 회식이나 모임 등으로 섭취량이 늘어나게 되면 추가로 섭취된 탄수화물은 과잉의 단백질, 과잉의 지방과 함께 체지방으로 합성되어 지방조직에 저장된다.

다시 말하면 30세가 지나면서 밥을 하루에 3분의 1공기 정도씩(한 끼에 두 숟갈 정도씩) 줄이는 방법으로 탄수화물 섭취량에 신경을 써야 한다.

우리나라는 다른 나라에 비해 술값이 저렴하여 쉽게 음주를 할 수 있는데, 술에 포함되어 있는 알코올은 탄수화물이 발효되어 만들어진 물질로 몸에 들어와서는 체지방 분해를 억제하고 1g당 7kcal를 낸다. 음주로 인한 복부비만 증가 또한 주의해야 할 점이다.

탄수화물 섭취는 주로 현미, 통밀, 잡곡 등 복합 탄수화물과 적당량의 과일로 필요한 만큼만 섭취하도록 해야 한다. 면류, 찹쌀, 식혜 등은 지혜롭게 적당히 섭취하고 과일 주스, 당이 첨가된 음료, 술은 가능한 피하는 것이 건강에 유익하다.

SECTION 3 단백질과 건강

- 단백질의 종류를 설명할 수 있다.
- 식품 속의 단백질의 형태를 설명할 수 있다.
- 단백질 필요량을 설명할 수 있다.

1. 단백질의 종류

단백질은 아미노산이 결합하여 만들어진 물질이다. 아미노산은 탄소, 수소, 산소 외에 질소가 포함되어 있는 질소화합물이다. 아미노산은 탄소 뼈대에 아미노기와 카르복실기가 결합되어 있고 아미노기와 카르복실기의 개수에 따라 중성, 염기성, 산성으로 나뉘기도 한다.

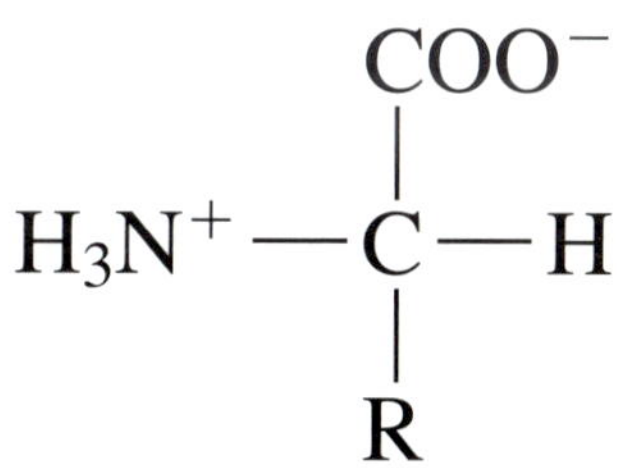

그림 2-14 아미노산의 구조

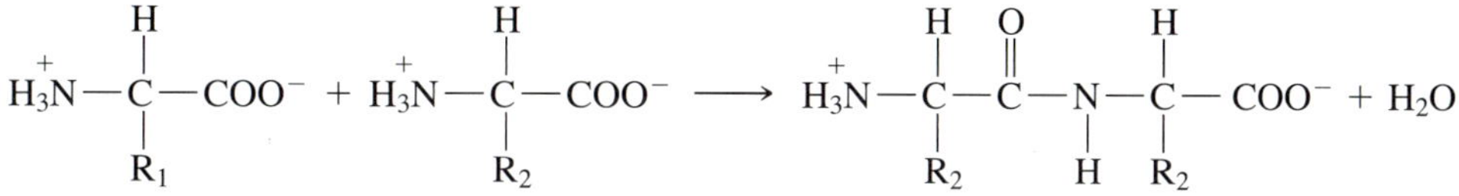

그림 2-15 단백질의 구조

아미노산 중에서 인체가 합성할 수 없거나 합성하더라도 필요량에 부족하여 반드시 식품으로 섭취하도록 권장하는 아미노산을 필수아미노산이라고 한다. 리신, 류신, 이소류신, 발린, 메티오닌, 페닐알라닌, 트레오닌, 트립토판, 히스티딘을 필수아미노산이라고 하는데, 한 가지라도 부족하면 성장이 제대로 이루어지지 않는다.

2. 식품 속의 단백질

콩밥을 먹으면 쌀에 부족한 필수아미노산인 리신과 트레오닌이 콩으로부터 보충되는 효과가 나타난다. 이를 단백질의 상호보충효과라고 한다. 쌀을 주식으로 하는 우리 식문화에서 콩 한쪽도 나눠 먹고, 쌀로 만든 떡을 콩고물에 찍어 먹고, 쌀밥에 된장국을 함께 먹는 등의 식문화가 단백질 상호보충효과의 예라고 할 수 있겠다.

아미노산으로만 구성되어 있는 단백질은 단순단백질이라고 하고, 아미노산에 다른 성분이 결합된 경우는 복합단백질이라고 한다. 단백질의 급원에 따라서 콩류와 견과류 등의 식물성 단백질과 어육류와 난류 및 유제품 등의 동물성 단백질로도 나눌 수 있다.

그림 2-16 단백질 종류에 따른 성장률의 차이

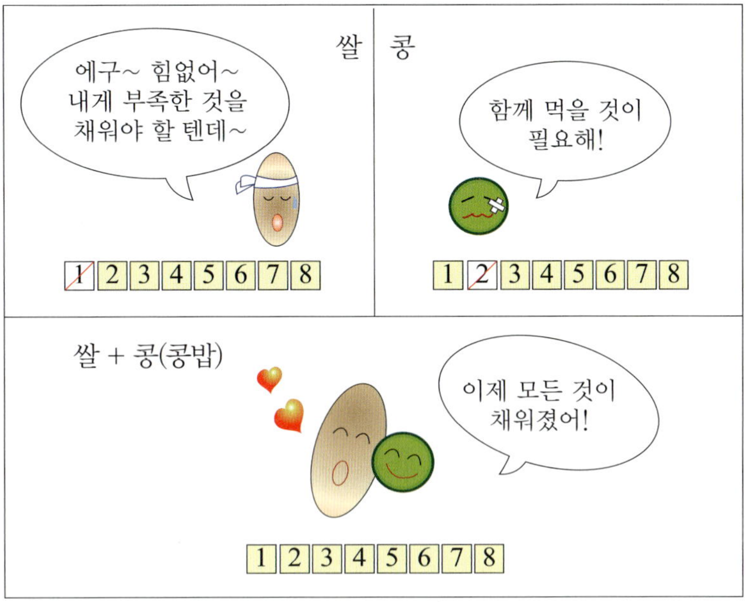

그림 2-17 단백질의 상호보완

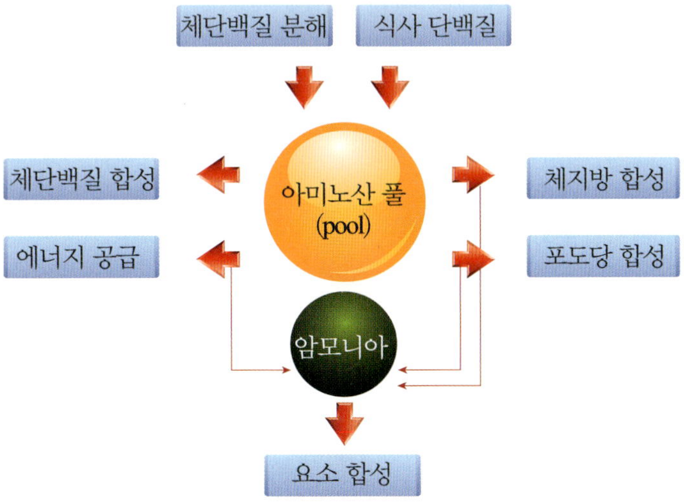

그림 2-18 아미노산의 다양한 대사경로

3. 단백질의 필요량

단백질도 필수영양소이므로 부족하면 결핍증이 나타난다. 단백질이 부족하면 성장이 지연되며 심할 경우 콰시오커 등의 증상으로 이어진다.

단백질을 과잉섭취하면 체중증가, 혈압상승, 피로, 골다공증, 요독증, 간성 혼수 등의 문제가 나타날 수 있다.

일반적으로 19~29세 성인 여자는 50g, 성인 남자는 55g을 각각 섭취하도록 권장하고 있다. 다른 연령의 필요량은 한국인 영양섭취기준을 참고하면 된다.

하루 밥 3공기를 섭취하면 필요한 단백질 중 약 18g 정도가 밥에서 섭취되고, 매끼 나물 반찬을 2가지 이상 섭취해도 2g 정도가 채소 반찬에서 섭취되니 하루 필요량의 절반 정도는 밥과 채소 반찬에서 섭취할 수 있다. 그러면 나머지 20~25g 정도만 단백질 식품으로 섭취하면 된다. 단백질 반찬 1회 분량을 통해 대략 8g 정도의 단백질이 섭취되는데 매끼 단백질 반찬을 한 접시씩 섭취하면 하루 24g이 섭취되므로 충분하게 된다.

우리나라 사람들은 단백질을 필요량보다 많이 섭취하는 것으로 보고되고 있으므로 과잉 섭취하지 않도록 주의하여야 한다.

SECTION 4 지방과 건강

- 지방의 종류를 설명할 수 있다.
- 식품속의 지방의 형태를 설명할 수 있다.
- 지방 필요량을 설명할 수 있다.

1. 지방의 종류

지방의 기본구조인 중성지방은 한 분자의 글리세롤과 세 분자의 지방산이 결합되어 있다. 지방산의 구조를 살펴보았을 때 탄소와 탄소 사이의 결합이 모두 단일결합으로만 이루어진 지방산을 포화지방산이라고 하고, 이중결합이 하나인 지방산은 단일불포화지방산(MUFA: Mono Unsaturated Fatty Acids), 이중결합이 두개 이상인 지방산은 다중불포화지방산(PUFA: Poly Unsaturated Fatty Acids)이라고 한다.

지방산의 이중결합이 어디에 있는지에 따라서 오메가 3이나 오메가 6 또는 오메가 9 등으로 나뉘기도 한다. 지방산의 메틸기(CH_3)로부터 3번째 탄소에서 이중결합이 처음 시작되면 오메가 3라고 하고, 지방산의 메틸기로부터 6번째 탄소에서 이중결합이 처음 시작되면 오메가 6라고 한다.

식품 속의 지방산은 장쇄지방산(긴 사슬 지방산)이 많으나 지방을 잘 소화시키지 못하는 경우에는 중쇄지방산(중간 사슬 지방산, MCT:Medium Chain Triglyceride)을 사용하는 것이 좋다.

하지만 중쇄지방산을 사용하는 경우에는 필수지방산의 섭취에 주의하여야 한다. 필수지방산이란 부족시 결핍증을 나타내는 지방산을 의미하며, 리놀레산이나 리놀렌산 등이 필수지방산에 속한다.

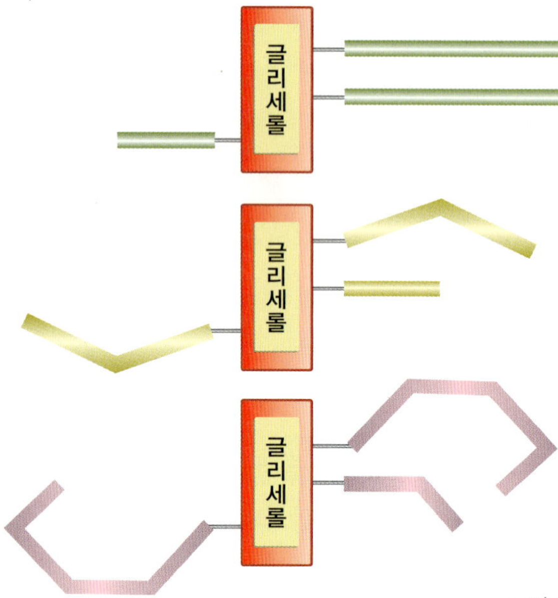

그림 2-19 포화지방산과 불포화지방산

2. 식품 속의 지방

실온에서 굳어지는 형태의 포화지방산은 주로 동물성 식품 지방이다. 실온에서 액체상태인 불포화지방은 식물성 지방이 많으며 단일불포화지방으로는 올리브유, 다중불포화지방으로는 콩기름, 옥수수기름, 참기름, 들기름 등이 있다.

식물성 지방은 실온에서 액체 상태이므로 이중결합 부분에 산소가 쉽게 공격하여 산패를 일으킬 수 있으므로 주의하여야 한다. 대부분 종실류(씨)에는 지방과 비타민 E가 함께 있어서 산소의 공격으로부터 지방을 보호하지만 비타민 E는 오랜 시간 공기에 노출되면 산패가 진행되어 건강에 해로운 영향을 미칠 수 있으므로 사용 시에 주의하여야 한다. 따라서, 튀김 등 조리에 사용한 기름은 다시 사용하지 않도록 하는 것이 좋다.

자연계에 있는 식물성 지방산은 이중결합 주변의 수소가 같은 쪽에 있는 시스(*cis*) 형태인 데 반해 가공 처리한 식물성 유지인 마가린 등은 수소가 이중결합 양쪽에 하나씩 나뉘어 있는 트랜스(*trans*) 형태이다. 최근에는 트랜스 지방이 인체에서 혈관을 경화시키는 등 유해한 영향을 미치는 것으로 보고되어 그 섭취를 제한하도록 권장하고 있다.

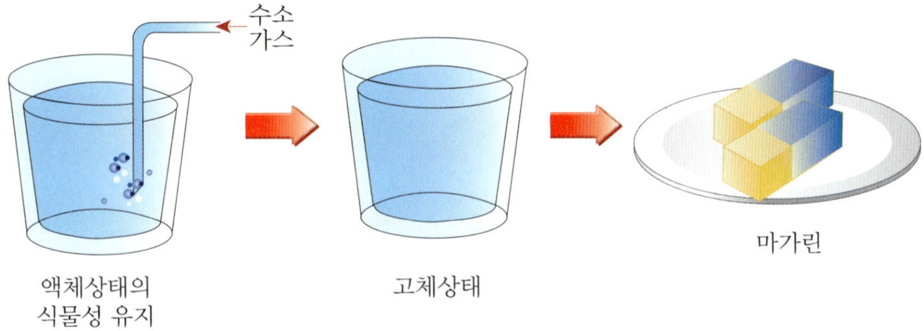

그림 2-20 식물성 유지의 가수소화 과정

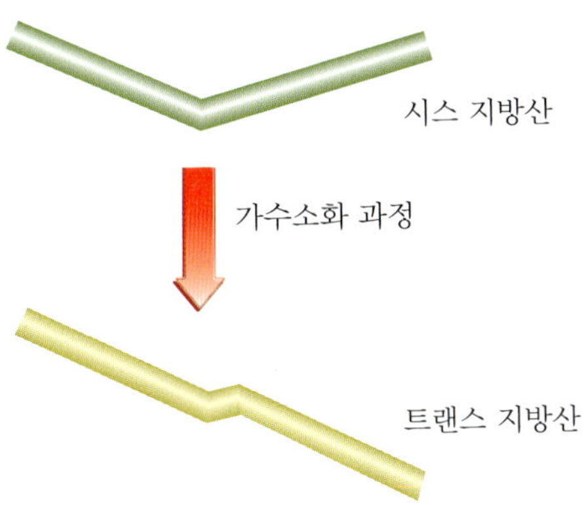

그림 2-21 가수소화과정을 통한 지방산의 변화

3. 몸 안의 지방과 지단백질

지단백질은 중성지방, 인지질, 콜레스테롤, 단백질로 구성된 물질로 지방을 운반하는 역할을 한다. 물과 잘 섞이지 않는 중성지방과 콜레스테롤은 안쪽으로 배치되며, 물과 잘 섞이는 인지질과 단백질로 바깥쪽을 포장한 구조를 갖고 있다. 중성지방이나 단백질 그리고 콜레스테롤의 함량에 따라 밀도가 달라지며 크게 네 가지로 나눈다.

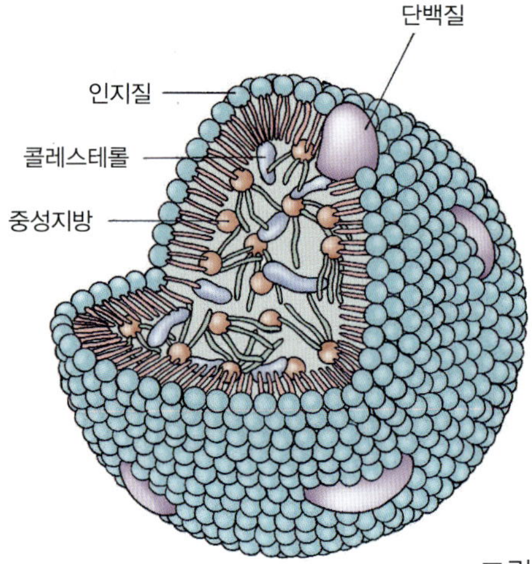

그림 2-22 지단백질의 구조

(1) 킬로미크론(chylomicron)

섭취한 지방을 소장세포에서 흡수하여 혈액으로 이동하는 형태의 지단백질로 식사 후에 혈중 킬로미크론의 농도가 증가한다.

(2) 초저밀도 지단백질(VLDL : Very Low Density Lipoprotein)

중성지방을 운반하는 지단백질로 고탄수화물 식사 후에 높아질 수 있다.

(3) 저밀도 지단백질(LDL : Low Density Lipoprotein)

콜레스테롤을 가장 많이 포함하는 지단백질로 혈중 LDL 수준이 높으면 동맥경화 위험이 높다.

(4) 고밀도 지단백질(HDL : High Density Lipoprotein)

단백질을 가장 많이 포함하는 지단백질로 혈중 콜레스테롤을 낮추는 역할을 한다.

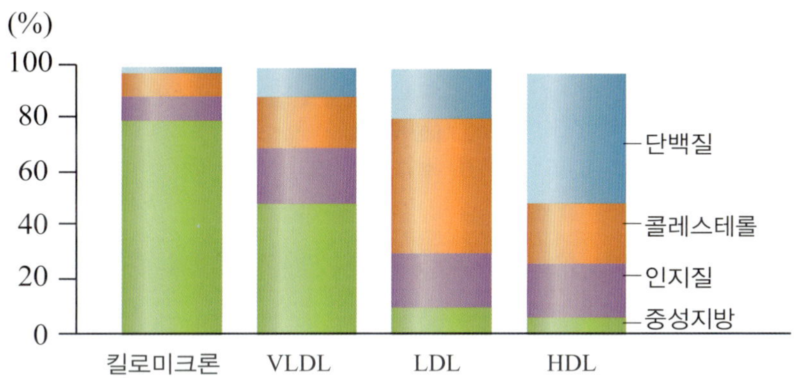

그림 2-24 지단백질의 성분표

4. 지방의 필요량

체내에서 합성되지 않기 때문에 반드시 식사로 섭취하여야 하는 지방산을 필수지방산이라고 한다. 지방 섭취 시에 필수지방산이 부족하지 않도록 섭취하는 것이 중요하다. 필수지방산은 신체의 성장과 피부보호 기능을 하며 종류로는 리놀레산과 리놀렌산이 있다. 리놀레산은 일반 식물성 기름에 포함되어 있고, 리놀렌산은 들기름이나 콩기름에 포함되어 있다. 다양한 식물성 식품의 씨(종자)와 견과류를 섭취하면 필수지방산을 섭취할 수 있다.

하루 필요한 열량의 20% 내외로 섭취하도록 권장한다. 2000kcal 식사를 하는 경우에 400kcal를 9kcal로 나누면 하루 45g 정도 섭취하면 충분하다.

식용유, 참기름, 들기름 등으로 조리 시 추가로 섭취하는 기름 양이 하루 15~20g 정도 되고, 식품 자체에 포함되어 있는 기름도 있으므로 특별히 제한하지 않고 균형식을 하면 필요한 양을 쉽게 섭취할 수 있다. 반면, 지용성 비타민의 흡수에 지방이 필수적이므로 너무 부족하지 않게 섭취하도록 해야 한다.

SECTION 5 물과 건강

- 수분평형을 설명할 수 있다.
- 정상적인 수분배출 경로들을 설명할 수 있다.
- 탈수증세에 대해 설명할 수 있다.
- 수분요구량을 설명할 수 있다.

1. 수분평형

수분은 인체의 50~70%를 구성하며 생명 유지에 매우 중요한 성분이다. 섭취한 수분과 배설되는 수분의 양을 수분평형으로 나타내면 다음과 같다.

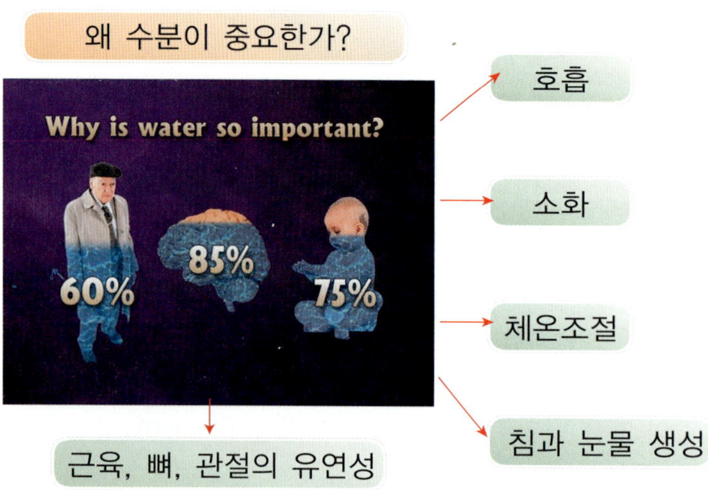

그림 2-24 수분의 중요성

표 2-1 수분평형

수분의 섭취	수분의 배설
액체(1,000~1,400mL) 고형식품(500~1,000mL) 대사수(300~400mL) : 체내에서 식품이 대사되는 과정에서 생성되는 물	소변(900~1,500mL) 증발 : 피부(500~600mL) 호흡(400~500mL) 대변(100~200mL)
(1,900~2,800mL)	(1,900~2,800mL)

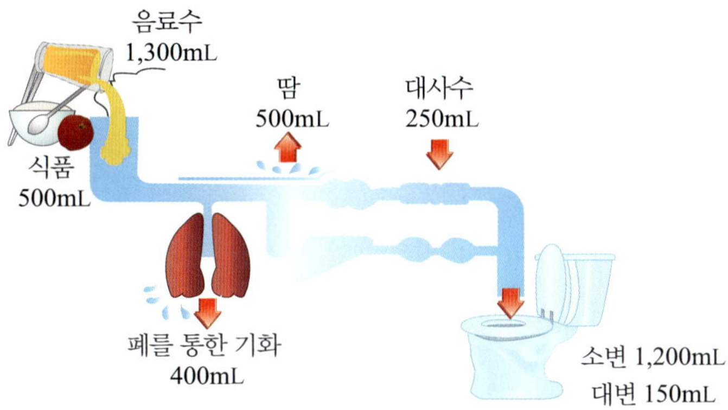

그림 2-25 체내 수분섭취와 손실의 균형

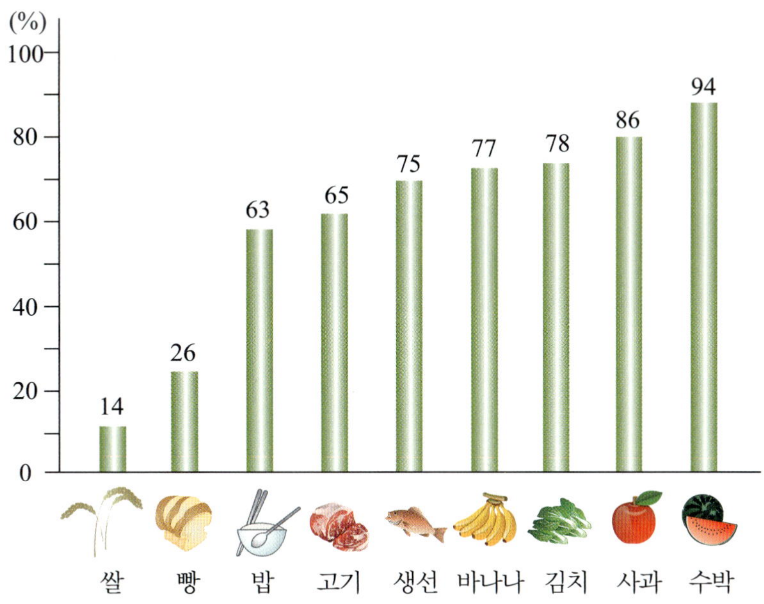

그림 2-26 식품 중의 수분함량

2. 수분배출 경로

수분배출 경로로는 눈에 보이지 않는 땀, 눈에 보이는 땀, 호흡, 소변, 대변 등이 있다. 수분이 과잉배출되거나 섭취량이 부족한 경우 탈수현상이 나타날 수 있는데, 그 증세로는 두통, 열, 변비, 피로, 건조한 피부 등이 있다.

3. 수분요구량

수분은 어릴수록 단위 에너지섭취량 대비 필요량이 높다. 신생아는 1kcal당 1.5mL, 성인은 1kcal당 1mL가 필요하므로 하루에 2000kcal 섭취하는 성인은 2000mL가 필요하다. 그러나 고단백 식사, 짠맛을 즐기는 식사, 체온 증가, 다뇨 증세, 설사 시에는 필요량이 증가한다. 정상적인 식사를 하는 경우에는 하루 8컵이면 충분하다.

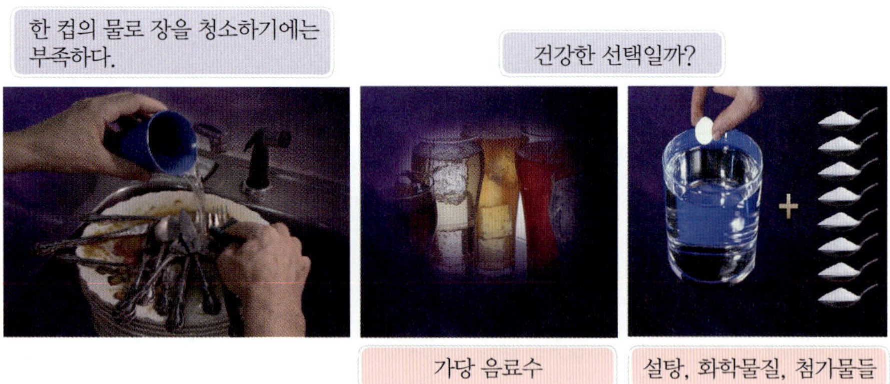

그림 2-27 체내 수분요구량

SECTION 6 무기질과 건강

- 무기질의 종류를 이해한다.
- 칼슘의 흡수에 영향을 미치는 요인들을 이해한다.
- 나트륨의 급원을 이해한다.
- 철분의 흡수에 영향을 미치는 요인들을 이해한다.

무기질은 체내의 함유량에 따라 다량무기질과 미량무기질로 나뉜다. 다량무기질에는 칼슘, 칼륨, 나트륨, 염소, 마그네슘 등이 있고 미량무기질에는 철분, 아연, 요오드 등이 있다.

무기질

무기질은 체내의 함유량에 따라 다량무기질과 미량무기질로 나뉜다.

다량무기질에는 Ca, K, Cl, Mg, Na 등이 있다.

미량무기질에는 Fe, Zn, Cu, I 등이 있다.

부족 시 결핍증이 나타난다.

특히 칼슘과 철분은 흡수율이 낮다.

그림 2-28 무기질

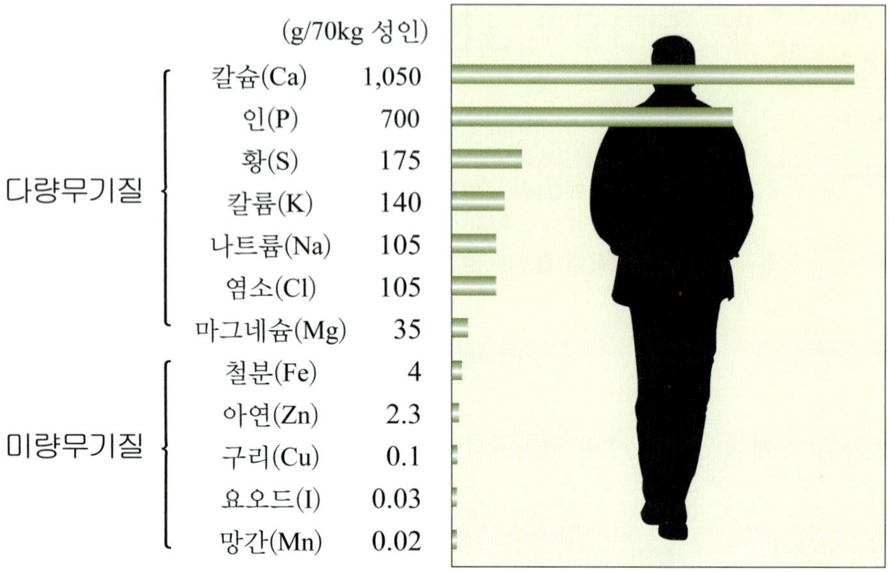

그림 2-29 체내의 무기질 함량

(1) 칼 슘

다량무기질인 칼슘은 흡수율이 20~30% 정도로 낮으므로 흡수율에 영향을 미치는 요인들을 잘 알아서 흡수율을 높이는 것이 중요하다. 햇빛이 잘 들지 않는 지역에 사는 사람들은 칼슘 흡수를 높이는 비타민 D의 합성이 잘 되지 않으므로 칼슘 섭취에 주의를 기울여야 한다.

표 2-2 칼슘흡수에 영향을 미치는 요인

칼슘흡수를 증가시키는 요인	칼슘흡수를 방해하는 요인
성장 호르몬	노화 등의 이유로 위산 부족
위산	비타민 D 부족(칼슘흡수를 증가시키는)
비타민 D	인의 과다 섭취(곡류, 탄산 음료)
비타민 C	섬유질 과다 섭취
유당	피틴산, 옥살산, 탄닌
식사내 칼슘과 인의 비율	폐경(에스트로겐 감소)
성장기 어린이와 임신기 같이 요구도 증가	노화

⑵ 나트륨

따라서 나트륨이 많은 식품들을 많이 섭취하면 체내 나트륨이 많아지고 혈액의 농도를 일정하게 유지하기 위해 수분도 그만큼 많아지므로 혈액량이 많아져서 혈압이 증가하게 된다.

[나트륨이 많은 식품]

베이킹 소다와 파우더, 화학조미료, 가공식품, 젓갈류 등

그림 2-30 식품가공에 따른 나트륨 함량의 증가

(3) 철 분

성인 여성 2명 중 한 명은 빈혈이라고 할 정도로 빈혈은 심각한 건강문제 중 하나이다. 철분 또한 칼슘처럼 흡수율이 매우 낮다. 동물성 식품에 있는 철분은 헴철로 흡수율이 식물성 식품의 비헴철보다 높지만 여전히 흡수율이 낮다. 따라서 섭취량을 늘이는 것도 중요하지만 흡수율을 높이는 요인들을 잘 아는 것도 중요하다.

[철분의 흡수율을 높이는 요인들]

신체의 철 필요량의 증가(임신, 수유, 성장기), 소장의 상태가 산성일 때, Fe^{++}형이 많을 때, 비타민 C, 아미노산, 동물성 급원의 철

그림 2-31 철분의 급원식품

(4) 아 연

아연은 성장과 상처치료에 필수적이며 체내 효소의 구성성분이다.

표 2-3 식품군별 아연 함량

식품군	식 품	1인 1회 분량	아연(mg)	식품군	식 품	1인 1회 분량	아연(mg)
곡류군	백미	1공기	1.05	견과류	호박씨	8	0.78
	현미	1공기	1.85		잣(말린 것)	8	0.34
	보리	1공기	1.92		땅콩	8	0.28
	메밀국수(건면)	1대접	1.48		호두	8	0.27
	수수(도정곡)	1공기	1.17	채소류	비름나물	70	0.63
	수수(알곡)	1공기	2.43		깻잎	70	0.63
	조(도정곡)	1공기	2.43		단호박(과육, 냉동)	–	0.42
	호밀	1공기	3.15		늙은 호박(과육, 냉동)	70	0.14
고기 달걀 생선 콩류	쇠고기(양지)	60(생)	3.06		시금치	70	0.46
	닭고기	60(생)	1.30		파슬리	70	1.04
	고등어	70(생)	0.50		양송이	70	0.56
	달걀	50	0.72		토마토	200	0.28
	대두, 노란 콩	20(2큰술)	0.97	과일류	사과	100	0.19
	두부	80(1/5모)	0.7		바나나	100	0.14
	강낭콩	20(2큰술)	0.57	우유류	우유	200	0.76
					요구르트(호상)	110	1.07

(5) 요오드

요오드는 갑상선 호르몬의 구성성분이다. 바다와 멀리 떨어진 산간 지방에서 일종의 풍토병으로 요오드 결핍증이 나타났다. 갑상선 호르몬의 기능이 제대로 이루어지지 못하면 갑상선이 부어오르는 갑상선비대증(goiter)이 생긴다.

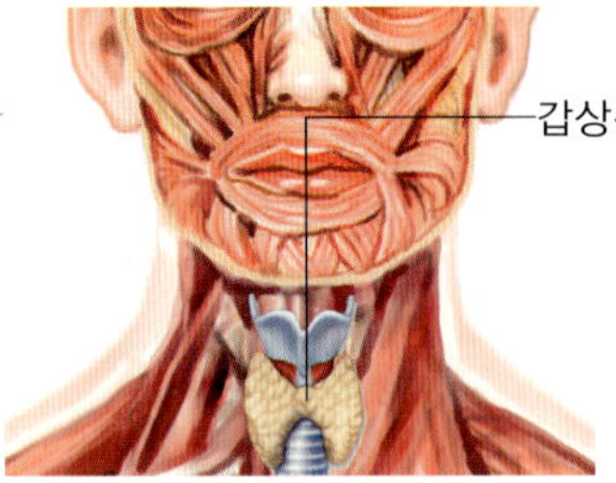

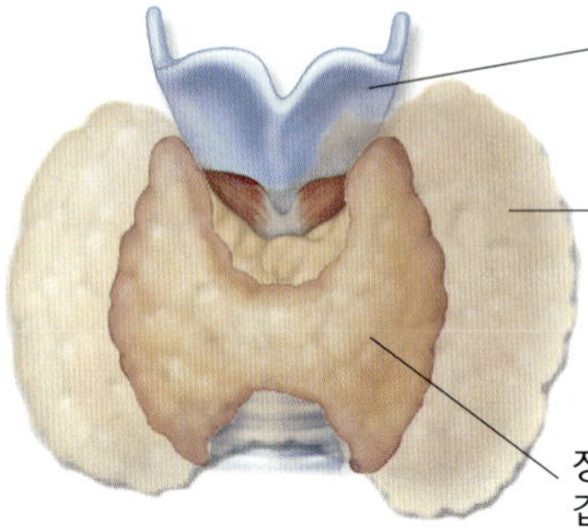

그림 2-32 갑상선과 갑상선비대증

SECTION 7 비타민과 건강

- 지용성비타민의 종류를 이해한다.
- 지용성비타민 결핍증을 설명할 수 있다.
- 수용성비타민의 종류를 이해한다.
- 수용성비타민 결핍증을 설명할 수 있다.
- 비타민 B군의 보조효소로서의 역할을 설명할 수 있다.

표 2-4 지용성비타민과 수용성비타민의 일반적 특성

지용성비타민	수용성비타민
기름과 유기용매에 용해된다.	물에 용해된다.
체내에 저장된다.	체내에 저장되지 않는다.
체외로 배출되기 어렵다.	소변으로 쉽게 배설된다.
결핍증세가 서서히 나타난다.	결핍증세가 빨리 나타난다.
필요량을 매일 공급할 필요는 없다.	필요량을 매일 공급해야 한다.
전구체가 있다(베타카로틴 : 비타민 A의 전구체)	일반적으로 전구체가 없다.

지용성비타민　　　　수용성비타민

그림 2-33 지용성비타민과 수용성비타민

(1) 지용성비타민 : 비타민 A, 비타민 D, 비타민 E, 비타민 K를 말한다.

[지용성비타민 결핍증]

비타민 A : 야맹증

비타민 D : 구루병

비타민 E : 적혈구의 용혈작용(빈혈)

비타민 K : 혈액응고 지연(출혈)

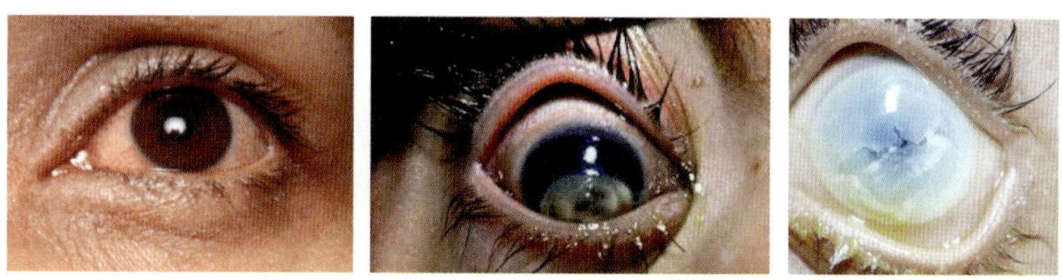

결막건조증　　　　각막연화증　　　　심한 각막연화증 (실명단계)

그림 2-34 비타민 A 결핍으로 인한 안질환

그림 2-35 비타민 K 결핍증

차가 지나갈때 오른편의 표지판이 보인다.

차가 지나갈때 표지판이 보이지 않는다.

그림 2-36 비타민 A 결핍증 야맹증

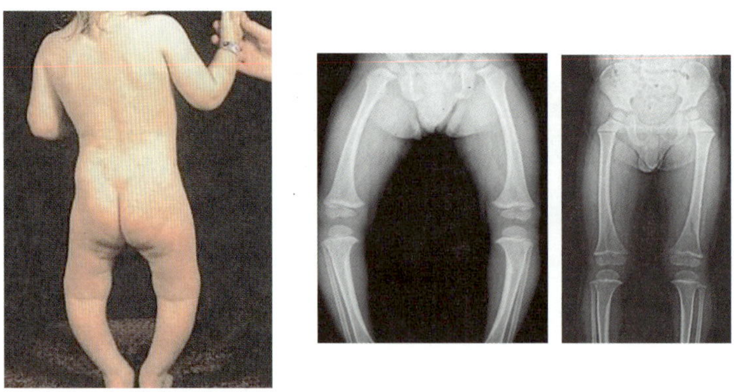

그림 2-37 비타민 D 결핍으로 인한 구루병

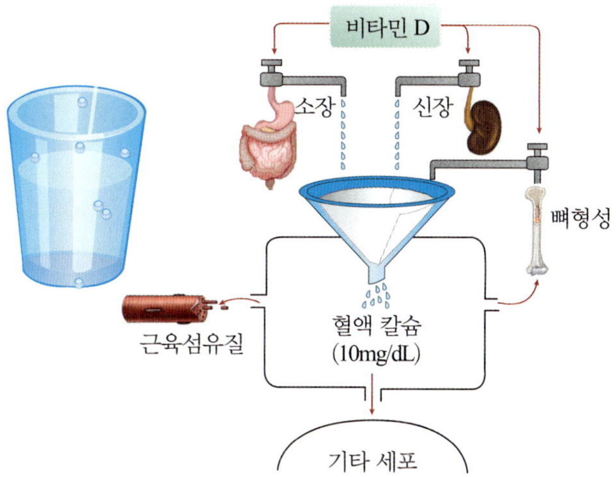

그림 2-38 비타민 D의 혈중 칼슘농도 조절기능
(비타민 D는 소장에서 칼슘흡수를 촉진한다.)

그림 2-39 비타민 E의 지방 과산화 방지역할

그림 2-40 비타민 E의 보디가드 역할

(2) 수용성비타민 : 비타민 B_1, 비타민 B_2, 나이아신, 판토텐산, 비오틴, 비타민 B_6, 비타민 B_{12}, 비타민 C 등이 수용성비타민에 속한다.

[수용성비타민 결핍증]

비타민 B_1 : 각기병(알칼리에 불안정)
비타민 B_2 : 구순구각염(자외선에 불안정)
나이아신 : 펠라그라
판토텐산 : 피로,두통
비오틴 : 식욕감퇴, 설염(생난백 아비딘에 의해 파괴)
비타민 B_6 : 피부염
비타민 B_{12}, 엽산 : 거대적아구성 빈혈
비타민 C : 괴혈병, 상처회복 지연, 면역체계 손상, 콜라겐 합성
수용성 비타민인 비타민 B군은 효소의 보조효소로서의 기능을 한다.

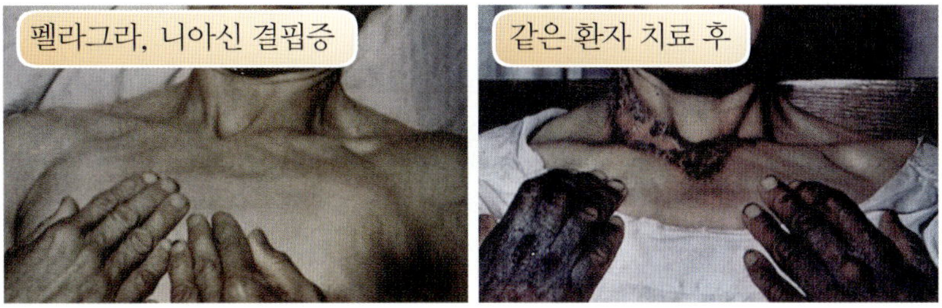

그림 2-41 펠라그라 니아신 결핍증

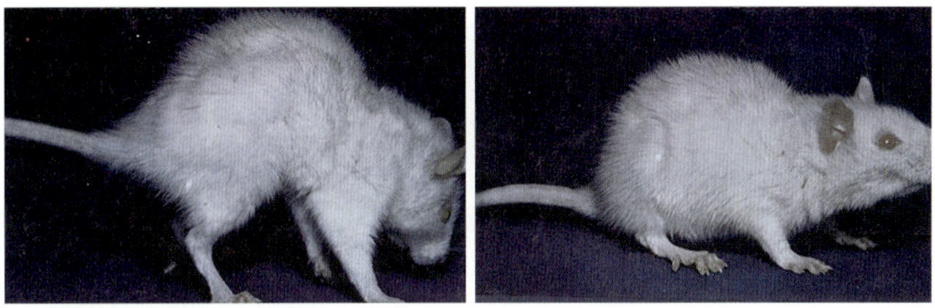

그림 2-42 티아민 결핍증

그림 2-43 엽산 결핍증

표 2-5 영양소의 과 · 부족증

당질	과잉섭취	• 혈당은 호르몬의 조절을 받으므로 단순하게 설탕류나 전분의 섭취가 많다고 혈당이 높아지는 것은 아님, 혈당상승에는 지방 섭취, 스트레스, 유전인자 등 다른 요인들이 함께 작용함 • 최근에는 정제(도정)된 탄수화물의 섭취비율이 높아진 것이 비만, 당뇨병, 심장순환계 질병과 관련이 있는 것으로 보고되고 있음
	섭취부족	• 혈액 내 포도당 수준이 내려가 저혈당 증세가 나타남. 일반적인 증상으로는 어지럼, 두통, 근육무기력 등이 있으며, 대부분의 경우에는 적당한 음식섭취로 증상이 사라짐 • 특히 식사간격이 길어서 체내 탄수화물 저장이 고갈된 상태인 아침에 식사를 하지 않고 직장에 나가거나 심한 운동을 하는 경우는 저혈당 증세가 나타날 수 있으므로 활동하기 전에 적절한 음식섭취가 바람직함
단백질	과잉섭취	• 단백질 섭취량이 높으면 지방 섭취량도 높아져 지방의 과잉섭취 유발 • 어린이의 경우 체성분 변화 • 신장 및 간의 비대 • 아연, 칼슘 등 무기질 배출
	섭취부족	• 단백질–에너지 영양부족(protein–energy malnutrition;PEM) : 세계에 만연한 형태의 영양부족으로 세계 5억 이상의 어린이가 영향 받음 • 단백질 부족(콰시오커, kwashiokor) : 발육 지연, 피부와 모발의 색소변화, 부종 등을 유발 • 성장지연, 면역력 부족, 학습능력 부족
지방	과잉섭취	• 살이 찌고, 간장에 축적되면 지방간이 생김 • 혈중 콜레스테롤이 증가하여 동맥경화, 고혈압이 생김
	섭취부족	• 성장발육이 늦어지며, 피부염을 일으킴 • 피로하기 쉽고, 추위를 많이 느낌
무기질	칼슘(Ca)	• 성장정지, 골격이 약해짐, 치아의 기형, 구루병
	인(P)	• 허약, 식욕감퇴, 골격의 통증
	마그네슘(Mg)	• 신경장애
	나트륨(Na)	• 식욕감퇴, 근육경련
	칼륨(K)	• 근육쇠약
	염소(Cl)	• 식욕감퇴, 성장정지, 근육경련
비타민	섭취부족	• 각막 건조증, 각막 연화증 • 구루병(유아와 어린이) • 신생아 출혈 • 괴혈병 • 각기병(습성 또는 건성) • 구각염, 구순염, 설염, 음부염증 • 악성빈혈

Question

1. 다음 괄호 안에 알맞은 것은?

> 인체의 에너지 필요량은 기초대사량, (   ), 그리고 식품의 특이동적 작용을 모두 합하여 구한다.

① 수분대사량　② 수면대사량　③ 활동대사량
④ 발열대사량　⑤ 호흡대사량

2. 다음 중 에너지를 발생하는 영양소로만 구성된 것은?

> (가) 지방　(나) 단백질
> (다) 탄수화물　(라) 무기질

① (가), (나), (다)　② (가), (다)　③ (나), (라)
④ (라)　⑤ (가), (나), (다), (라)

3. 다음 영양소 1g이 발생시키는 에너지가 바르지 않게 연결된 것을 모두 고르시오?

① 탄수화물 – 4 kcal　② 단백질 – 4 kcal　③ 지방 – 4 kcal
④ 탄수화물 – 9 kcal　⑤ 지방 – 9 kcal

4. 밥 210g (한 공기)에는 탄수화물 69g, 단백질 6g, 지방 0g이 함유되어 있다. 밥 한 공기의 열량은?

① 300 kcal　② 200 kcal　③ 100 kcal
④ 400 kcal　⑤ 500 kcal

5. 참기름 5g(한 작은술)에는 탄수화물 0g, 단백질 0g, 지방 5g이 함유되어 있다. 참기름 한 작은술의 열량은?

① 15 kcal　② 25 kcal　③ 35 kcal
④ 45 kcal　⑤ 55 kcal

6. 밥 한 공기, 달걀 한 개, 김치 40g, 콩나물 국 한 그릇, 시금치 나물 한 접시를 섭취하였을 때 탄수화물 115g, 단백질 14g, 지방 8g이 함유되어 있다. 이 식사의 열량은?

① 388 kcal ② 588 kcal ③ 688 kcal
④ 788 kcal ⑤ 755 kcal

7. 대부분의 사람들에게서 에너지 필요량 중 가장 많은 비율을 차지하는 대사량은?

① 수면대사량 ② 기초대사량
③ 활동대사량 ④ 식품의 특이동적 작용에 의한 대사량
⑤ 기타대사량

8. 다음 중 다량 섭취했을 때 체지방으로 저장되는 영양소로 구성된 것은?

(가) 탄수화물	(나) 지방
(다) 단백질	(라) 무기질

① (가), (나), (다) ② (가), (다) ③ (나), (라)
④ (라) ⑤ (가), (나), (다), (라)

9. 체중 50kg, 수면시간 6시간, 활동지수가 0.79인 여대생의 1일 에너지 필요량을 계산하시오.

① 1637 kcal ② 1757 kcal ③ 1937 kcal
④ 2000 kcal ⑤ 2237 kcal

10. 음식을 먹지 않고 굶으면, 우선 간과 근육에 저장된 무엇이 포도당을 분해되어 뇌와 신경계를 위한 에너지로 사용되는가?

① 체지방 ② 글루코즈 ③ 글리코겐
④ 아미노산 ⑤ 단백질

11 탄수화물 중 우리 몸에서 소화가 잘 안되어 흡수되지 않으므로 다이어트 효과도 있고 대장에 있는 유익한 균들의 먹이감이 되기도 하여 설사에도 좋은 기능성 당은?

① 포도당 ② 유당 ③ 올리고당
④ 다당류 ⑤ 설탕

12 변비를 예방하기도 하고 변의 통과를 빠르게 하므로 장내에 있는 발암물질이 장세포와 접촉할 시간을 단축시키는 탄수화물은?

① 전분 ② 섬유소 ③ 과당
④ 엿당 ⑤ 서당

13. 다음 지단백질에 대한 설명 중 옳지 않은 것은?

① 킬로미크론(chylomicron) : 섭취한 콜레스테롤을 소장세포에서 흡수하여 혈액으로 이동하는 형태로 식사 후에 혈중 킬로미크론의 농도가 증가한다.
② 초저밀도 지단백질(VLDL; Very Low Density Lipoprotein) : 중성지방을 운반하는 지단백으로 고탄수화물 식사 후에 높아질 수 있다.
③ 저밀도 지단백질(LDL; Low Density Lipoprotein) : 콜레스테롤을 가장 많이 포함하는 지단백질로, 혈중 LDL 수준이 높으면 동맥경화 위험이 높다고 한다.
④ 고밀도 지단백질(HDL; High Density Lipoprotein) : 단백질을 가장 많이 포함하는 지단백질로 혈중 콜레스테롤을 낮추는 역할을 한다.

14. 다음을 무엇에 대한 설명인가?

> 쌀의 경우는 필수 아미노산인 리신과 트레오닌이 부족한데 콩에는 리신과 트레오닌이 많아서 이를 함께 섭취하면 보충해주는 효과를 나타낸다.

① 탄수화물의 상호보완효과 ② 단백질의 상호보완효과
③ 단백질 절약작용 ④ 케토시스
⑤ 부종

15. 인체를 구성하는 성분 중 가장 큰 비중을 차지하는 것은?

① 단백질 ② 수분 ③ 지방
④ 무기질 ⑤ 비타민

16. 지용성비타민의 특성으로 틀린 것은?

① 기름과 유기용매에 용해가 잘 된다. ② 결핍증세가 서서히 발생한다.
③ 체내 저장이 가능하다. ④ 과잉증상이 발생할 수 있다.
⑤ 주로 소변으로 배설된다.

17. 지용성비타민의 특성으로 틀린 것은?

(가) 비타민 C	(나) 비타민 B
(다) 비타민 E	(라) 비타민 D

① (가), (나), (다) ② (가), (다) ③ (나), (라)
④ (라) ⑤ (가), (나), (다), (라)

18. 다음 중 철의 흡수를 증가시키는 요인이 아닌 것은?

① 비타민 C ② 생선
③ 구연산 ④ 탄닌

19. 다음 중 칼슘의 흡수를 저해하는 요인이 아닌 것은?

① 위산 부족 ② 유당
③ 탄산음료 ④ 섬유질

20. 지용성비타민의 특성으로 틀린 것은?

(가) 두통	(나) 변비
(다) 피로	(라) 건조한 피부

① (가), (나), (다) ② (가), (다) ③ (나), (라)
④ (라) ⑤ (가), (나), (다), (라)

[해답] 1. ③ 2. ① 3. ③ ,④ 4. ① 5. ④ 6. ② 7. ② 8. ① 9. ③ 10. ③
11. ③ 12. ② 13. ① 14. ② 15. ② 16. ⑤ 17. ② 18. ④ 19. ② 20. ⑤

PART Ⅱ

보건영양관리

Chapter 3.

대상집단의 영양평가

- 영양상태평가의 목적을 이해한다.
- 영양상태평가의 종류들을 설명할 수 있다.
- 영양상태평가에 사용되는 기구들을 설명할 수 있다.

SECTION 1 영양평가

영양평가의 목적은 영양불량 위험도가 있는 환자를 신속히 판별하여 적절한 임상영양치료를 받게 하는 데 있다.

영양상태를 판정하는 방법에는 신체계측법, 생화학적 방법, 임상적 방법 및 식사섭취조사법의 네 가지가 있다.

각 방법의 알파벳 첫 글자를 따서 '영양판정의 ABCD'라고 한다.

① **신체계측법**(Anthropometric methods) : 신장, 체중, 최근의 체중감소, 피부두겹두께, 상완근육 면적 등

② **생화학적 방법**(Biochemical methods) : 주로 단백질 영양상태 및 면역기능과 관련된 혈청 알부민, 혈청 트랜스페린, 총 임파구 수 등

③ **임상적 방법**(Clinical methods) : 모발, 눈, 손톱, 혀, 입술 등에 나타나는 신체증후

④ **식사섭취조사법**(Dietary assessment) :식품 섭취량, 식사와 관련한 식품 기호도, 식품에 대한 알레르기, 저작 능력 등의 식사정보

이 외에도 환자의 주진단명, 증상, 병력, 가족력, 약물복용 등의 병력정보 등이 영양평가 시 활용되는 항목이다.

a. 공기치환용적측정법

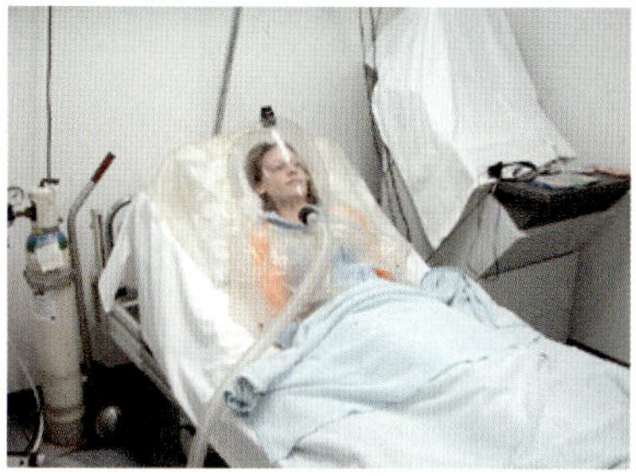

b. 기초에너지 소비량 측정

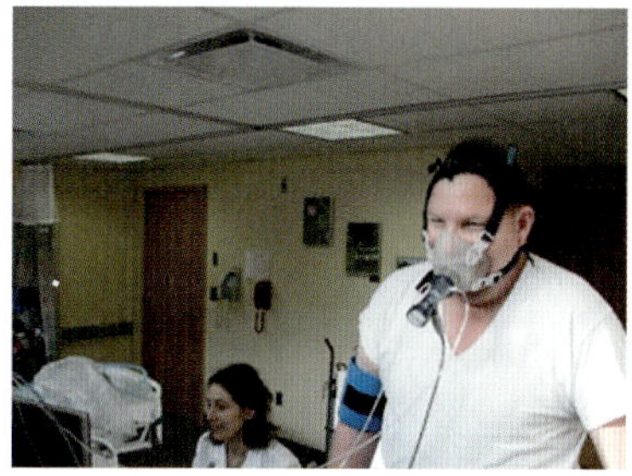

c. 산소소비량과
기초에너지 소비량의 측정

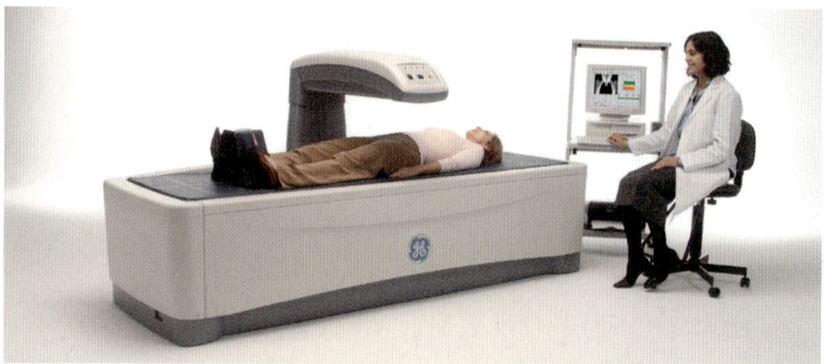

d. 이중 에너지 X선 흡수계측법(골밀도측정)

e. 수중체중법

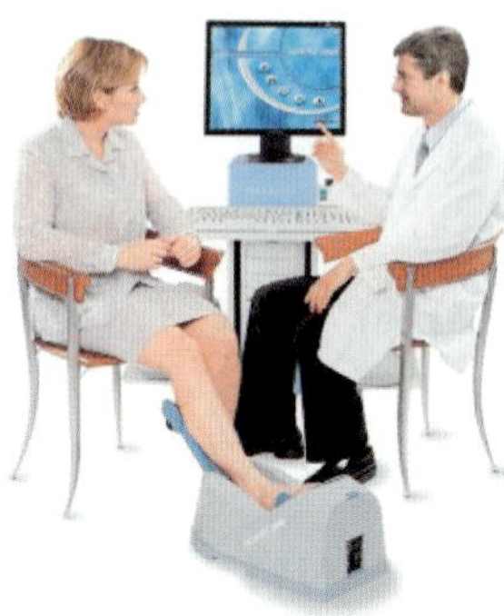

f. 발뒤꿈치의 양적 초음파측정

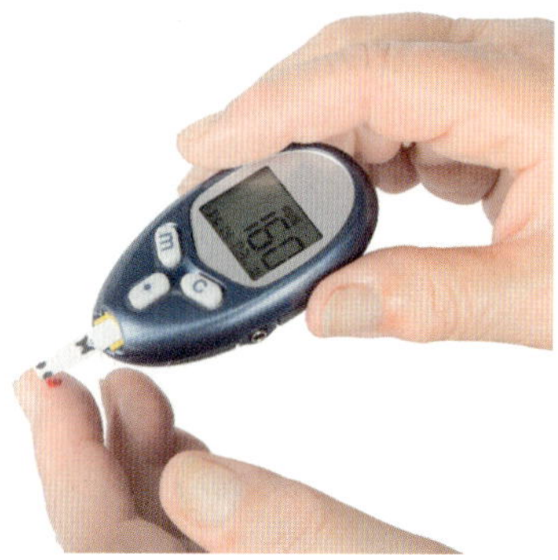

g. 자가 혈당측정기

그림 3-1 영양평가 측정방법

SECTION 2 식사평가

식사섭취조사법(Dietary assessment)으로는 24시간 회상법, 식사기록법, 식품섭취빈도조사법, 식사력조사법, 실측법 등이 있다.

(1) 24시간 회상법

정의 : 지난 24시간 동안 섭취한 모든 음식을 회상하여 기록하는 방법

장점 : 다른 식사섭취조사법에 비하여 간단하며 시간이 적게 든다.

단점 : ① 일상적 식품 조사가 어렵다.
② 기억력에 의존한다.

(2) 식사섭취빈도조사법

정의 : 열거된 식품의 섭취빈도를 표시하는 방법

장점 : ① 시간이 적게 든다.
② 식품섭취형태를 파악할 수 있다.

단점 : ① 분석시 대상집단에서 많이 섭취하는 식품에 대한 일반적인 자료가
필요하다.
② 섭취빈도를 영양소섭취량으로 전환하는 경우 신빙성 있는 분석 자료와 데이터가 필요하다.

(3) 식생활진단표

정의 : 자신의 식생활에 해당하는 항목을 진단표에서 선택하는 방법

장점 : ① 평소의 식생활을 간편하게 진단할 수 있다.
② 각 항목의 내용을 점수화 하여 비교할 수 있다.

단점 : 영양소별 섭취량을 알 수 없다.

표 3-1 24시간 회상법 조사지

이름 :	(No.)		조사일 :	년 월	일
	음식명	눈대중량	식품명	섭취량(g)	식품 CODE
아침 (7시 30분 ~8시 20분)	보리밥 (190g) 콩나물국 (200g)	1그릇 1그릇	삶은 보리 쌀밥 삶은 콩나물 파 마늘 소금 간장	30 160 30 3 2 0.3 0.5	
간식 (시 분 ~ 시 분)					
점심 (시 분 ~ 시 분)					
간식 (시 분 ~ 시 분)					
저녁 (시 분 ~ 시 분)					
간식 (시 분 ~ 시 분)					

표 3-2 식습관 조사표

식습관 조사표(성인용)

성별 ____________ 성명 ____________
연령 ____________ 신장 ____________
직업 ____________ 체중 ____________
병명(있을 경우) ____________________

다음 질문 중 해당하는 번호에 표시하시오.

	I (0점)	II (1점)	III (2점)
1. 식사는 늘 배가 부르도록 먹습니까?	① 만복이 될 때까지 먹는 일이 많다.	② 많이 먹을 때도 적게 먹을 때도 있다.	③ 항상 8부 정도를 먹는다.
2. 식사시에는 식품의 배합을 생각하여 먹습니까?	① 별로 관심이 없이 먹는다.	② 가끔 배합을 생각하여 먹는다.	③ 항상 균형을 생각하며 먹는다.
3. 1일 3끼의 식사 중 거르는 일이 있습니까?	① 거의 매일 1끼는 거른다.	② 주 2~3회는 거르는 편이다.	③ 거의 거르지 않는다.
4. 채소는 좋아하여 늘 먹습니까?	① 싫어하여 거의 먹지 않는다.	② 매끼는 아니나 하루 1번을 먹는다.	③ 거의 매끼 먹는다.
5. 당근, 시금치 같은 녹황색 채소를 먹습니까?	① 싫어하여 거의 먹지 않는다.	② 주 2~3회 먹는다.	③ 거의 매일 먹는다.
6. 과일은 매일 먹습니까?	① 거의 안먹는다.	② 주 2~3회 먹는다.	③ 거의 매일 먹는다.
7. 매끼마다 생선, 고기, 달걀, 대두 제품을 먹습니까?	① 안먹는 편이다.	② 하루 1끼는 먹는다.	③ 거의 매끼 먹는다.
8. 우유는 매일 마십니까?	① 거의 안 마신다.	② 주 2~3회 마신다.	③ 매일 마신다..
9. 기름을 이용한 음식을 먹습니까?	① 거의 안 먹는다.	② 주 2~3회 마신다.	③ 하루 1회 먹는다.
10. 해조류(다시마, 미역, 김 등)를 먹습니까?	① 거의 안 먹는다.	② 주 2~3회 마신다.	③ 거의 매일 먹는다.
합 계	( )	( )	( )

* I에 해당하는 것은 0점, II는 1점, III은 2점으로 하여 총합계를 산출하여 다음과 같이 판정한다.

A 16~20점 : 우수 B 11~15점 : 보통
C 6~10점 : 약간 나쁨 D 0~5점 : 나쁨

SECTION 3 영양섭취기준

2010년 한국영양학회에 의해 한국인 영양섭취기준(Dietary Reference Intakes for Koreans ; DRIs for Koreans)이 제정되었다. 영양권장량은 영양소 결핍을 예방하기 위한 것인 반면, 영양섭취기준은 현대인의 만성 퇴행성 질환과 관련되어 영양소의 섭취를 권장하거나 제한하는 영양소에 대해서 권장기준을 설정하였다.

(1) 평균필요량

대상 집단을 구성하는 사람들의 50%에 해당하는 사람들의 일일 필요량을 충족시키는 값으로서 평균 생리적 요구량이다.

(2) 권장섭취량

건강한 사람들의 영양소 필요량을 충족시키기 위해 권장되는 영양소 섭취 권장량을 연령과 성별로 분류하였다.

(3) 충분섭취량

건강한 인구집단의 평균적인 영양소 섭취량을 실험적으로 추정하거나 관찰에 의해 구한 것으로, 식이섬유소, 수분, 판토텐산, 비오틴, 불소, 망간 등을 포함한 16개의 영양소에 대해 충분섭취량이 설정되었다.

(4) 상한섭취량

특정 인구집단에 속한 거의 대부분의 사람들에게 위험을 가져오지 않는 영양소 섭취의 상한선으로서 인체 건강에 유해한 영향이 나타나지 않는 최대 영양소 섭취 수준을 의미한다.

[환자의 식사평가]

- **평균필요량과 비교** : 식이섭취자료에 의존한 개인의 영양소 섭취에 대해서는 적절 또는 부적절할 가능성 정도로 평가하게 된다.
- **충분섭취량 평가기준 이용** : 개인의 일상적인 영양소 섭취량이 충분섭취량 수준 이상이면 섭취수준이 적절할 가능성이 높다고 판단한다.
- **상한섭취량 평가기준 이용** : 특정 영양소 섭취량이 상한섭취량 이상일 때는 과잉섭취로 인한 건강 위해증상이 일어날 수 있다고 판정한다.

SECTION 4 식품위생

세계보건기구(WHO)에 따르면, 식품위생이란 식품의 재배, 생산, 제조로부터 최종소비에 이르기까지 모든 단계에서 식품의 안전성(safety), 식품의 완전성(whole-someness), 식품의 건전성(soundness)에 필요한 모든 수단과 방법을 말한다.

(1) 건강장애 생성요인

① **내인성** : 자연독, 고유 유해물

② **외인성** : 생물적, 인위적

③ **유기성** : 물리, 화학, 생리적

A. 머리를 긁는 행동

B. 손으로 머리를 만지는 행동

C. 코를 만지는 행동

D. 귀를 만지는 행동

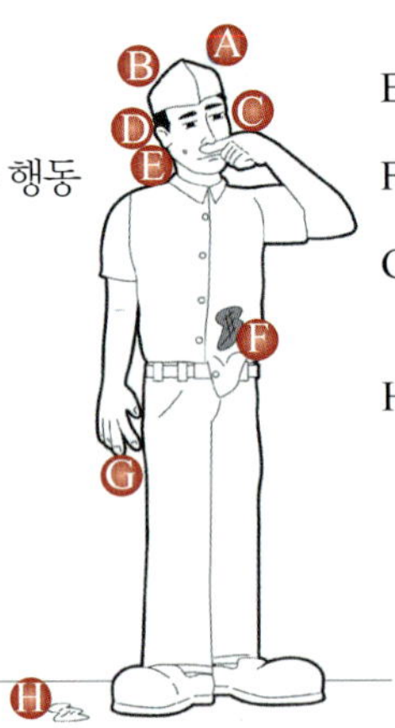

E. 여드름/상처를 만지는 행동

F. 더러운 위생복을 입는 행동

G. 기침, 재채기할 때 손으로 입을 막는 행동

H. 침을 뱉는 행위

그림 3-2 식품을 오염시킬 수 있는 식품취급자의 행동

(2) 개인위생의 중요성

식품취급자는 식품과 가장 밀접하게 접촉하므로 위생개념에 대한 인식과 태도가 피급식대상자의 건강에 영향을 미치게 된다.

(3) 영양표시

식품표시 항목 중 하나인 영양표시는 영양에 대한 적절한 정보를 소비자에게 전달해 줌으로써 소비자들이 식품의 영양적 가치를 근거로 합리적인 식품 선택을 할 수 있도록 돕기 위한 제도이다. 예를 들어 고혈압인 사람의 경우에는 각 제품의 나트륨 함량을 비교한 후 되도록 나트륨이 적은 제품을 선택할 수 있도록 하기 위한 것이다.

영양 성분표		
	시리얼 100g당	40g 시리얼 + 우유 200ml
탄수화물 (g)	80(24%)	41(13%)
지 방 (g)	8(16%)	10(20%)
단 백 질 (g)	7(12%)	9(15%)
열 량 (kcal)	420	290
나 트 륨 (mg)	680(19%)	380(11%)
비타민 D (μg)	3.2(64%)	1.3(26%)
비타민 B1 (mg)	0.8(80%)	0.4(40%)
비타민 B2 (mg)	1.0(83%)	0.7(58%)
나이아신 (mgNE)	10.6(82%)	4.4(34%)
비타민 B6 (mg)	0.9(60%)	0.4(27%)
엽 산 (μg)	156(62%)	64(26%)
비타민 A (μgRE)	437(62%)	231(33%)
비타민 C (mg)	34(62%)	16(29%)
비타민 E (mgα-TE)	6.2(62%)	2.7(27%)
철 분 (mg)	3.3(22%)	1.5(10%)
아 연 (mg)	4.6(38%)	2.6(22%)
칼 슘 (mg)	0(0%)	210(30%)

( ) 1일 영양소 기준치%

그림 3-3 우리나라 영양표시의 예

Nutrition Facts
Serving Size 2/3 cup (55g)
Servings Per Container About 8

Amount Per Serving	
Calories 230	Calories from Fat 40
	% Daily Value*
Total Fat 8g	**12%**
Saturated Fat 1g	**5%**
Trans Fat 0g	
Cholesterol 0mg	**0%**
Sodium 160mg	**7%**
Total Carbohydrate 37g	**12%**
Dietary Fiber 4g	**16%**
Sugars 1g	
Protein 3g	
Vitamin A	10%
Vitamin C	8%
Calcium	20%
Iron	45%

* Percent Daily Values are based on a 2,000 calorie diet. Your daily value may be higher or lower depending on your calorie needs.

	Calories:	2,000	2,500
Total Fat	Less than	65g	80g
Sat Fat	Less than	20g	25g
Cholesterol	Less than	300mg	300mg
Sodium	Less than	2,400mg	2,400mg
Total Carbohydrate		300g	375g
Dietary Fiber		25g	30g

Nutrition Facts

8 servings per container
Serving size 2/3 cup (55g)

Amount per 2/3 cup
Calories 230

% DV*	
12%	**Total Fat** 8g
5%	Saturated Fat 1g
	Trans Fat 0g
0%	**Cholesterol** 0mg
7%	**Sodium** 160mg
12%	**Total Carbs** 37g
14%	Dietary Fiber 4g
	Sugars 1g
	Added Sugars 0g
	Protein 3g
10%	**Vitamin D** 2mcg
20%	**Calcium** 260mg
45%	**Iron** 8mg
5%	**Potassium** 235mg

* Footnote on Daily Values (DV) and calories reference to be inserted here.

그림 3-4 미국 영양표시의 예

Question

1. 다음 중 에너지를 발생하는 영양소로만 구성된 것은?

(가) 신체계측법	(나) 생화학적 방법
(다) 임상적 방법	(라) 식사섭취조사법

① (가), (나), (다) ② (가), (다) ③ (나), (라)
④ (라) ⑤ (가), (나), (다), (라)

2. 식사섭취조사법 중 섭취한 음식을 기억하여 기록하는 방법은?

① 24시간 회상법 ② 식품섭취빈도 조사법
③ 실측법 ④ 식생활진단표
⑤ 식사량 조사법

3. 한국인 영양섭취기준 중 건강한 사람들의 영양소 필요량을 충족시키기 위해 권장되는 영양소 섭취 권장량을 연령과 성별로 나누어 놓은 것은?

① 평균필요량 ② 권장섭취량
③ 충분섭취량 ④ 상한섭취량
⑤ 하한섭취량

4. 다음 중 충분섭취량이 설정된 영양소가 아닌 것은?

① 수분 ② 섬유소
③ 불소 ④ 망간
⑤ 아연

5. 20세 여성이 하루에 섭취해야 되는 총 열량은 몇 kcal인가?

① 1000kcal ② 1500kcal
③ 2000kcal ④ 2500kcal
⑤ 3000kcal

6. 다음의 영양소 중에서 건강한 식생활을 위해 적게 먹어야 되는 영양소는 무엇인가?

① 수분 ② 섬유소
③ 콜레스테롤 ④ 칼슘
⑤ 비타민 C

7. 다음의 식품 중에서 건강한 식생활을 위해 많이 먹어야 되는 식품은 무엇인가요?

① 과자 ② 소시지
③ 채소와 과일 ④ 햄
⑤ 라면

8. 비만인 사람은 영양성분표를 볼 때 어떤 영양성분을 가장 자세히 보아야 하는가?

① 비타민 C ② 열량
③ 콜레스테롤 ④ 나트륨
⑤ 지방

9. 영양에 대한 적절한 정보를 소비자에게 전달해 줌으로써 소비자들이 영양적 가치를 근거로 합리적인 식품선택을 할 수 있도록 돕는 제도는?

① 영양분석표 ② 식품교환표
③ 식사구성안 ④ 영양표시
⑤ 영양상담

10. 다음 중 누구의 개인위생이 피급식자의 건강에 많은 영향을 미치는가?

① 피급식자 ② 영양사
③ 식품취급자 ④ 식품공급자
⑤ 식품생산자

[해답] 1. ⑤ 2. ① 3. ② 4. ⑤ 5. ③ 6. ③ 7. ③ 8. ② 9. ④ 10. ③

Chapter 4.

생애주기별 영양관리

- 생애주기별 식사지침을 설명할 수 있다.
- 생애주기별 식사지침의 세부사항을 설명할 수 있다.

생애주기별로 성장, 활동량, 노화 등 특성에 따라 영양필요량이 다르고 영양소의 소화, 흡수, 대사 등에도 차이가 나타난다. 임신기, 수유기, 영아기, 유아기, 아동기, 청소년기, 성인기, 노인기 등 생애주기별로 발생하는 영양문제는 표 4-1과 같다.

표 4-1 생애주기별 영양문제

생애주기	영양문제
임신기	빈혈, 태아 알코올 증후군
수유기	유즙분비 부족
영아기	탈수, 설사, 감기
유아기	식욕부진, 편식, 충치, 감기, 설사
아동기	영양부족, 아침결식, 주의력 결핍, 과잉행동장애
청소년기	신경성 식욕부진증, 폭식증, 비만, 불규칙한 식사
성인기	대사증후군, 비만, 여성의 경우는 폐경
노년기	단순 또는 만성 기아, 소화장애, 골다공증

SECTION 1 임신기

1. 임신에 따른 영양소 축적

임신 시에는 주로 지방 3825g과 단백질 925g로 태아보다는 모체에 축적되는데, 특히 지방은 대부분이 수유를 위해 모체에 축적된다.

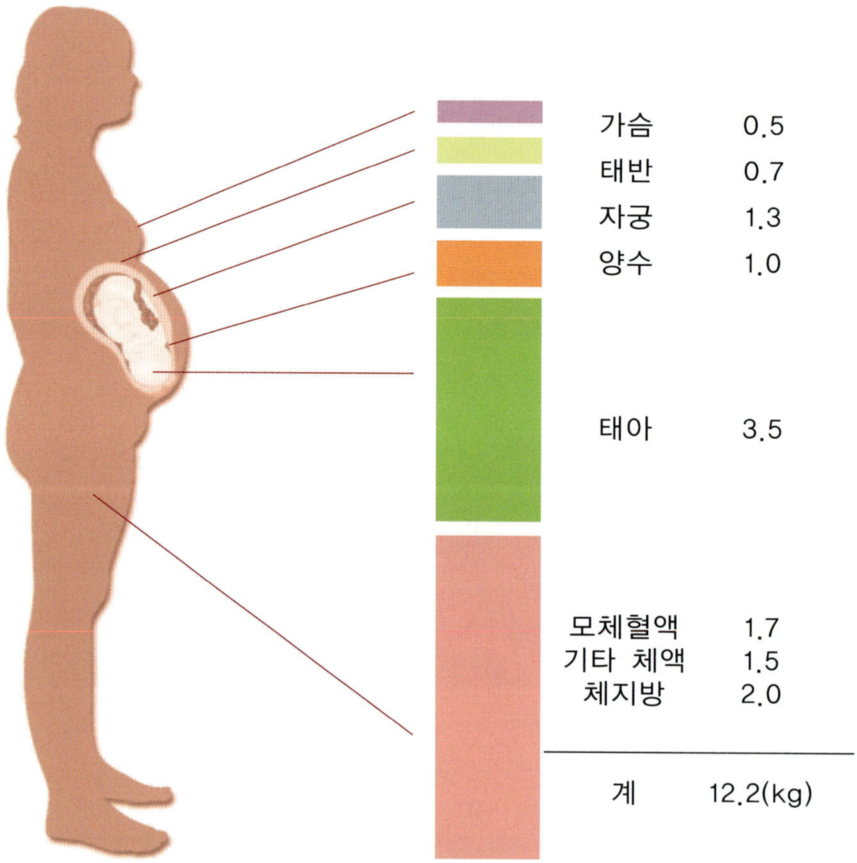

그림 4-1 임신에 따른 체중증가의 구성요소(예)

표 4-2 임신에 따른 부위별 단백질, 지방 에너지의 축적

	단백질 증가(g)	지방 증가(g)	총 에너지 축적(kcal)	체중(kg)
태아	440	440	6644	3.4
태반	100	4	598	0.6
양수	3	0	17	0.8
자궁	166	4	968	0.7
유방	81	12	568	0.7
혈액	35	20	946	1.3
모체	–	3345	31.778	3.4
세포외액	–	–	–	1.7
총계	925	3825	41518	12.6

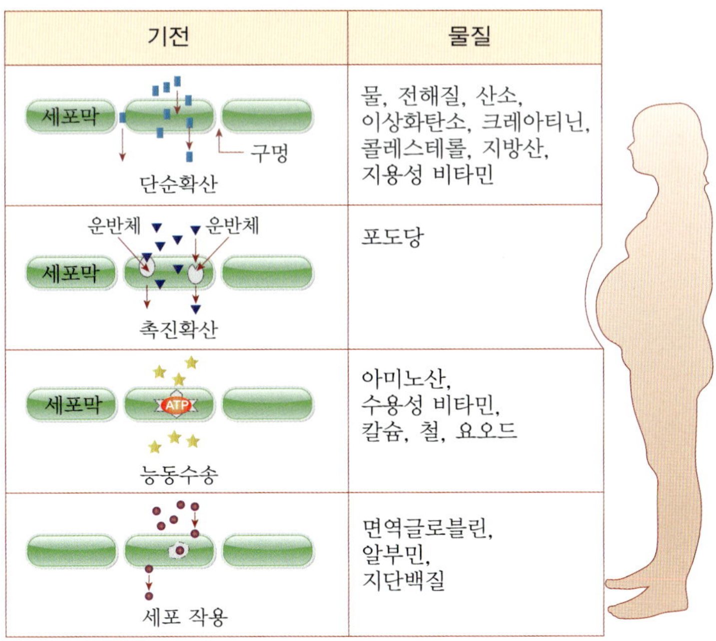

그림 4-2 태반에서의 물질이동 기전

2. 임신에 따른 영양소 필요량 증가

에너지에 비해서 칼슘이나 철분 등의 무기질과 비타민의 섭취량이 더 많이 증가하므로 영양소가 많이 함유된 식품을 선택한다.

표 4-3 식품군별 철분함량

식품군명	식품명	1인 1회 분량	중량(g)	철(mg)
곡류 및 전분류	현미	1공기	90	2.9
	백미	1공기	90	0.5
	보리쌀	1공기	90	2.7
	시리얼	1/3 그릇	30	1.5
	식빵	3쪽	90	1.2
달걀, 콩류, 견과류	달걀	1개(중)	50	1.0
	강낭콩	2큰술	20	2.6
	콩(검정콩, 노란콩)	2큰술	20	1.5
	호박씨	2큰술	20	2.5
	해바라기씨	2큰술	20	1.2
	두부	1/5모	80	1.8
채소류	쑥	1/3컵	70 (생)	7.8
	미나리	1/3컵	70 (생)	2.9
	시금치	1/3컵	70 (생)	1.8
	호박나물	1/3컵	70 (생)	6.4
	근대	1/3컵	70 (생)	3.5
	무청	1접시	70	4.1
	다시마	1접시	70 (생)	1.7
과일류	딸기	1컵	200	1.0
	사과	1/2개(중)	100	0.8
	단감	1개(중)	150	5.9
	오디	1/2컵	100	1.8
	머루	1/2컵	100	1.7

(계속)

식품군명	식품명	1인 1회 분량	중량(g)	철(mg)
과일류	말린살구	1/4컵	50	1.5
	말린무화과	1/4컵	50	2.0
	말린대추	1/4컵	50	2.3
	건포도	1/4컵	50	1.1
당류	당밀	1작은술	5	3.5

3. 입덧 시의 식사지침

① 자기 전에 마른 쿠키류를 준비해 두었다가 눈을 뜨자마자 녹여먹고 15~30분 후에 일어난다.
② 충분한 수분을 섭취한다.
③ 기호에 맞는 담백한 식품을 섭취한다.
④ 공복시에 구토가 많이 나므로 조금씩 자주 섭취한다.
⑤ 비타민 B_1과 비타민 B_6의 섭취가 도움이 된다.

4. 임산부의 일반적 주의사항

① 임신시 비만이 되지 않도록 한다.
② 알코올의 섭취를 금한다.

최근 여성의 사회활동이 증가하고 여성의 의식변화, 음주에 대한 사회적 의미의 변화에 따라 여성 음주자 비율이 증가하고 있다. 20세 이상 여성 음주율은 2001년 67.4%에서 2005년 77%로 증가하였고 통계상으로는 남성의 음주인구가 여성보다 높지만, 남성 음주자 비율은 지속적인 감소를 보이는 반면 여성 음주자 비율은 꾸준히 증가하고 있다(보건복지가족부, 2009).

여성 음주자 비율의 증가와 함께 임신 중 음주 비율에 관한 연구들이 진행되었는데, 국내에서 1회 이상 임신경험이 있는 325명 중 임신 중 음주한 대상자는 163명(50.2%)이었다. 이 중에서 임신 초기에 임신 사실을 모르고 마신 경우가 147명(45.2%), 임신 사실을 알고도 마신 경우는 54명(16.6%)이었다. 대상자의 연령이 낮을수록, 총수입이 적을수록, 계획임신이 아닌 경우, 평소 문제음주 정도가 심할수록, 음주문제 가족력이 있는 경우에 임신 중 음주를 하는 경향이 높음을 알 수 있었다(염계정 등, 2011).

한정열(2009)의 연구에서는 394명의 임신부 중 임신 초기에 임신 사실을 모르고 음주하는 경우를 포함해서 임신 중 음주에 노출된 여성이 36.8%로 조사되었고 임신 전 알코올 의존성을 보인 임신부가 23.1%로 나타났다.

[용어정의]

- 태아 알코올 증후군(FAS: Fetal Alcohol Syndrome) : 임신기간 중 알코올 섭취는 출산 전후의 성장장애, 중추신경계 이상, 특징적 얼굴기형 등의 태아의 발달장애를 일으킬 수 있다. 얼굴기형의 형태로는 좁은 이마, 짧은 코, 낮은 콧날, 뚜렷하지 않은 인중, 얇은 윗입술 등이 나타날 수 있다.

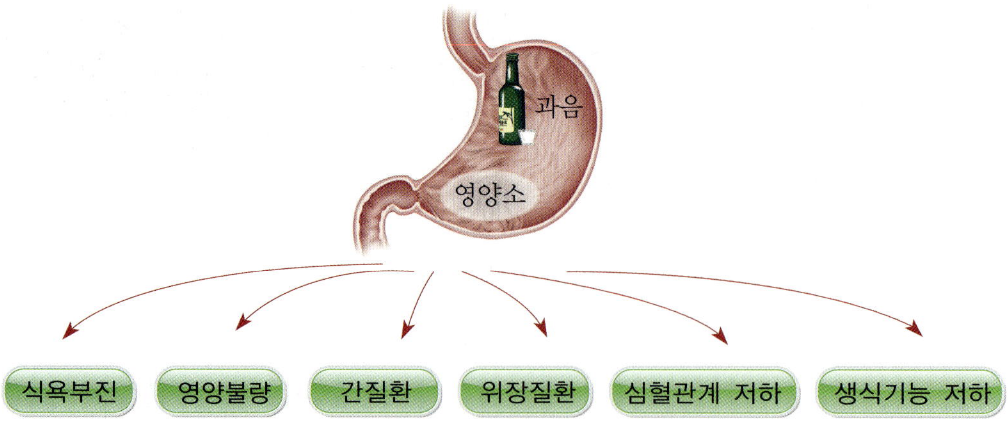

그림 4-3 만성 음주가 건강에 미치는 영향

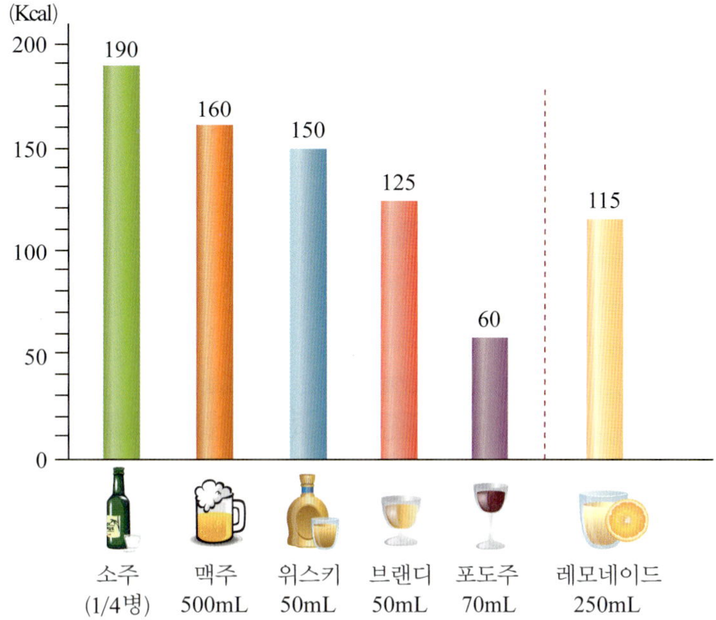

그림 4-4 각종 술 한 잔의 열량 비교

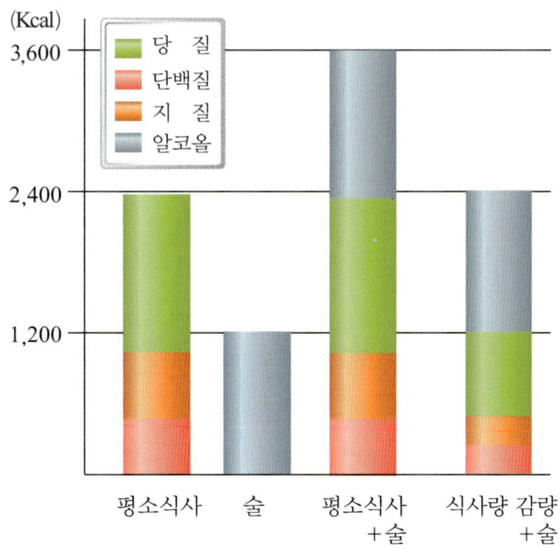

그림 4-5 알코올 섭취시 영양소 섭취량의 변화

③ 카페인이 든 식품의 과잉섭취를 금한다.

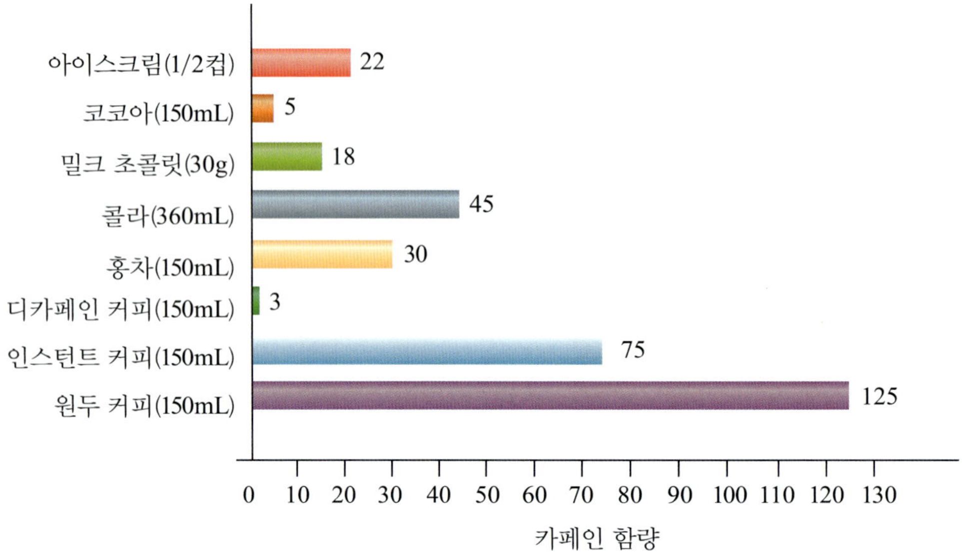

그림 4-6 다양한 기호 식품의 카페인 함량

④ 절대 금연해야 한다.

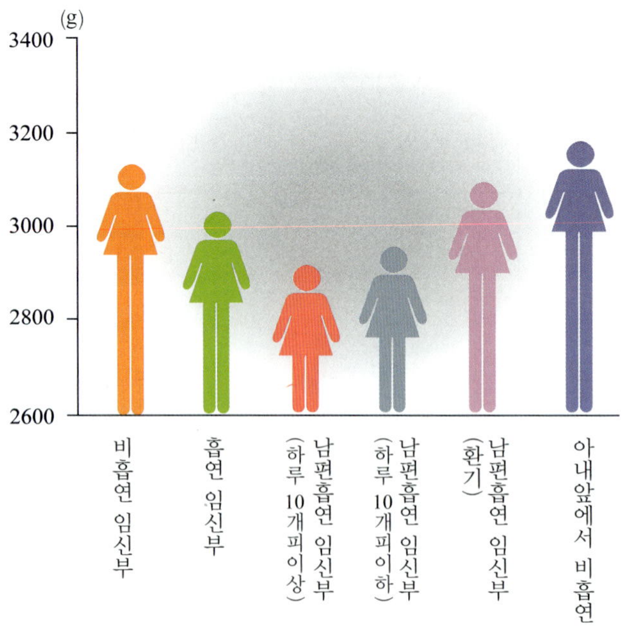

그림 4-7 흡연과 신생아 체중

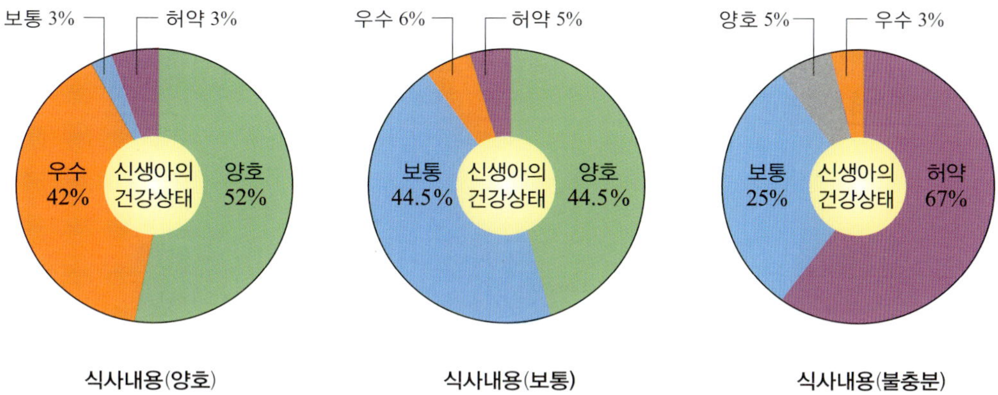

그림 4-8 어머니의 식사내용과 신생아의 건강상태와의 관계

5. 임신성 당뇨

임산부의 약 3~4% 정도가 당뇨병에 노출되는 것으로 알려져 있으며, 임신성 당뇨는 임신 중 인슐린저항성 증가에 따른 포도당 내성의 저하로 발병된다. 출산 후 대부분의 경우 정상으로 회복되나 후천성 당뇨로 진행 될 확률이 30~60%로 높고, 기형아 출산 가능성도 높은 것으로 보고되고 있으므로 임신 중에 당뇨가 발병되지 않도록 주의해야 한다.

SECTION 2 수유기

1. 수유기의 영양소 필요량

① 수유기에는 임신기보다 비타민 E, 비타민 C, 리보플라빈, 아연, 요오드, 셀레늄을 더 섭취하도록 권장한다.

② 철분, 마그네슘, 엽산, 니아신의 필요량은 임신기보다 적게 섭취한다.

③ 티아민, 비타민 B_{12}, 칼슘, 비타민 D, 인, 비타민 K는 임신여성과 비슷한 수준으로 권장한다.

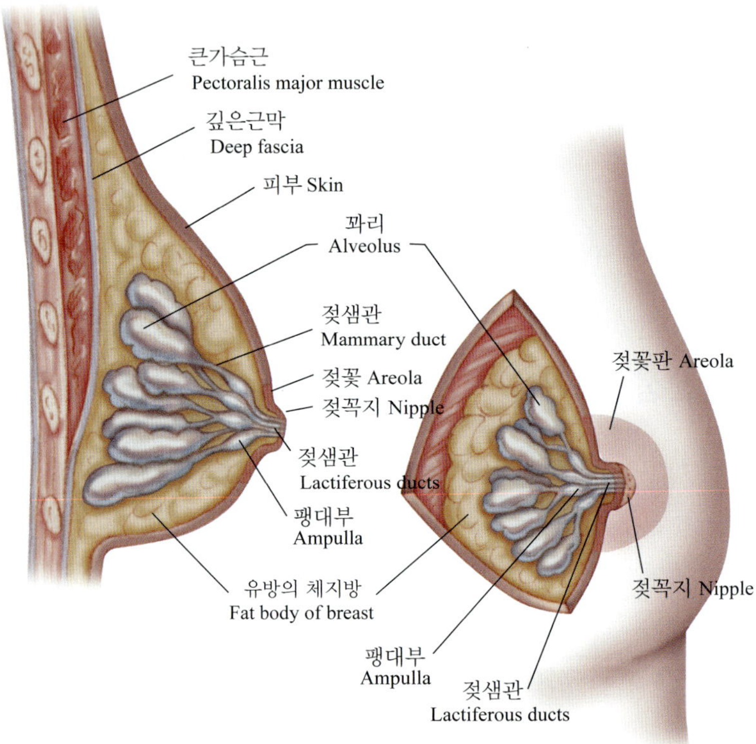

그림 4-9 유방해부도

2. 질병과 모유수유

분만 전부터 질환으로 약물치료를 받고 있던 여성은 모유수유에 허용되는 약물로 변경하여 치료하면서 수유할 수 있다.

당뇨병을 가진 수유부의 경우도 혈중 포도당이 유포에서 이용되므로 혈당 조절에 도움이 되며 모유수유가 가능하다. 그러나 수유를 통해 감염되는 질환인 에이즈 등의 경우는 조제유 등을 사용해야한다.

3. 수유부의 일반적 주의사항

술은 절대로 마시지 않는다. 여성의 음주는 임신 중 뿐 아니라 수유기간에도 계속되어, 대전지역 수유부 73명 중 25명(34.2%)이 수유기간 중에도 가끔 마신다고 하였으며 24명(32.9%)은 전에는 마셨으나 지금은 안 마신다고 하여 전체 수유부 중 29명(67.1%)은 음주경험이 있었던 것으로 나타났다(김지선, 2009). 경북 고령군의 72명의 수유부의 경우 수유기간 중 흡연경험은 모두 없는 것으로 조사되었으나, 14명(19.4%)이 음주 경험이 있다고 하였다(김인숙, 2008).

알코올은 실제로 모유사출을 저해하는데, 에탄올의 효과는 용량에 비례하며 뇌하수체에서 옥시토신의 분비를 억제한다. 한 연구결과 알코올이 수유부의 사출반사작용을 완전히 저해하는 것으로 나타났다(김일옥, 최경순, 2011).

모유수유를 하지 못한 이유로는 '모유량이 부족하거나 안 나와서'가 53.3%로 가장 큰 이유로 보고되었다(보건복지부, 2003). 모유분비에 영향을 미치는 요인으로는 알코올 섭취 뿐 아니라 감기치료약 등의 약물이나 흡연 등의 생활습관도 관련된다.

SECTION 3 영아기

개인의 성장은 유전요인과 환경요인의 영향을 받아 성장 속도가 결정되는데 환경요인 중의 하나인 영양은 영유아의 성장을 결정하는 중요요인이다.

성장단계에서 세포증식이 급격하게 일어나는 시기를 결정적 시기(0~7세)라고 하는데 이 시기의 영양결핍은 회복될 수 없는 영구적인 장애가 생길 수 있으며, 영양과잉은 지방세포 수를 증가시켜 비만을 유발시키기도 한다.

영아기는 일생 중에서 가장 왕성한 발육이 일어나는 시기이며 특히 뇌의 발달이 가장 많이 이루어진다. 영아기는 성인에 비해 몸은 작지만 단위 체중당 체표면적이 크므로 많은 양의 영양성분이 필요하다.

1. 모유영양

모유는 영아의 성장발달에 필요한 영양소들이 모두 적절하게 함유되어 있으며, 모유에 함유된 영양소는 소화 · 흡수 및 체내 이용이 잘 되는 형태로 존재하여 영아에게 가장 이상적이며, 모유 속의 영양분은 뇌의 급격한 발달에 알맞게 되어 있다.

(1) 모유 영양성분

① 당질

모유에 함유되어 있는 유당은 영아에게 주된 에너지 공급원으로 1일 에너지의 50%를 공급하며, 칼슘의 흡수를 촉진하여 골격을 튼튼하게 하고, 장내 환경을 산성으로 하여 유해한 미생물의 발육을 억제한다. 또한 유당의 구성성분인 갈락토오스는 뇌와 신경의 구성성분인 세레브로시드(cerebroside)를 구성하여 두뇌발달을 도와준다.

② 단백질

모유에는 알부민의 함량이 높으며, 중추신경계와 망막의 발달을 돕고 담즙산 합성을 촉진하는 타우린 함량이 높다.

③ 지질

모유에는 불포화지방산인 리놀레산의 함량이 높고 소화가 잘 된다. 또한 리피아제의 함량이 높아 모유의 지질 흡수율을 높인다.

④ 무기질

모유에는 칼슘 : 인의 비율이 2:1로 칼슘의 흡수에 유리하며 철의 함량이 높고 흡수가 잘 되어 빈혈을 방지하며, 모유의 칼슘, 인, 나트륨, 칼

륨 등의 전해질 함량은 우유에 비해 낮아 영아의 신장에 부담이 되지 않는다.

⑤ 비타민

모유에는 영아의 성장에 적절한 양의 비타민이 함유되어 있다. 특히 비타민 A, C, E가 많이 들어있다.

⑥ 모유에는 철, 아연, 칼슘 등 각종 무기질이 적당량 함유되어 있으며 체내 이용률도 높다.

⑦ 초유는 태변을 잘 배출하게 하여 태변 속의 빌리루빈(황달 발생의 원인물질)의 배출을 도와주므로 신생아의 황달 방지에도 도움이 된다.

(2) 모유 면역체

① **락토페린**(lactoferrin) : 철과 결합된 단백질로 세균의 성장에 필요한 철을 결합시켜 장내 병원균의 성장을 억제한다.

② **리소자임**(lysozyme) : 직접적으로 세균을 파괴시키는 효소이다.

③ **면역글로불린**(IgA) : 모유에는 분비형 IgA(secretary immunoglobulin)라는 항체가 있어서 영아를 감염으로부터 보호하고 항알레르기 작용을 한다.

④ **백혈구** : 저체중아에게 흔한 결장염을 예방하는데 부분적으로 관여하며, 향균 및 식균작용을 한다.

⑤ **마크로파지**(macrophage) : 식세포성이며 운동성이 있고 살아있는 세포로 다른 미생물을 둘러싸는 작용을 한다. 이물질을 인식하여 면역반응을 유도하는 세포로 신체 내로 유입된 미생물을 효율적으로 처리한다.

⑥ **비피더스**(bifidus)**인자** : 위장관에서 유산균은 젖산과 초산을 생성하여 산성환경을 만들어 대장균이나 이질균 등의 병원균의 성장을 억제하고 리소자임이 안정하도록 한다.

⑦ **항알레르기 인자** : 모유 속의 IgA는 잠재적인 알레르겐(allergen)을 결합시켜 흡수를 억제한다.

(3) 영아 측 모유수유의 장점

① 영양적으로 완벽하다.
② 흡수가 잘된다.
③ 세균감염의 우려가 없다.
④ 알레르기를 유발하지 않는다.
⑤ 온도가 늘 일정하다.
⑥ 면역물질이 있어서 건강에 유리하다.
⑦ 정상적인 심리발달에 도움이 된다.
⑧ 모자간의 관계를 돈독히 한다.

(4) 수유부 측 모유수유의 장점

① 경제적이며 간편하다.
② 자궁수축을 도와서 산욕회복에 도움이 된다.
③ 배란을 억제하여 자연 피임이 되게 한다.
④ 유방암의 발병률을 낮춘다.
⑤ 체중조절에 유리하다.
⑥ 칼슘 대사를 효율적으로 하여 골다공증을 예방한다.
⑦ 신경을 이완시켜 성격을 완만하게 한다.
⑧ 모자간의 접촉으로 정신적인 만족감과 긴밀한 관계가 유지된다.

2. 인공영양

모유영양이 가장 바람직하나 출산 후에 젖이 나오지 않거나 직장 등의 이유로 젖을 먹일 형편이 안되는 경우 인공영양을 실시한다.

① **조제분유** : 모유의 성분에 가깝도록 전지분유에 단백질, 지질, 유당, 비타민, 무기질 등을 첨가하여 만든 것이다.

② 두유로 만든 조제분유 : 콩을 주 원료로 하여 메티오닌, 콘시럽, 대두유, 비타민 및 무기질이 강화된 분유로 콩에 들어있는 단백질 소화 저해효소를 열처리하여 불활성화시켜 쉽게 단백질 소화가 되도록 만들어졌다.

③ 카제인 가수분해 조제분유 : 모유나 우유 모두에게 특이한 반응을 보이는 영아를 위한 것으로 모유나 우유에 알레르기 현상을 보이는 영아에게 필요한 조제유이다.

3. 모유와 인공영양 영양성분 비교

모유와 우유의 성분을 비교하면 그 성분에는 많은 차이가 있다. 모유의 단백질 함량은 우유에 비해 적지만 소화되기 쉬운 형태이며 우유의 많은 단백질 함량은 여러 생리기능이 미숙한 영아에게 오히려 해가 될 수도 있다. 지방 함량은 비슷하나 모유에는 필수지방산의 함량이 더 높으며 특히 모유에는 우유에 없는 불포화지방산인 DHA가 함유되어 두뇌 발달에 좋다.

탄수화물인 유당은 우유보다 모유에 많으며, 비타민 A 또한 우유보다 더 많이 함유되어 있다. 비타민 C는 우유보다 모유에 약 4배 이상 많이 들어 있다.

표 4-4 모유와 인공영양(조제분유)의 영양성분 비교

성분(1L당)	모 유	인공영양(조제분유)
에너지(kcal)	629	660
단백질(g)	13	35
지방 (g)	31	38
유당(g)	68	49
비타민 A(IU)	1,898	1,025
비타민 C	44	10
칼슘	301	1,200
인	131	920

4. 이유(離乳)영양

(1) 이유의 정의

이유란 반고형에서 점차 고형의 식사형태로 이끌어 가는 것을 말한다. 영아 전기의 영양공급원이 유즙(모유 혹은 조제유)이라면 후기는 유즙과 유즙 이외의 식품, 즉 이유(보충)식을 통해 영양공급이 이루어진다. 생후 6개월 무렵의 영아는 모유나 조제유만으로 부족할 수 있는 영양공급과 일반 식사 형태의 식습관을 기르게 하기 위하여 이유식을 시작하게 된다.

(2) 이유의 중요성

생후 3~5개월이 지나면 유즙만으로는 영아의 발육에 필요한 영양소들을 모두 공급하기 어려우므로 이유식을 통해 영양소의 보충이 이루어져야 한다.

이유식은 영아의 섭식기능 발달을 위해서도 중요하다. 영아가 고형식을 먹게 되면 씹는 연습을 통해 치근이 자극되면서 유치 발생에도 좋은 영향을 주며, 이유식으로 다양한 식품들을 접한 영아는 적절한 영양섭취와 음식물을 잘 씹을 수 있는 기능을 습득함으로써, 이후 편식 예방 등 올바른 식습관을 형성할 수 있다.

5. 임신 · 수유부를 위한 식생활지침(보건복지부)

① 우유 제품을 매일 3회 이상 먹자.
② 고기나 생선, 채소, 과일을 매일 먹자.
③ 청결한 음식을 알맞은 양으로 먹자.
④ 짠 음식을 피하고, 싱겁게 먹자.
⑤ 술은 절대로 마시지 말자.
⑥ 활발한 신체활동을 하자.

SECTION 4 유아기

유아기는 호기심이 많아 끊임없이 새로운 것을 추구하며, 좋아하고 싫어하는 것에 대한 자기주장이 강한 시기여서 편식 등의 식생활 문제가 나타나고 또래집단의 식습관이 유아의 음식 수용과 거부에 큰 영향을 미치기도 한다. 하지만 개인차가 심하므로 개인의 신체크기와 활동량을 고려하여 영양소 필요량을 정하는 것이 바람직하다.

가장 중요한 것은 유아기에 형성되는 식습관은 일생동안의 식습관과 영양상태에 영향을 주므로 올바른 식습관 형성에 특히 많은 교육과 관심이 필요하다.

1. 유아의 발달

(1) 두뇌발달

유아의 두뇌는 만 4세경이 되면 성인의 90%까지 형성된다. 이 시기에 충분한 영양이 공급되지 않으면 저항력이 떨어지고 무기력해지며, 신경증세를 보일 수 있다. 특히 유아 초기의 영양부족은 신경계에 영향을 주어 지적 발달의 지연, 장애로 이어질 수도 있으므로 충분한 영양이 공급되도록 해야 한다.

(2) 신체발달

영아기에 비해 성장속도는 떨어지지만 꾸준히 성장하며, 지속적으로 골격이 발달하므로 단백질과 칼슘 등의 무기질이 필요하다. 유아는 아직 소화, 흡수 능력이 미숙하므로 영양소가 풍부한 식품을 소화하기 쉬운 형태로 제공하여야 한다.

(3) 식사기술의 발달

유아의 사회성과 자율성이 발달하면서 음식을 스스로 선택하고 식품에 대한 기호가 뚜렷해진다. 숟가락이나 젓가락 사용은 유아의 소근육과 두뇌발달을 촉진시키며 바른 식사도구의 사용은 작은 근육을 움직이는 손기능의 발달과 더불어 인내심, 침착함, 치밀함 등의 성격을 형성하는 데도 도움을 된다.

2. 유아의 식생활 행동 특징

(1) 식품에 대한 기호가 확립된다.

유아들은 연령이 증가하면서 식품에 대한 관심이 많아지고, 환경적 변인에 따라 기호의 변화가 심하다. 일반적으로 영유아들은 씹기 쉽고 단맛이 나는 음식을 좋아하는 반면에 채소류, 특히 강한 냄새가 나거나 물컹물컹한 음식, 씹기 힘든 고기 등을 싫어한다. 따라서 유아들은 눈에 보이는 색깔, 씹히는 느낌에 따라 좋아하는 식품이 결정된다.

(2) 하루 세 끼 식사 외에 2~3회의 간식이 필요하다.

영유아들은 위의 용량이 적어 한 번에 섭취하는 음식의 양도 적고 식사하는 동안에 음식에 집중하는 시간도 짧기 때문에 하루에 필요한 영양 공급량을 여러 번 나누어(5~6회) 소량씩 먹어야 영양섭취가 양호해진다. 따라서 1일 정규 3회 식사와 함께 부족한 부분을 간식에서 보충해야 하며 간식은 다음 식사까지 2시간 정도의 간격을 두어 다음 식사의 양에 영향을 미치지 않도록 한다. 2~3세에는 오전 10시경과 오후 3시경에 1번씩 1일 2회, 4~7세는 오후에 1회 정도 제공하는 것이 적당하다. 간식의 양은 대체로 1일 에너지의 10~15% 수준이 적당하다.

표 4-5 50Kcal를 제공하는 간식의 종류

식 품	분 량(g)	목측량	식 품	분 량(g)	목측량
사과	110	중간크기 1/2개	고구마	40	중간크기 1/5
딸기	130	보통크기 7알	감자	65	중간크기 1/2개
포도	70	15알	식빵	20	1/2장
바나나	60	중간크기 1/2개	팥빵	15	1/4개
토마토	250	중간크기 1/2개	과일주스	80	1/2컵

(3) 식욕이 자주 변한다.

유아들은 식품에 대한 기호의 변화가 매우 심하다. 수시로 좋아하던 음식이 바뀌기도 하고 먹는 양이 많았다 줄었다 하기도 한다. 그러나 병적인 요인이 없다면 걱정할 문제는 아니다.

3. 유아의 영양섭취기준

(1) 에너지 & 열량영양소

이 시기에는 신체크기와 발육상태에 따라 필요량을 결정하도록 하며 에너지 필요량은 기초대사량, 성장, 활동량 등을 고려하여야 한다.

이 시기의 에너지권장량은 아주 가벼운 활동을 하는 성인의 권장량과 같은 수준이므로 유아의 신체크기를 고려한다면 에너지 밀도가 높은 말린 과일, 견과류, 치즈, 고지방 식품의 보충이 필요하다. 단백질은 부족하면 성장과정에 장애를 일으킨다. 에너지원의 성분은 탄수화물이 50~60%, 지방은 25~30%, 단백질은 10~15% 정도가 가장 바람직하다.

(2) 철 분

철분은 혈액을 통해 산소 및 영양소를 운반하는 역할을 하므로 정상적인 성장을 위해서 꼭 필요한 영양소이다.

동물성 식품(육류, 우유 및 유제품)이 소화 흡수율이 높으며 비타민 C(오렌지주스)와 같이 섭취하면 흡수율이 더욱 높아진다. 3세 이하의 유아는 특히 철 결핍성 빈혈이 생기기 쉬우므로 이 시기에는 철분 보충을 위해 양질의 단백질 식품을 충분히 섭취하는 것이 필요하다.

(3) 칼 슘

뼈의 성장과 무기질화를 위해 반드시 필요한 영양소로 1~2세의 경우 500mg/day, 3~5세는 600mg/day을 필요로 한다. 유제품이 칼슘의 급원식품이며, 녹색채소, 견과류에도 다량 함유되어 있다.

(4) 아 연

아연은 단백질 합성과 정상적인 성장에 반드시 필요한 영양소로 부족했을 경우에 성장부진이나 식욕부진, 미각의 소실이나 상처가 잘 낫지 않는 증상이 나타난다.

(5) 비타민 D

비타민 D는 칼슘의 흡수와 뼈에 칼슘이 붙게 하는데 중요한 작용을 하는데 부족할 경우 구루병이 유발될 수 있다. 그러므로 비타민 D 급원식품을 충분히 섭취하거나 햇볕에 의해 피부에 의해서도 비타민 D가 만들어지므로 매일 적당하게 햇볕을 쪼이는 것이 구루병을 예방하는 방법이다.

성인 기준으로 하루 200IU가 필요한데 이는 하루 20분 정도 햇볕을 쪼이면 생성되는 양이다. 식품으로는 연어나 정어리 같은 생선류, 비타민강화우유, 아침식사용 시리얼이 비타민 D의 좋은 급원식품이다.

4. 영유아의 영양문제

(1) 식욕부진

이유식을 할 때 이유식의 조리법이나 주는 방법에 문제가 있거나 새로운 음식에 적응할 수 없는 경우 식욕부진이 일어나기 쉬우며 3~4세 경에는 자아가 발달하면서 기호의 감정이 뚜렷해지고 음식에 대해서도 싫은 것에 거부반응을 나타내기 때문이다. 또한 유아에게 질환이 있거나 충치가 많으면 식욕부진이 되기 쉽다.

식욕부진이 일어나면 다양한 식재료와 조리법을 활용하거나 색깔이나 모양, 음식을 담는 그릇에 변화를 준다. 또한 식품과 음식의 맛은 화학적인 맛, 촉각, 냄새, 온도가 서로 조화되면서 느끼게 되므로 맛의 구성요소를 고려하여 조리를 한다.

(2) 편 식

편식이란 어떤 종류의 식품만을 좋아하고 다른 식품을 거부하는 것을 말하며, 어떤 특정한 음식을 먹지 않는 경우와 하나의 식품군 전체를 먹지 않는 경우가 있다. 또 편식에는 식품이 원인인 경우와 미각이 원인인 경우가 있는데 이유기에 단맛이 있는 이유식만 먹으면 다른 맛을 배울 기회가 없어서 유아기 때 편식의 원인이 된다.

일상생활에서 식생활에 활용되는 식품의 종류는 약 600종이나 되며, 맛을 느끼는 정도도 개인마다 차이가 있다.

조리법과 먹는 장소, 그리고 연령에 따른 생리 기능의 변화나 가정환경에 의해서도 식품 기호는 달라진다. 편식을 하면 좋아하는 음식과 싫어하는 음식에 대한 감정이 강해서 식사내용이 영양적으로 불균형하여 발육과 성장 및 영양상태가 떨어진다. 편식의 원인 가운데 가장 큰 것은 가정의 식사환경이다.

유아의 식생활은 부모 또는 가족의 식생활에 동화되며 모방을 통해 식사의 기호 등이 형성되므로 부모의 자세가 중요하다. 유아기의 편식은 아직 유동적이므로 교정이 가능하지만 한번 나쁜 습관이 형성되면 고치기 힘들므로 유아기 때부터 편식이 생기지 않도록 가족들의 협력이 필요하다.

(3) 충 치

충치는 어린이에게 가장 흔한 건강문제이다. 일반적으로 건강한 치아를 위해 칼슘만 중요하다고 생각하기 쉬우나 모든 영양소를 균형있게 잘 섭취하는 것이 중요하다. 즉, 치아건강을 위해서도 영양적으로 균형이 잡힌 식사를 하는 것이 필수적이다.

충치예방을 위해서는 간식으로 당 함량이 적은 식품을 선택하고, 치아에 달라붙기 쉬운 식품이나 찌꺼기가 생기기 쉬운 식품은 피하는 것이 바람직하다. 특히 당도가 높으면서 치아에 점착력이 높은 식품이 충치를 쉽게 유발한다. 간식을 포함하여 식사는 시간을 정하여 규칙적으로 하도록 하고, 식사 후에 이닦기나 물 양치를 습관화하는 것이 중요하다.

(4) 철결핍성 빈혈

빈혈은 주로 12~36개월된 유아에게서 흔히 나타날 수 있다. 빠르게 성장하는 유아는 혈액량 증대도 빨라서 철의 요구량도 매우 큰 편이다. 철은 간 · 달걀 · 육류 · 녹색 채소류 등에 많이 들어 있으며, 특히 동물성 식품에 함유된 철이 체내 흡수율이 높다. 따라서 적절한 동물성 식품의 섭취는 성장기 유아에게 양질의 단백질 뿐 아니라 철의 섭취를 위해서도 매우 중요하다.

(5) 식품 알레르기

식품 알레르기는 영유아기에 가장 흔히 나타나며, 연령이 증가하면서 점차 감소한다. 식품 알레르기란 음식물이 항원이 되어 신체가 이에 대응하여 과민반응을 일으키는 알레르기성 질환을 말한다.

최근에 증가하고 있는 아토피성 질환도 여기에 해당될 수 있으나, 그 원인 물질이 명확히 규명된 것은 아니다. 알레르기 반응은 비염, 설사, 구토, 복통, 호흡곤란, 두드러기, 피부발진 등 다양한 증심으로 나타나는데 심한 경우 쇼크증세까지도 나타날 수 있다.

유아에게는 우유 알레르기가 가장 흔하고, 다음이 달걀 흰자, 감귤류, 초콜릿, 해산물, 밀가루 및 견과류 알레르기 순이다. 그 밖에도 식품 알레르기는 콩류나 땅콩, 닭고기, 생선에 의해서도 발생하며 향신료나 색소 등의 식품첨가물이 알레르기 반응을 일으키기도 한다.

가장 일반적인 치료방법은 원인 식품을 찾아내어 그 식품을 식사에서 제거하는 것인데, 식품이나 음식 속의 재료에 대한 주의도 필요하다. 즉 달걀에 대한 알레르기가 심하다면 달걀이 들어간 마요네즈 혹은 케이크와 과자류의 섭취도 제한해야 한다. 또한 기본적으로 식품을 위생적으로 다루고 신선한 재료를 사용하는 것도 중요하다.

(6) 납 중독

유아는 무엇이든 쉽게 입에 넣는다. 이런 과정에서 먼지, 페인트 조각, 낡은 그릇, 장난감 등을 통해 납 성분이 체내에 들어올 수 있다.

납은 체내에서 파괴되거나 대치되지 않는 금속이온으로 흡수될 때 철, 칼슘, 아연 등과 경쟁함으로써 이들 무기질의 결핍을 초래할 가능성이 있다. 특히 어린이의 납 흡수율은 성인보다 훨씬 높기 때문에 납 중독이 더 쉽게, 더 심각하게 일어날 수 있다. 납에 중독되면 신체 균형 및 운동기능손상, 신경자극 전달 이상, 발육 지연 등 심각한 증상이 나타난다.

어린이가 납에 노출되는 것을 줄이기 위해서는 주변 환경을 깨끗이 하고, 벗겨진 페인트 칠 조각을 조심하도록 하며, 손을 자주 씻도록 하는 것이 중요하다. 비타민 C와 철 섭취를 늘리는 것은 납에 의한 피해를 줄이는 데 도움이 될 수 있다.

5. 영유아를 위한 식생활지침(보건복지부)

① 생후 6개월까지는 반드시 모유를 먹이자.
② 이유보충식은 성장 단계에 맞추어 먹이자.
③ 유아의 성장과 식욕에 따라 알맞게 먹이자.
④ 곡류, 과일, 채소, 생선, 고기, 유제품 등 다양한 식품을 먹이자.

SECTION 5 아동기

아동기는 7~12세 사이의 시기로서 학교교육을 통하여 필요한 지식과 기술을 습득하게 되는 시기이다. 아동기의 발달특성은 다음과 같다.

1. 아동기의 발달 특성

(1) 신체적 발달

신체발달이 유아기에 비해 느려지는 반면 신체에 대한 자기통제력이 높아진다. 이 시기가 되면 대부분의 운동기술 습득을 완수한다.

10~11세경에 사춘기로 진입하며 급성장을 경험한다. 자기의식이 높아지며 급성장에 따른 창피감도 증가한다.

(2) 인지적 발달

논리적 사고와 문제해결력이 증가하며 질문을 자주 하고 탐구하며 행동해 봄으로써 학습하는 시기이다. 언어능력이 발달하고 추상적 개념의 이해가 증가하며 어휘력이 크게 증가한다.

(3) 자아(self)의 발달

자신을 다양한 능력을 지닌 사람으로 나타낼 수 있고 어떤 사건이나 결과에 대한 원인을 밖에서 찾기보다 자신의 내면에서 찾는 내적 통제력이 발달하기 시작하며, 특히 주목할 것은 또래의 피드백에 매우 민감한 시기여서 새로운 것을 잘 시도하지 않으려는 경향이 있다.

2. 아동기의 영양섭취기준

(1) 에너지

6~8세 남자아동의 에너지 필요량은 1,600Kcal, 여자아동은 1,500Kcal이며, 9~11 남자아동의 에너지 필요량은 1,900Kcal, 여자아동은 1,700Kcal이다.

(2) 단백질

아동기는 기존의 조직을 잘 유지하고 새로운 조직의 합성을 위해 단백질이 공급되어야 하는데 성장을 위해 조직 1Kg 당 1~4g의 단백질이 요구된다. 우리나라 아동의 단백질 권장량은 남, 여 모두 6~8세는 25g, 9~11세는 35g을 권장하고 있으며, 필수 아미노산도 충분히 공급되어야 한다.

(3) 당 질

아동기의 당질 권장섭취량은 55~70%이다.

(4) 지 질

3~19세의 n-6 불포화지방산 비율은 4~8%, n-3 불포화지방산의 비율은 1.0% 내외이다.

(5) 섬유소

정상적인 배변에 도움을 주고 식사습관과 관련되어 있는 암을 예방하며, 심혈관질환의 위험을 감소시키고 비만과 제2형 당뇨병을 예방하기 위해 섬유소의 섭취량이 충분해야 한다. 아동의 섬유소 1일 충분섭취량은 남아 6~11세는 20g, 여아 6~11세는 15g을 권장한다.

3. 아동 식생활의 변화 및 아동기의 영양문제

(1) 아침식사결식

2012 국민건강통계에 의하면 6~11세의 아침식사결식률이 남아의 경우 10.4%, 여아 14.2%로 높게 나타났으며, 아침식사결식률은 읍·면지역에 비해 동지역 거주자에서 높았으며, 소득수준이 낮을수록 높은 경향을 보였다. 아동기의 아침식사결식은 성장과 발육, 정서에 부정적인 영향을 미친다.

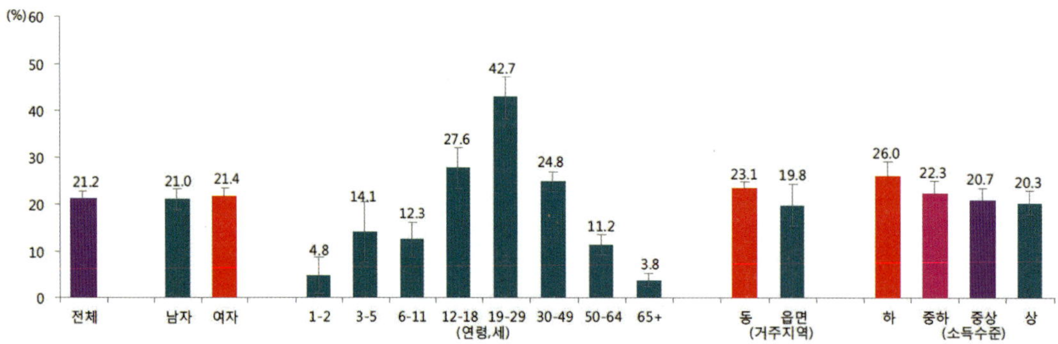

① 아침식사결식률 : {(1일전 아침식사여부에 '아니오'로 응답한 대상자 수) + (2일전 아침식사여부에 '아니오'로 응답한 대상자 수)}의 {(1일전 아침식사여부 응답자 수) + (2일전 아침식사여부 응답자 수)}에 대한 분율, 만 1세 이상
② 거주지역, 소득수준에 따른 결과는 2005년 추계인구로 연령표준화하여 산출

출처 : 국민건강통계 (2012)

그림 4-10 아침식사결식률

아침을 거르는 아동들은 아침식사를 하는 아동보다 에너지와 영양소를 적게 섭취하게 되고 주의집중력 저하와 학습능력 저하 등을 일으킨다고 한다. 또한 아침식사를 하지 않으면 점심에 너무 많이 먹게 되거나 잦은 간식 등으로 인스턴트나 고칼로리 식품을 섭취하여 영양불량이 일어나기 쉽다. 그러므로 성장기에 있는 아동들이 아침식사섭취를 통해 균형있는 영양섭취를 할 수 있도록 가정에서 많은 배려과 관심을 가져야 한다.

(2) 외식의 증가

여성들의 취업이 늘어나고, 젊은층의 외식선호도와 소득이 증가함에 따라 외식을 선호하는 경향이 나타나고 있다. 국민건강영양조사에서 외식은 학교급식이나 배달음식, 도시락 등을 포함하는데, 외식섭취빈도는 주 5~6회로 응답한 경우가 25.8%로 가장 많았고 외식자 분율은 12~18세에서 16.5%로 가장 높게 나타났다. 외식의 증가는 단체급식소에서 식중독 및 식품안전사고의 증가요인이 되고 있다.

(3) 영양부족 및 영양과잉

외식의 증가와 가공식품과 인스턴트식품 섭취 증가로 인해 고열량, 고지방, 고염식 식사가 증가하고 있고 칼슘, 무기질, 비타민, 식이섬유의 섭취는 낮아 영양불량과 비만의 원인이 되고 있다. 또한 영양과잉과 아동들의 운동부족 등의 여러 이유로 비만아동과 과체중아동의 수가 증가되어 심각한 건강문제가 되고 있다.

고도비만아들은 성인에게 나타나는 당뇨병, 고혈압, 고지혈증 및 동맥경화증과 같은 합병증을 동반하는 경우가 많고 비만으로 인해 열등의식에 빠지거나 외모에 대한 자신감을 상실하게 되어 자아존중감도 낮아지게 되고 또래와도 잘 어울리려고 하지 않으므로 아동기에 이에 대한 적절한 영양교육 및 식습관지도가 이루어져야 한다.

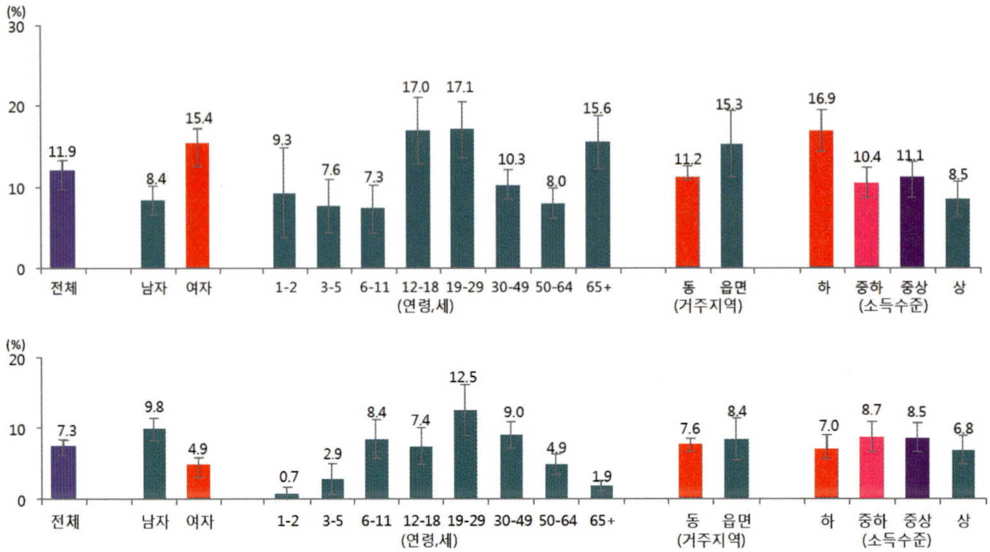

① 영양섭취부족자 분율 : 에너지 섭취량이 필요추정량의 75% 미만이면서 칼슘, 철, 비타민 A, 리보플라빈의 섭취량이 평균필요량 미만인 분율, 만1세이상

② 에너지/지방과잉섭취자 분율 : 에너지 섭취량이 필요추정량의 125% 이상이면서 지방 섭취량이 에너지적정비율을 초과한 분율

③ 소득수준 : 월가구균등화소득(월가구소득/√가구원수)을 성별 · 연령별(5세단위)사분위로 분류

④ 거주지역, 소득수준에 따른 결과는 2005년 추계인구로 연령표준화하여 산출

⑤ 에너지 필요추정량, 영양소별 평균필요량, 지방에너지적정비율 : 한국인 영양섭취기준 개정판(한국영양학회, 2010)

⑥ 본 결과는 1일 간의 섭취량 조사로부터 산출한 값이므로 문제 규모가 과대 산출될 가능성이 높다는 점을 참고하여 활용

출처 : 국민건강통계 (2012)

그림 4-11 영양섭취부족자 및 에너지/지방과잉섭취자 분율

(4) 아동을 위한 식생활 관리(보건복지부)

① 채소, 과일, 우유 제품을 매일 섭취한다.

② 고기, 생선, 달걀, 콩 제품을 골고루 섭취한다.

③ 매일 밖에서 운동하고, 알맞게 섭취한다.

④ 아침을 꼭 먹는다.

⑤ 간식은 영양소가 풍부한 식품으로 섭취한다.

⑥ 음식은 먹을 만큼 덜어서 먹고, 남기지 않는다.

⑦ 식사예절을 지킨다.

SECTION 6 청소년기

한국인 영양섭취기준에 의하면 일생동안 에너지와 영양소의 필요량이 가장 많은 시기가 바로 청소년기다. 청소년기는 일생동안 신체적, 정신적으로 성장이 가장 활발하고 성적으로 성숙해가는 과정으로 각종 영양소의 요구량이 급증하는 시기이다. 그러나 청소년들이 외모에 관심이 많아 식사를 거르거나 유행식사, 잦은 외식, 편식, 패스트푸드 과다섭취 등의 좋지 않은 식습관이 형성되어 영양섭취가 불균형하기 쉽다.

1. 청소년기 발달 특성

(1) 신체적 발달

청소년기에는 사춘기를 겪으면서 신장과 체중이 급격하게 증가하고 골격의 축적이 많이 일어날 뿐만 아니라 신체조성면에서 변화도 크게 일어나는 시기이다. 사춘기에 섭취하는 단백질과 칼슘의 양에 따라서 최대 골질량의 크기가 결정되므로 이 시기의 식습관과 영양교육은 매우 중요하다.

(2) 심리발달

사춘기에는 신체적 발달뿐만 아니라 자기 주관이 확립되고 윤리적 가치체계의 발달이 일어나며 자기가 소속된 집단 속에서 책임감있는 성인의 역할을 배우는 시기이다.

2. 청소년기의 영양필요량

(1) 에너지

청소년기의 신체성장, 발달 정도는 에너지 섭취량에 따라서 달라질 수 있다.

이 시기에 에너지 섭취량이 필요량보다 부족하다면 신체성장이나 발달, 성적 성숙이 지연되거나 충분히 이루어지지 못하여 성인이 되었을 때 신체 크기가 작아질 수 있다.

(2) 단백질

신체유지와 새로운 조직의 합성에 단백질이 필요하며 부족하게 되면 신체성장과 성적 성숙이 지연될 수 있다.

(3) 무기질

청소년기는 골격과 근육이 성장하며, 혈액량이 많아지는 시기이므로 무기질이 많이 필요하다.

(4) 비타민

급속한 성장을 위해 비타민이 충분히 공급되어야 한다. 특히 비타민 A는 세포분화와 증식에 중요한 역할을 하므로 정상적인 성장에 필수적이다.

3. 우리나라 청소년의 식습관 행태

청소년건강행태 온라인 조사에 의하면 우리나라 청소년들의 식생활은 전통음식 섭취에서 지방이 많은 육류나 가공식품을 섭취하는 서구식 식사패턴으로 급속하게 변화하고 있다.

청소년들의 주 5일 이상 아침식사 결식률은 2013년 26.4%, 주 3회 이상 패스트푸드 섭취률은 13.1%이며 과일섭취는 2006년 32.3%에서 2013년 19.7%로 지속적으로 감소하고 있는 것으로 나타났다. 특히 패스트푸드 및 탄산음료 등의 섭취가 높은 것으로 나타나 이러한 식행동이 청소년의 건강을 위협하는 요인으로 나타났다.

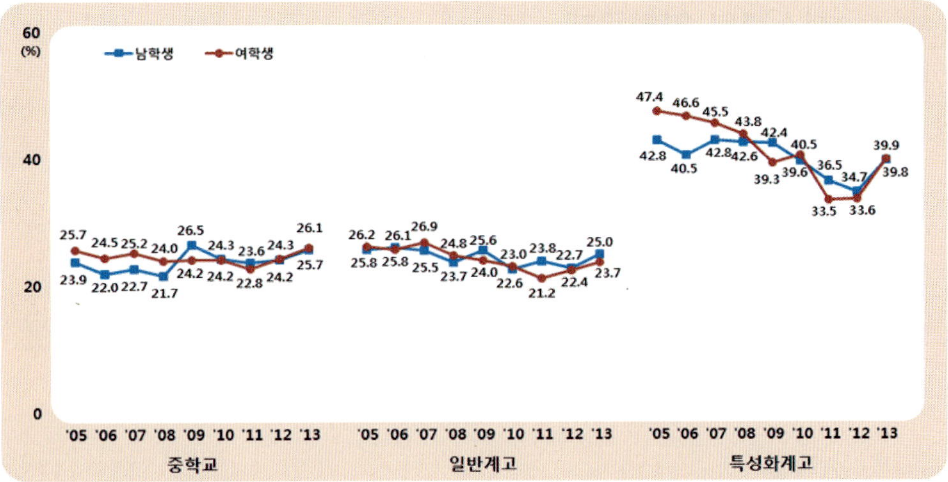

※ 주 5일 이상 아침식사 결식률 : 최근 7일 동안 아침식사를 5일 이상 먹지 않은 사람의 분율

출처 : 청소년건강행태 온라인 조사(2013)

그림 4-12 주 5일 이상 아침식사 결식률

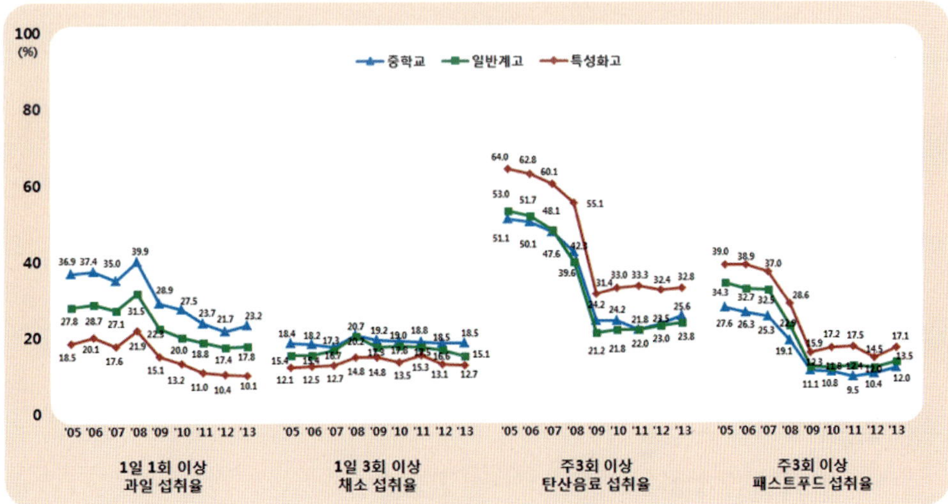

① 1일 1회 이상 과일 섭취율 : 최근 7일 동안 1일 1회 이상 과일(과일주스 제외)을 먹은 사람의 분율

② 1일 3회 이상 채소 섭취율 : 최근 7일 동안 1일 3회 이상 채소반찬(김치 제외)을 먹은 사람의 분율

③ 주3회 이상 탄산음료 섭취율 : 최근 7일 동안 3회 이상 탄산음료를 마신 사람의 분율

④ 주3회 이상 패스트푸드 섭취율 : 최근 7일 동안 3회 이상 피자, 햄버거, 치킨 같은 패스트푸드를 먹은 사람의 분율

출처 : 청소년건강행태 온라인 조사(2013)

그림 4-13 과일, 채소, 탄산음료, 패스트푸드 섭취율

4. 청소년의 영양문제

(1) 비 만

청소년 비만 유병률은 2008년 8.2%에서 2013년 9.8%이다. 대부분의 청소년 비만은 음식을 과잉섭취하여 체내에 지방이 많이 축적되기 때문에 발생하며 운동부족이 비만의 발생 위험을 증가시킨다. 따라서 비만을 예방하기 위해서는 저열량 식사가 권장되며 과일과 채소류 섭취를 통해 비타민, 무기질을 충분히 섭취하도록 한다.

(2) 흡 연

청소년 흡연률은 2013년 9.7%이며, 이 중 매일 흡연률은 4.8%이다. 담배는 많은 독성물질과 발암물질이 들어있어 청소년의 흡연은 성인에게보다 더 해로우며 암, 심혈관계 질병의 발생가능성을 높이므로 금연을 할 수 있도록 한다.

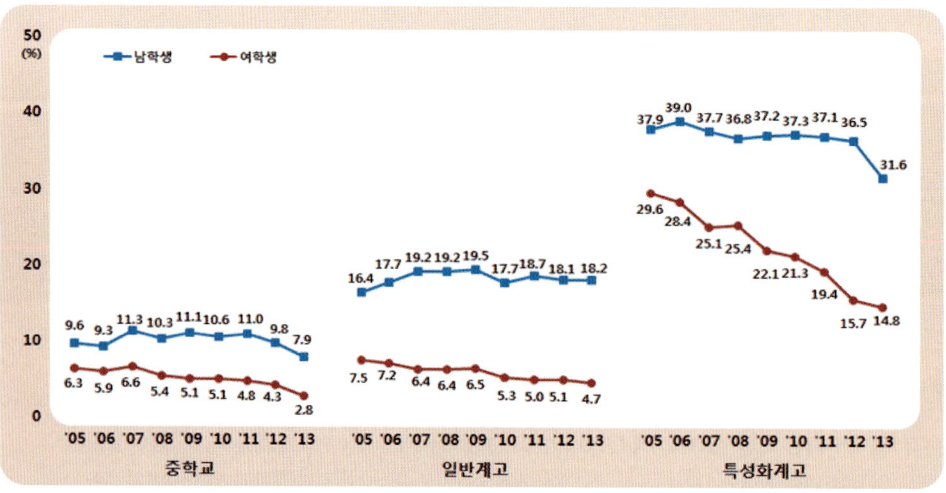

※ 현재 흡연율 : 최근 30일 동안 1일 이상 흡연한 사람의 분율

출처 : 청소년건강행태 온라인 조사(2013)

그림 4-14 현재 흡연율

(3) 음 주

알코올의 에너지는 1g당 7Kcal로 탄수화물보다 높으나 다른 필수영양소들이 거의 함유되지 않아 많이 섭취하면 영양불균형을 초래할 수 있다. 성장기인 청소년들이 알코올을 만성적으로 섭취하면 뇌세포에 필수영양소를 공급하는데 어려움이 생겨 영양부족이 나타날 수 있다.

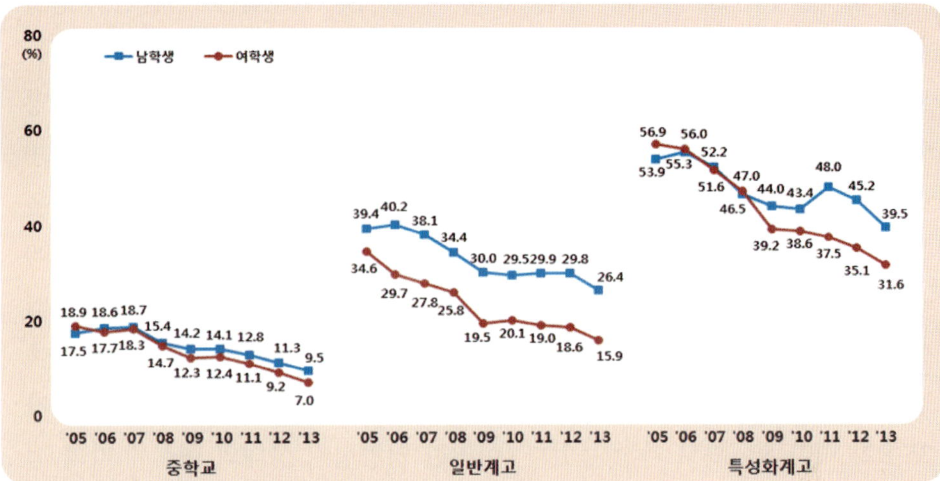

※ 현재 음주율 : 최근 30일 동안 1잔 이상 술을 마신 적이 있는 사람의 분율

출처 : 청소년건강행태 온라인 조사(2013)

그림 4-15 현재 음주율

5. 청소년기의 식생활 관리(보건복지부)

① 각 식품군을 매일 골고루 먹자

② 짠 음식과 기름진 음식을 적게 먹자

③ 건강 체중을 바로 알고, 알맞게 먹자

④ 물이 아닌 음료를 적게 마시자

⑤ 식사를 거르거나 과식하지 말자

⑥ 위생적인 음식을 선택하자

SECTION 7 성인기

성인기는 청소년기가 지난 19세부터 노년기 전인 64세까지로 대부분의 사람들에게서는 생애주기 중 가장 긴 시기이다. 성인기는 다시 영양필요량의 차이에 따라 19~29세, 30~49세, 50~64세로 나뉜다(부록 1. 한국인 영양섭취기준 참고). 식생활의 서구화와 핵가족화 그리고 여성의 사회활동 참여 등의 이유에 따라 섭취하는 영양소에도 변화가 나타났다. 2012년 국민건강영양조사 결과에 따르면 에너지 섭취량 중 지방의 섭취비율을 살펴보면 1970년 7%에서 1990년 14%, 2010년에는 20%로 증가하였다. 단백질 섭취비율은 큰 차이를 보이지 않았으나 탄수화물의 섭취비율은 1970년 81%에서 1990년 69%, 2010년에는 66%로 감소하였다. 또한 만 1세 이상을 기준으로 하였을 때 아침식사결식률이 남녀 모두 20% 이상으로 5명 중 1 명이 아침식사를 섭취하지 않는 것으로 나타났다. 특히 19~29세 연령에서의 결식률이 남자 35.8%, 여자 50.0%로 가장 높았다. 이러한 영양섭취 상태의 변화에 따라 성인기에는 비만, 대사증후군 등의 문제가 나타나고 있다. 여성의 경우는 폐경에 따른 변화로 골다공증, 고지혈증 등의 문제가 동반되기도 한다. 비만, 골다공증, 고지혈증은 PART 3 질병과 영양관리에서 학습하게 되므로 대사증후군에 관하여 알아보자.

에너지 섭취

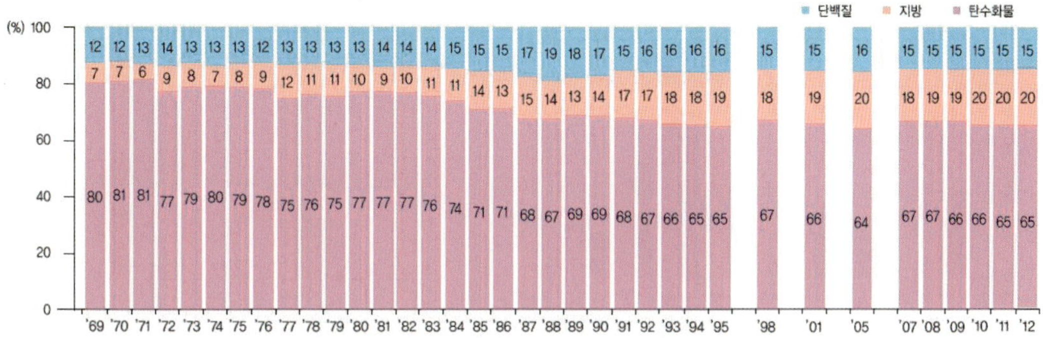

- 단백질급원 에너지섭취분율 : {(단백질 섭취량)×4+(지방 섭취량)×9+(탄수화물 섭취량)×4}에 대한 분율, 만 1세 이상
- 지방 및 탄수화물급원 에너지섭취분율 : 단백질급원 에너지섭취분율과 같은 정의에 의해 산출
- 1969년~1995년 : 원시자료 확보가 불가하여 각 영양소 섭취량의 평균값을 이용하여 계산
- 1998년~2012년 : 2005년 추계인구로 연령 표준화

출처 : 국민건강영양조사

그림 4-16 에너지 섭취

아침식사 결식

연도별

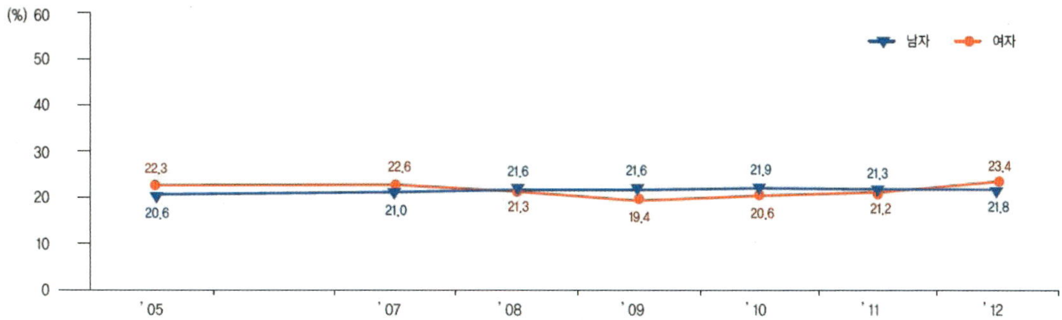

출처 : 국민건강영양조사

그림 4-17 아침식사 결식

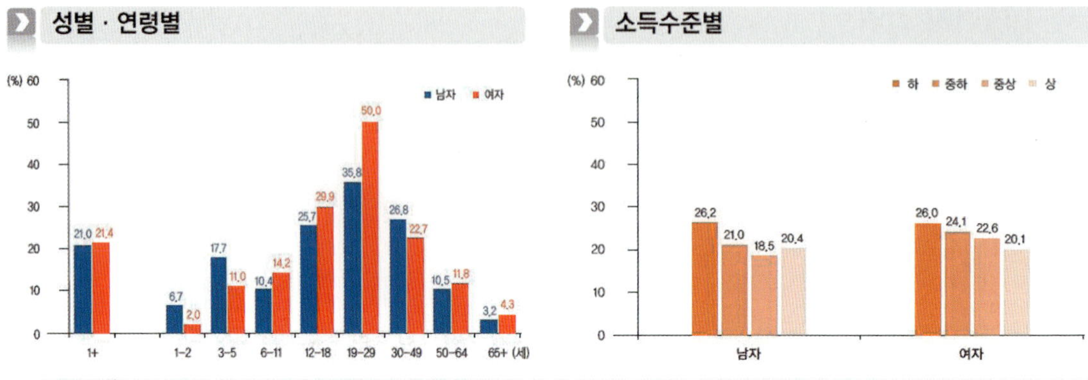

• 아침식사 결식률 : 조사 1일 전 및 2일 전 아침식사를 하지 않았다고 응답한 분율의 평균, 만 1세 이상
• 연도별, 소득수준별 : 2005년 추계인구로 연령 표준화
• 성별, 연령별, 소득수준 별 : 2012년 결과

출처 : 국민건강영양조사

그림 4-18 에너지 섭취

1. 우리나라 대사증후군 진단 추이

급속한 경제 성장과 생활양식 및 식생활의 서구화로 인해 영양 불균형이 심화되고 있다. 우리나라의 연령대별 대사증후군 유병률은 2007년의 통계 결과 32.4%로 10년 전인 1998년보다 12.8%가 증가된 것으로 나타났다. 대사증후군의 증가는 비만율 증가로 인한 비롯한 심혈관 질환, 당뇨, 고혈압 등의 생활 습관형 성인병이 전반적으로 증가되고 있는 추세와 경향을 같이 한다.

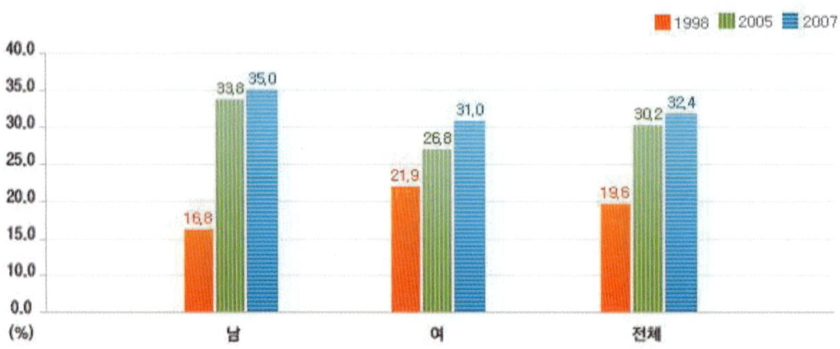

출처 : 중구 보건소

그림 4-19 대사증후군의 유병율

건강검진 수검자 대비 대사증후군 환자는 30대~60대에서 남성이 여성에 비해 높은 비율을 차지했다. 특히 30대의 경우에는 남성의 대사증후군 환자 비율이 23.7%로 여성 환자비율 3.4%보다 높았다.

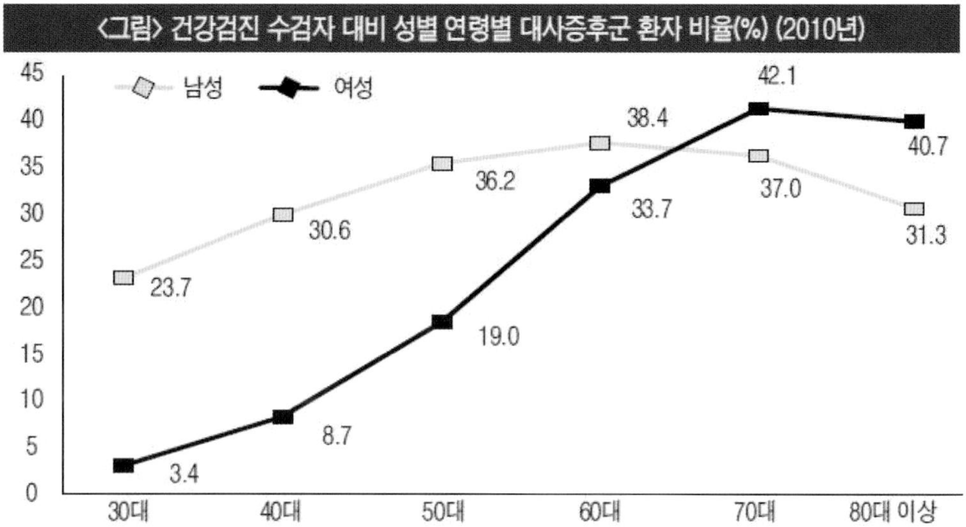

출처 : 민족의학신문

그림 4-20 건강검지 수검자 대비 성별 연령별 대사증후군 환자 비율(%)

최근 대사증후군의 발병 연령대가 점차 낮아지고 있는 실정이다. 이는 서구화된 식생활 및 활동 부족으로 인해 청소년 및 젊은 성인의 비만율 증가로 인한 것으로 보인다.

2. 대사증후군의 정의

대사증후군이란 복부비만, 고혈압, 고혈당, 고중성지방, 낮은 HDL-콜레스테롤 수치의 다섯 가지 요소 중 세 가지 이상이 동시다발적으로 나타나는 것을 말한다. 대사증후군 자체가 질환은 아니나, 대사증후군 진단 후에도 관리하지 않을 경우 심혈관질환이나 당뇨 등 실제 질환이 나타날 수 있다.

표 4-6 대사증후군의 위험 인자와 증상

대사증후군 위험 인자	증 상
복부비만	복부 지방 증가로 인한 사과형의 몸매를 갖게 됨으로서 허리둘레가 증가한 것
고혈압	심장에서 혈관으로 혈액을 이동시키는 원동력인 혈압이 과도하게 높은 것
고혈당	당뇨병의 위험 요소인 공복 시 혈당이 비정상적으로 높은 것
고중성지방혈증	혈액 중 중성지방의 수치가 높은 것
낮은 HDL-콜레스테롤 혈증	나쁜 콜레스테롤 (LDL-콜레스테롤)을 제거해주는 역할을 담당하는 HDL-콜레스테롤의 수치가 낮은 것

3. 대사증후군의 진단기준

현재 국제적으로 통용되고 있는 대사증후군의 진단 기준은 아래와 같으며, 아래의 다섯 가지 요소 중 세 가지 이상이 해당할 경우 대사증후군으로 진단된다.

① 민족적 특성을 고려한 복부 비만 진단을 위한 허리둘레 기준치 이상인 경우 (우리나라의 복부 비만 기준 허리둘레는 남성 90cm, 여성 85cm 이상)

② 혈중 중성지방 수치가 150 ml/dl 이상인 경우

③ 혈중 HDL-콜레스테롤이 남자는 40mg/dl, 여자는 50mg/dl 보다 낮을 경우

④ 공복혈당이 100mg/dl 이상인 경우

⑤ 수축기 혈압이 130mmHg 또는 이완기 혈압이 85mmHg 이상일 경우

표 4-7 민족적 특성을 고려한 복부 비만 진단을 위한 허리둘레 기준치(IDF)

민 족	복부비만을 진단하기 위한 허리둘레 기준치	
	남자	여자
유럽	≥ 94cm	≥ 80cm
미국	≥ 102cm	≥ 88cm
아시아	≥ 90cm	≥ 80cm
일본	≥ 85cm	≥ 90cm
한국	≥ 94cm	≥ 85cm
남미	합당한 데이터가 나올 때까지 아시안 기준 사용	
중동 및 아프리카	합당한 데이터가 나올 때까지 아시안 기준 사용	

4. 대사증후군의 원인

일반적으로 인슐린 저항성이 대사증후군의 발병의 대표적인 원인으로 알려져 있다. 특히, 탄수화물과 지질 대사에 인슐린의 작용이 감소된 상태가 대사성 질환의 발병과 밀접한 연관성을 나타내는 것으로 알려져 있다. 뿐만 아니라, 환경적 요인, 유전적 요인 및 대사적 요인 등이 복합적으로 대사증후군 발병에 작용하는 것으로 보인다. 또한, 대사증후군 자체가 실제 질환이 아닌 질환 유병 전 단계라는 것을 볼 때, 생활 습관 및 식이 습관과 밀접한 관계가 있음이 밝혀지고 있다.

(1) 영양불균형 및 과잉영양

대사증후군은 지방과 탄수화물의 섭취가 많을수록 발병할 가능성이 높은 것으로 보인다. 특히 고탄수화물 식이는 인슐린 저항성을 증가시키고 고중성지방혈증과 저 HDL-콜레스테롤혈증을 유발하는 등 대사증후군 유발에 직접적인 요인이 되고 있다. 또한, 대사증후군 환자는 일반적으로 건강한 대조군에 비하여 총열량 섭취가 높은 것으로 보고되고 있다. 이러한 영양 불균형과 과잉 영양이 대사증후군 유병율 상승에 영향을 미치고 있는 것으로 보인다.

가공육류, 정제된 곡물, 튀긴 고기와 설탕이 많이 참가된 디저트를 자주 섭취하는 서양 식이는 대사증후군의 직접적인 위해 요인으로 알려져 있다. 반대로 지중해 식단은 대사증후군의 진행을 방지하는 것으로 알려짐에 따라 야채, 과일, 콩류, 전곡, 섬유소, 생선류, 살코기 위주의 육류, 무지방 유제품 등을 식이에 포함시키는 것이 대사증후군 예방에 발전에 도움이 될 것으로 보인다.

뿐만 아니라, 과잉영양으로 인해 발생되는 복부비만을 포함한 비만은 다른 네 가지의 대사증후군 위험 요인을 촉진시키는 요소가 되고 있다. 비만을 진단하는 기준으로 사용되는 BMI가 증가할수록 대사증후군의 발병율 또한 높아진다.

(2) 성별과 연령

대사증후군의 유병률은 일반적으로 남자가 여자보다 높으며, 연령이 높을수록 대사증후군의 유병률이 높아진다. 그러나 여성이 폐경기로 접어들면서 여성의 대사증후군 유병률 또한 상승하는 양상을 보인다.

(3) 생활습관

생활습관 요인 중 음주, 흡연, 스트레스 등은 대사증후군 유병율 상승에 독립적인 영향을 미치는 요소가 될 수 있다. 연령이 높은 남성이 복부비만과 고지혈증 등의 위험 요소와 흡연, 음주 등의 생활습관 위험 요인을 모두 갖고 있을 경우 우선적으로 생활습관 개선에 초점을 맞춘 관리를 통하여 대사증후군 개선을 시도해 볼 수 있을 것으로 보인다.

5. 관리되지 않은 대사증후군의 위험성

다섯 가지의 대사증후군 위험인자 중 많은 위험 인자를 갖고 있을수록 심장질환, 당뇨병, 뇌졸중 발병률이 2배 이상 증가한다. 예를 들면, 공복혈당이 높은 증상과 함께 그 외의 대사증후군 위험 요인이 2가지 이상 추가될 경우 당뇨병 발생률이 두 배 이상 증가되는 것이 보고되었다.

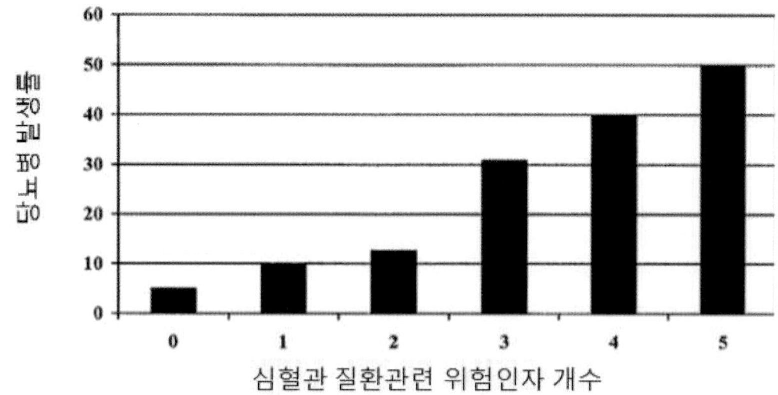

그림 4-21 위험요인 개수에 따른 제 2형 당뇨병 발생의 상대 위험도
(D'Agostino RB Jr 외, 2004)

대사증후군일 경우 관상동맥질환, 뇌질환 및 말초혈관질환 등의 각종 심혈관질환 위험률이 2~3배 증가한다. 또한 대사증후군은 제 2형 당뇨병의 전단계로서의 의미도 가지는데, 일단 당뇨병으로 이환되면 심혈관 질환의 위험도 또한 증폭된다. 2005년 미국당뇨병학회 (American Diabetes Association) 및 유럽당뇨병학회 (European Association for the Study of Diabetes)에서는 대사증후군을 한 개인에서 제2형 당뇨병 및 심혈관 질환의 발생 위험도를 예측할 수 있는 여러 위험 요인의 집합체로 규정하였다. 즉, 대사증후군의 진단 요소인 비만, 저 HDL-콜레스테롤혈증, 고중성지방혈증, 고혈압 등의 요소와 함께 고 LDL-콜레스테롤혈증, 흡연 및 운동부족 등이 총체적으로 당뇨와 심혈관 질환의 위험율을 높이는 것으로 발표하였다.

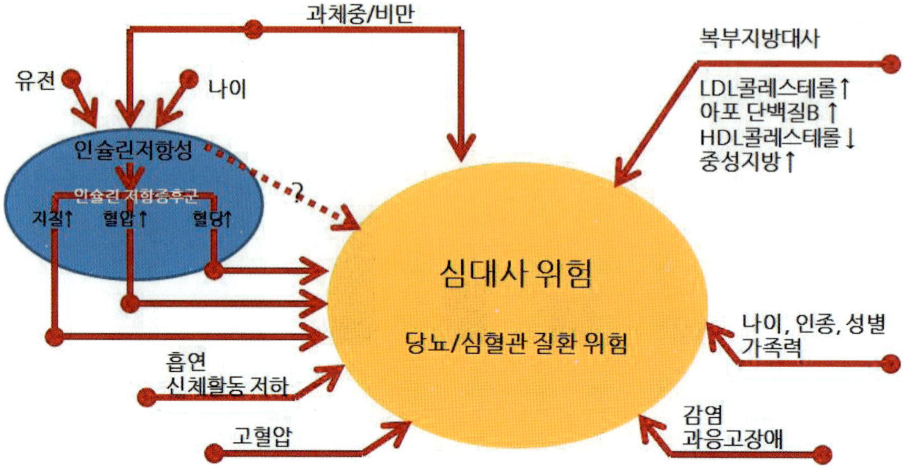

그림 4-22 심혈관 대사에 관여되는 각종 위험요소들
(Leslie Citrome, 2010)

SECTION 8 노인기

1. 소화기관

나이가 들면서 식욕이 감퇴됨은 물론 음식물의 소화 및 흡수능력이 떨어진다. 음식을 삼키고 소화액과 혼합시키며 장으로 이동시키는 기능들도 노년기에는 감소한다. 노인의 70% 이상에서 타액 분비의 저하로 인해 음식물을 씹는 것과 삼키는 것이 불편해진다. 또한 위축성 위염은 60세 이상 노인의 24~50%에서 나타나는데, 이는 위에서 염산의 분비가 적은 것이 원인이다. 또한 위산의 분비 감소는 철 흡수를 방해할 수 있다.

장운동 저하로 노인은 변비가 자주 오게 된다. 보통 에너지 섭취량이 감소하고, 식사횟수가 적으며 유동성물질의 섭취량이 적은 것 등이 변비의 원인으로 지적되고 있으며 식이섬유소의 섭취량을 늘리는 등의 식사요법으로 개선할 수 있다. 우리나라 노인들의 경우 섬유소는 충분히 섭취하는 경우가 많으나, 섬유소의 섭취뿐만 아니라 하루에 6~8컵의 충분한 수분을 섭취해 주어야 한다. 또한 신체운동도 장의 운동에 도움을 준다.

2. 골격기관

신체의 지지조직인 뼈의 노화가 일어나서 골세포수가 감소되고 뼈 망상구조를 이루는 콜라겐 합성과 무기질 침착이 부족되어 골다공증이 나타난다. 이는 노인에게 쉽게 골절이 일어나는 원인이 된다. 노화성 골다공증은 노화로 인해 일어나는 골소모의 축적이 원인이다.

골질량은 30세 초기에 최고에 도달하였다가 35세에 총 골질량의 감소가 시작되어 매 10년마다 약 3%씩 손실된다. 노화성 골다공증은 남녀 모두에게서 일어나며 위험요인으로는 과다한 알코올 섭취, 하루 450mg 이상의 카페인 섭취, 비타민 D 결핍, 불충분한 영양상태로 인한 칼슘결핍 등을 들 수 있다.

3. 어르신을 위한 식생활지침(보건복지부)

① 각 식품군을 매일 골고루 먹자.
② 짠 음식을 피하고 싱겁게 먹자.
③ 식사는 규칙적이고 안전하게 하자.
④ 물은 많이 마시고 술은 적게 마시자.
⑤ 활동량을 늘리고 건강한 체중을 갖자.

Question

1. 입덧(구토증)과 관련되는 비타민으로 옳은 것은?

(가) 비타민 A	(나) 비타민 B_1
(다) 비타민 C	(라) 비타민 B_6

① (가), (나), (다)　② (가), (다)　③ (나), (라)
④ (라)　⑤ (가), (나), (다), (라)

2. 모유수유의 이점이 아닌 것은?

① 아기의 턱과 치아 발달에 도움을 준다.
② 세균감염의 우려가 없어 안전하고 늘 신선하다.
③ 모자간의 유대를 돈독히 한다.
④ 아기의 뇌발달에는 도움이 되지 않는다.
⑤ 모유에는 면역글로불린, 대식세포, 락토페린 인자가 있어 알레르기를 일으키지 않는다.

3. 수유기에 임신기보다 더 섭취해야 하는 영양소가 아닌 것은?

① 비타민 C　② 아연
③ 셀레니움　④ 철분

4. '청결한 음식을 알맞은 양으로 먹자.'는 생애주기 중 어느 연령층을 위한 식사지침인가?

① 임신, 수유기　② 성인기　③ 유아기
④ 청소년기　⑤ 노인기

5. 다음 중 이유식에 관한 설명으로 옳지 않은 것은?

① 이유보충식은 성장단계에 맞추어 먹인다.
② 이유보충식은 생후 만 4개월 이후에서 6개월 사이에 시작한다.
③ 이유보충식은 여러 식품을 섞지 말고 한 가지씩 시작한다.
④ 이유보충식은 신선한 재료를 사용하여 간을 하지 않고 조리해서 먹인다.
⑤ 이유보충식은 병에 담아 먹인다.

6. 청소년의 건강체중에 관한 세부지침으로 옳지 않은 것은?

① 내 키에 따른 건강체중을 안다.
② 매일 30분 이상 적극적으로 신체활동을 한다.
③ 무리한 다이어트를 하지 않는다.
④ TV시청과 컴퓨터게임을 모두 합해서 하루에 두 시간 이내로 제한한다.

7. 성인을 위한 식사지침으로 옳지 않은 것은?

① 짠 음식을 피하고 싱겁게 먹는다.
② 음식을 만들 때는 소금, 간장 등을 보다 적게 사용한다.
③ 국물을 짜지 않게 만들고, 적게 먹는다.
④ 음식을 먹을 때, 소금, 간장을 더 넣지 않는다.
⑤ 김치는 적게 먹는다.

8. 어르신을 위한 식사지침으로 옳지 않은 것은?

① 활동량을 늘리고 건강한 체중을 갖는다.
② 누워있는 시간을 줄이고 가능한 한 많이 움직인다.
③ 나를 위한 건강 체중을 알고, 이를 갖도록 노력한다.
④ 매일 최소 30분 이상 숨이 찰 정도로 유산소 운동을 한다.
⑤ 일주일에 최소 2회, 20분 이상 힘이 들 정도로 근육 운동을 한다.

9. 어린이 간식에 대한 지침으로 옳지 않은 것은?

① 간식은 안전하고, 슬기롭게 한다.
② 간식으로는 신선한 과일과 우유 등을 먹도록 한다.
③ 과자나 탄산음료 · 패스트푸드를 자주 먹지 않도록 한다.
④ 불량식품을 구별할 줄 알고 조금만 먹는다.
⑤ 식품의 영양표시와 유통기한을 확인하고 선택한다.

10. 영유아를 위한 수유지침으로 옳지 않은 것은?

① 생후 6개월까지는 반드시 모유를 먹인다.
② 초유는 꼭 먹이도록 한다.
③ 생후 1년까지만 모유를 먹이도록 한다.
④ 수유 시에는 아기를 안고 먹이며 수유 후에는 트림을 시킨다.
⑤ 자는 동안에는 젖병을 물리지 않는다.

[해답] 1. ③ 2. ④ 3. ④ 4. ④ 5. ⑤ 6. ② 7. ⑤ 8. ② 9. ④ 10. ③

Chapter 5.

식사구성안

- 식사구성안에 대하여 설명할 수 있다.
- 권장식사패턴에 맞게 식단을 작성할 수 있다.

SECTION 1 식사구성안

식사구성안은 일반인들에게 영양적으로 만족할 만한 식사를 제공할 수 있는 식품의 양과 종류를 선택하기 위한 기본 구성안이다. 각 개인에게 필요한 에너지와 영양소의 양은 연령이나 성별 등에 따라 차이가 있다.

따라서 식사도 이에 따라 다르게 구성되어야 하므로 1인 1회 분량(serving size)의 섭취량과 횟수를 다르게 하여 간편하게 사용할 수 있도록 만들었다.

SECTION 2 식품구성자전거와 식품군별 1인 1회 분량

식품구성 자전거는 6개의 식품군에 권장식사 패턴의 섭취 횟수와 분량에 맞추어 바퀴 면적을 배분한 형태로, 기존의 식품구성탑보다 다양한 식품 섭취를 통한 균형잡힌 식사와 수분 섭취의 중요성 그리고 적절한 운동을 통한 비만 예방이라는 기본 개념을 나타낸다.(15쪽 그림 1-6 식품구성자전거 참고) 식품군별 대표식품의 1인 1회 분량을 기준으로 섭취 횟수를 활용하여 개인별 권장섭취 패턴을 계획하거나 평가할 수 있다.

표 5-1 식품군별 대표식품의 1인 1회 분량

식품군	1인 1회 분량
곡류	밥 1공기(210g), 국수 1대접(건면 100g), 식빵(대) 2쪽(120g), 감자(중) 1개(130g)*, 시리얼 1접시(40g)
고기, 생선 달걀, 콩류	생선, 육류 1접시(생 60g), 닭고기 1조각(생 60g), 생선 1토막(생 60g) 달걀 1개(60g), 두부 2조각(80g), 콩(20g)
채소류	콩나물 1접시(생 70g), 시금치나물 1접시(생 70g), 배추김치 1접시(40g), 오이소박이 1접시(60g), 버섯 2접시(생 30g), 물미역 1접시(생 30g)
과일류	사과(중) 1/2개(100g), 귤(중) 1개(100g), 참외(중) 1/2개(200g), 오렌지주스 1/2컵(100g) 2개(200g), 포도(중) 15알(100g)
우유 및 유제품류	우유 1컵(200g), 호상 요구르트 1/2컵(100g), 액상 요구르트 3/4컵(150g), 아이스크림 1/2컵(100g), 치즈 1장(20g)
유지 및 당류	식용류 1작은술(5g), 버터 1작은술(5g), 마요네즈 1작은술(5g), 설탕 1큰술(10g), 커피믹스 1봉(12g)

* 다른 식품들 1회 분량의 1/2 에너지를 함유하고 있으므로 식단작성 시에 0.5회로 간주함.

표 5-2 식사구성안 1인 1회 분량 실습

식품군	식품명	1회 분량(g)
곡류군		
곡류군		
곡류군		
곡류군		
고기, 생선, 달걀, 콩류		
고기, 생선, 달걀, 콩류		
고기, 생선, 달걀, 콩류		
고기, 생선, 달걀, 콩류		
채소류		
채소류		
채소류		
채소류		
과일류		
과일류		
과일류		
과일류		
우유 및 유제품류		
우유 및 유제품류		
우유 및 유제품류		
우유 및 유제품류		
유지 및 당류		
유지 및 당류		

(1) 식사구성안 실습

① 권장 식사패턴

식품군	1600 6~11세 여	1800 6~11세 남	2000 12~18세 여	2600 12~18세 남	1900 19~64세 여	2400 19~64세 남	1600 64세 이상 여	2400 64세 이상 남
곡류군	2.5	3	3	4	3	4	3	3.5
고기, 생선 달걀, 콩류	3	3	4	6	4	5	2.5	4
채소군	5	5	7	7	7	7	5	7
지방군	1	1	2	2	2	3	1	1
우유군	2	2	2	2	1	1	1	1
과일군	3	3	4	6	4	5	3	4

* 1회 분량임

② 곡류의 주요 식품과 1인 1회 분량

	품목	식품명	분량(g)	비고
곡류 (300kcal)	곡류	쌀, 보리쌀, 찹쌀, 현미, 혼합잡곡	90	
		쌀밥, 보리밥	210	1공기
	면류	삶은 면	300	1대접
		생면-우동, 칼국수	200	
		건면-국수용	100	국수묶음두께 2.5cm
		냉면국수, 메밀국수	100	국수묶음두께 2.5cm
	떡류	흰떡-떡국용	130	1컵(썬 것)
		찹쌀떡, 시루떡	130	
	빵류	식빵, 빵류	100	큰 것 2쪽, 1개
	씨리얼류	콘푸레이크 등	40*	
	감자류	감자	130*	중 1개
		고구마	130*	중 1/2개
	묵류	메밀묵	200*	1회 분량
	견과류	밤	100*	큰 것 5개

* 0.5회 분량임

③ 고기, 생선, 달걀, 콩류의 주요 식품과 1인 1회 분량

	품목	식품명	분량(g)	비고
고기, 생선 달걀, 콩류 (100kcal)	육류	쇠고기	60	
		돼지고기	60	
		닭고기	60	
		햄	60	
	어패류	갈치, 삼치, 꽁치, 고등어, 동태, 가자미, 조기, 넙치, 참치, 참치통조림, 어묵, 미꾸라지, 민물장어	60	작은 것 한토막
		생굴, 조갯살, 꽃게	80	
		오징어, 낙지, 새우	80	
		건멸치, 건조기, 건오징어	15	
	난류	달걀, 메추리알	60	달걀(중) 1개, 메추리알 5개
	콩류	검정콩, 대두	20	
		두부	80	
		두유	200	
	견과류	땅콩	10*	15알 내외
		호두	10*	
		깨	10*	1 스푼

* 0.5회 분량임

④ 채소류의 주요 식품과 1인 1회 분량

	품목	식품명	분량(g)	비고
채소류 (15kcal)	채소류	고구마줄기, 고사리, 시금치, 풋고추, 근대, 깻잎, 무청, 부추, 돌미나리, 배추, 상추, 시금치, 쑥, 쑥갓, 아욱, 취나물, 애호박, 두릅, 오이, 콩나물, 숙주나물, 머위, 무, 양배추, 양파, 가지, 당근, 늙은호박, 토마토	70	1접시
		나박김치, 오이소박이, 동치미	60	
		갓김치, 깍두기, 배추김치, 열무김치, 총각김치, 단무지	40	
		우엉, 도라지, 파, 파김치	25	
		마늘	10	
		토마토주스	100	
	해조류	다시마, 미역, 파래 (생것)	30	
		김	2	1장
	버섯류	느타리, 양송이, 팽이, 표고(생것)	30	

⑤ 과일류의 주요 식품과 1인 1회 분량

	품목	식품명	분량(g)	비고
과일류 (50kcal)	과일류	딸기, 수박, 참외	200	딸기 10개
		감, 귤, 바나나, 배, 사과, 망고, 키위, 복숭아, 오렌지, 포도, 파인애플	100	귤 중1개 사과 중 1/2개
	주스류	오렌지주스, 귤주스, 사과주스, 포도주스	100	1/2컵

⑥ 우유 및 유제품류의 주요 식품과 1인 1회 분량

	품목	식품명	분량(g)	비고
우유, 유제품류 (50kcal)	우유	우유	200	1컵(1개)
	유제품	치즈	20*	1장
		요구르트(호상)	100	1/2컵(1개)
		야쿠르트(액상)	150	3/4컵(1개)
		아이스크림	100	1/2컵 (1개)

* 0.5회 분량임

⑦ 유지 및 당류의 주요 식품과 1인 1회 분량

	품목	식품명	분량(g)	비고
유지 및 당류 (45kcal)	유지류	버터, 마요네즈, 옥수수기름, 참기름, 콩기름, 들기름	5	1 작은술
		커피믹스	12	1 봉
	유제품	꿀, 설탕, 당밀/시럽, 사탕	10	1 큰술

(2) 하루식단

① 2000칼로리 (12~18세, 여)

식품군	하루	아침	음식명	점심	음식명	저녁	음식명
곡류군	3	1	쌀밥 210g	1		1	
고기, 생선 달걀, 콩류	4	1	달걀찜 60g	1.5		1.5	
채소군	7	2	시금치나물 70g 깍두기 40g	2.5		2.5	
우유군	2	1	두유 200mL	1			
과일군	2	1	사과 100g			1	

② 나의 하루식단

124쪽 권장 식사패턴을 참고하여 나의 하루식단을 작성해보자.

식품군	하루	아침	음식명	점심	음식명	저녁	음식명
곡류군							
고기, 생선 달걀, 콩류							
채소군							
우유군							
과일군							

PART Ⅲ

질병과 영양관리

Chapter 6.

비 만

- 비만의 정의를 설명할 수 있다.
- 비만의 판정지표를 설명할 수 있다.
- 비만의 치료와 식품의 관계를 이해하고 설명할 수 있다.

SECTION 1 비 만

1. 정 의

비만은 에너지 섭취와 소비의 불균형으로 체지방이 지나치게 축적되는 것을 말한다. 비만은 당뇨병, 고혈압, 동맥경화증, 심장병 등의 생활습관병의 유병률과 연관되어 있다.

2. 비만유병률 추이

비만유병률(만 19세 이상)은 1998년 26.0%에서 2005년 31.3%, 2012년 32.8%로 증가하여 성인 남자 3명 중 1명, 여자 4명 중 1명이 비만이며 50대 이후는 남자보다 여자가 높은 경향이 있다. 또한 소아청소년(만 2~18세)의 비만 유병률은 전체 9.6%로 소아청소년 10명 중 1명이 비만으로 여자보다 남자가 높은 경향을 보인다.

연도별 비만유병률 추이(체질량지수 기준)

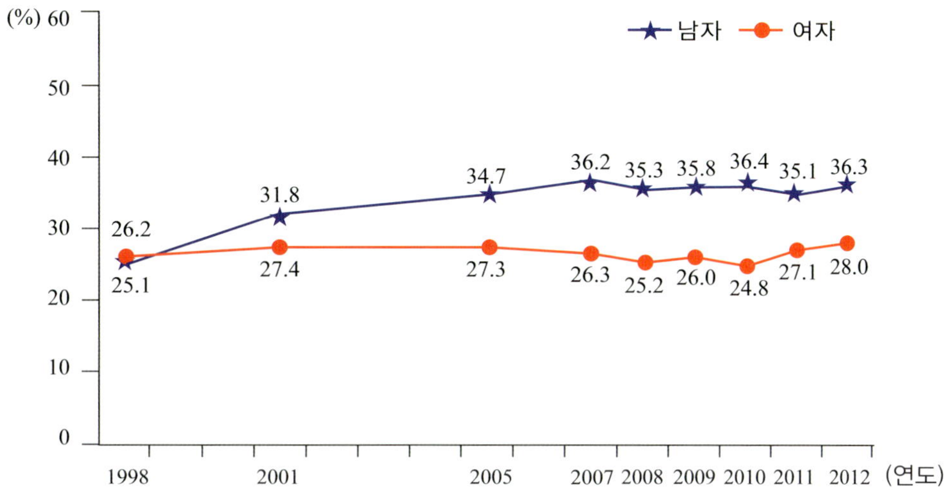

※ 비만유병률 : 체질량지수(kg/m²) 25 이상인 분율, 만 19세 이상, 국민건강영양조사(2010)

※ 2005년도 추계인구로 연령표준화

연령별 비만유병률(체질량지수 기준)

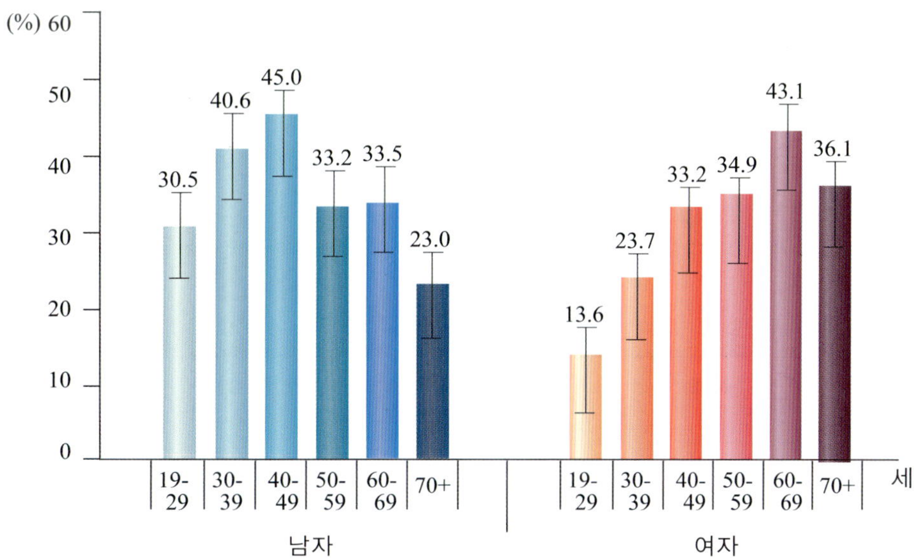

※ 비만유병률 : 체질량지수(kg/m²) 25 이상인 분율, 만 19세 이상, 국민건강영양조사(2010)

그림 6-1 체질량지수 기준에 따른 비만유병률 추이

연도별

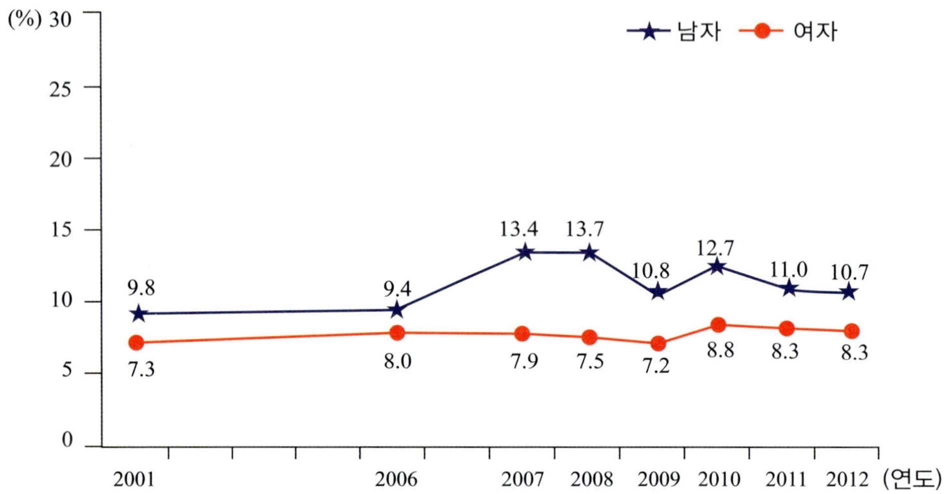

성별 · 연령별

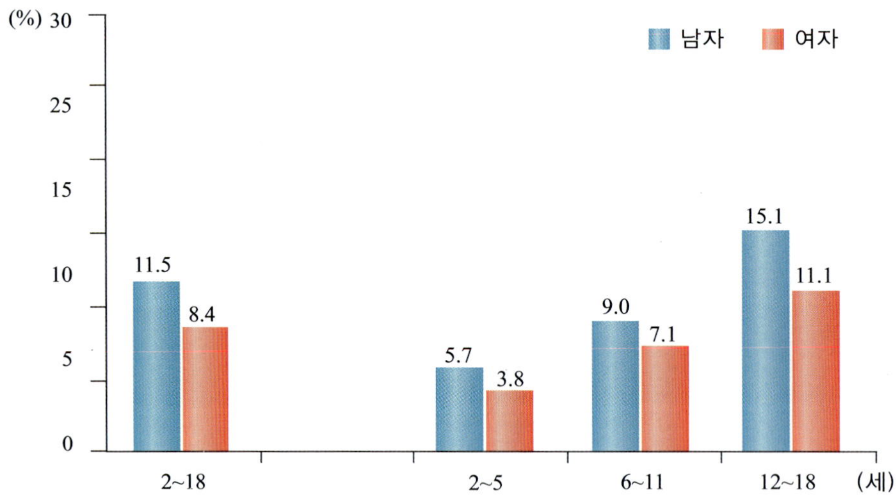

- 소아청소년 비만유병률 : 2007년 소아청소년 성장도표 연령별 체질량지수(kg/m²) 기준 95백분위수 이상 또는 체질량지수 25 이상, 만 2~18세
- 성별 · 연령별 : 2010~2012년 자료통합 산출 결과
- 자료원 : 국민건강영양조사

그림 6-2 소아청소년 비만(체질량지수 기준)

3. 판정지표

(1) 체질량지수(BMI: Body Mass Index)

비만 판정 시 주로 사용되는 방법으로 키에 대한 체중의 비율로 구하는 체질량지수이다.

$$체질량지수(BMI) = 체중(kg)/신장(m^2)$$

정상체중의 범위는 체질량지수가 18.5에서 22.9 이하일 때이다. 체질량지수가 18.5 이하이면 저체중으로, 23 이상이면 과체중으로 구분한다.

(2) 체지방량

체지방량을 알아보는 방법으로는 피부 아래의 지방을 측정하는 피부 두겹두께 측정과 최근들어 주로 활용되는 체지방측정기를 통한 체지방량과 체지방비율 측정이 있다.

(3) 허리둘레

허리둘레는 특히 복부비만의 정도를 잘 나타낸다. 예전에는 허리엉덩이둘레비율(WHR : Waist Hip Ratio)을 주로 측정하였으나 최근에는 허리둘레만으로 비만을 판정한다. 일반적으로 여성은 85cm, 남성은 90cm 이상이면 복부비만으로 판정한다(대한비만학회 2007년).

4. 원 인

(1) 유전

유전적인 요인 자체가 비만을 일으킨다기 보다는 비만에 이를 수 있는 민감성을 결정하게 된다.

(2) 잘못된 식사 행동

비만은 하루 세 끼의 식행동에 의해 많은 영향을 받으며 장기간의 식습관과 생활습관이 누적되어 일어난다. 지나치게 빠른 식사속도는 섭식조절 장치가 가동되어 포만감을 느끼기도 전에 많은 양을 먹게 되어 과식하기 쉬워 비만을 일으키는 요인이 되기도 한다. 또한 만 1세 이하일 때 부모가 아이에게 영양을 과잉공급하거나 4~11세 때에 영양을 과잉공급하면 지방세포의 수가 늘어나면서 과식하게 되고 비만이 될 수 있다.

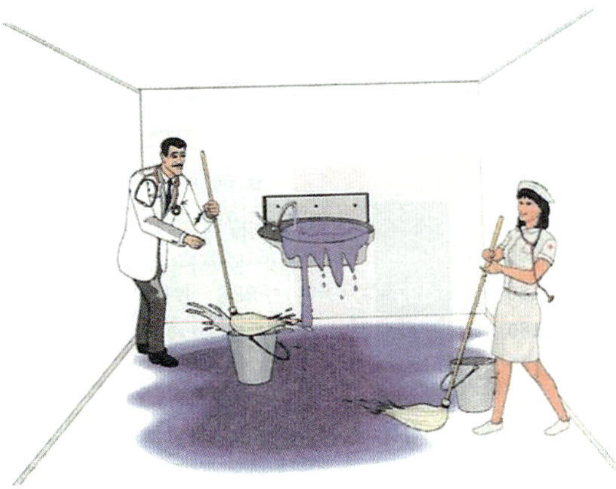

그림 6-3
비만의 증상치료

(3) 운동부족

기초대사량은 1일 에너지 소모량의 약 60%를 차지한다. 25세 이후부터 감소하기 시작하므로 이전 섭취량을 유지하거나 잦은 과식으로 인해 체중 증가로 이어질 수 있다.

(4) 고인슐린혈증

인슐린의 분비가 많아지면 식욕이 증진되며 지방 축적이 활발해지고 축적된 지방이 분해되는 것이 억제되어 비만이 될 수 있다.

5. 비만의 식사관리

비만의 치료를 위해서는 식사요법, 운동, 그리고 식습관 교정이 필요하다.

(1) 열량의 제한

섭취한 열량이 필요한 열량보다 부족하면 체지방이 분해되어 에너지를 공급하게 된다. 따라서 비만의 식사요법은 섭취하는 열량을 줄이는 것이다. 체지방 조직의 에너지 함량은 1kg 당 약 7,700kcal라고 한다.

하루 500kcal씩 줄여서 섭취하면 15일이면 체지방 1kg이 감소하게 된다. 하루 한 끼 과일로 식사를 하면 500kcal 씩 줄여서 섭취할 수 있다. 또한 나머지 두 끼도 에너지 함량이 많은 당질이 농축된 단 음식이나 밥 · 떡 · 면 등의 곡류 식품, 지방이 많은 유지류와 지방과 단백질이 많은 육류 등의 섭취가 많아지지 않도록 주의한다. 조리 시에 설탕이나 기름을 많이 사용하지 않도록 한다.

(2) 균형잡힌 영양소 섭취

한 끼 식사량이 줄어들면 그만큼 단백질, 비타민, 무기질도 부족될 수 있으므로 식품 선택 시에 영양밀도가 높은 식품을 선택한다.

[용어정의]

- **영양밀도** : 임식품의 열량에 대한 영양소의 비율을 말한다. 예를 들면 당근 50kcal에 포함된 단백질량은 우유 50kcal에 포함된 단백질보다 적다. 이때 우유가 단백질 영양밀도가 높다고 한다.

(3) 식습관 개선

열량이 많은 식품은 단 음식이나 기름진 음식 외에도 술이나 떡볶이 및 라면 등 고당질도 해당되므로 주의해야 한다. 과일도 단맛이 강한 과일보다는 토마토같이 단맛이 덜한 과일이 열량이 낮다.

식사시간이 아닌 시간에는 식사하지 않도록 하며, 한 끼에 먹을 음식을 모두 차려놓고 식사하도록 한다. 코스 요리를 선택하면 식사량을 알 수 없어 과식하게 된다. 급하게 빨리 식사하는 것도 만복감이 느껴지기 전에 많은 식사를 하게 되므로 천천히 꼭꼭 씹어 식사하도록 한다.

아래의 비만치료 일정표를 참고하자.

표 6-1 비만치료 일정표

시 간	내 용
5시 30분~45분	• 기상 • 미지근한 물 2컵 마시기
6시~6시 15분	• 준비운동(걷기 전) • 스트레칭(고개, 다리, 근육이완)
6시 15분~7시	• 걷기(좀더 걷기)
7시~8시 30분	• 아침식사 • 천천히 먹기 • 1조 5명(지도조교 1명) • 꼭꼭 씹어먹기 강의 30분 이내에 일어나면 감점 • 아이들은 못 일어나고 조교가 도와주도록 지도 • 아침, 점심 모두 같게
9시~10시	• 매트 위에서 케레스테닉스 운동 654개 근육 이완운동
10시 15분	• 강의 후 수치료 – 어깨
10시 45분	• 올바른 식생활 시간
12시 30분(오후)	• 점심식사
4시~5시(오후)	• 수영(물에서 걷기 포함)
5시 30분(오후)	• 저녁식사 – 수박 만 1개월(수박과 통밀빵) • 106kg에서 30~35kg 감량 경험함 • Dr 러닝턴 로마린다 feed • 물병 채워서 쓰기
9시(오후)	• 취침, 화장실 다녀오기 확인

SECTION 2 저체중

저체중은 BMI 18.5 이하인 경우를 말한다. 저체중으로 인해 철결핍성 빈혈, 월경정지, 골다공증, 피로함, 거친 피부, 저항력 감소 등이 나타날 수 있다.

다음과 같은 정신과적 질환은 저체중 유발의 직 · 간접적인 원인이 된다.

(1) 신경성 식욕부진증

신경성 식욕부진증은 음식을 거부하는 것을 말한다. 신경성 식욕부진증이 계속되면 위의 연동운동 저하나 설사 등 위장장애와 빈혈, 면역기능 저하가 나타난다. 이와 함께 피부가 건조해지고 체온이 떨어지며 수면장애가 나타나기도 한다.

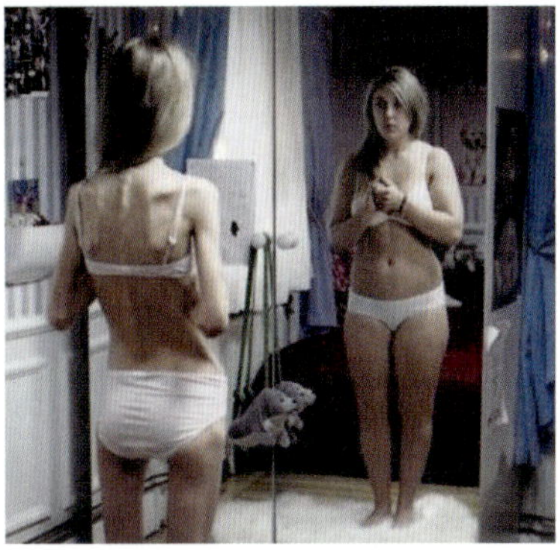

(2) 폭식증

굶은 후 과식하는 행위나 과식한 후 음식을 토하거나 하제를 이용하여 음식을 처리하는 등의 행위를 말한다. 폭식증에는 손을 이용하여 강제로 음식을 토하므로 위산에 의해 식도나 구강 및 손 등이 손상되며, 전해질과 체액의 상태가 불균형하게 된다.

(3) 저체중의 식사관리

저체중인 경우 우선적으로 식습관을 정상화하고 일정한 범위 안에서 체중을 유지하는 것이 중요하다. 체중은 1주일에 1kg의 체중증가를 목표로 하는 것이 이상적이며 적절한 에너지 섭취와 균형잡힌 영양을 위해 양질의 단백질 식품과 유제품의 섭취와 과일과 채소를 다양하게 섭취할 필요가 있다.

① 에너지

하루 필요한 에너지량에 500~1000Kcal 정도를 더하여 책정하는 것이 일반적인 방법이다. 한꺼번에 에너지섭취를 증가시키는 것이 쉽지 않기 때문에 위에 부담이 적은 식품을 이용한다.

② 단백질

양질의 단백질을 하루 100g 이상 섭취할 것을 권장하며 섭취량의 50%는 동물성 단백질로 한다.

③ 당질과 지방

지방은 식욕을 촉진시키고 당질은 쉽게 소화되므로 체중증가를 위해 좋은 영양이다. 하지만 과잉 섭취시 흡수가 빨라 혈당을 빠르게 상승시키므로 소량씩 사용하다가 점진적으로 증가시키는 것이 좋다.

(4) 자주 섭취하는 식품의 열량

	라면 1그릇 열량 478 Kcal		햄버거 1개 616 Kcal
	피자 1조각 411 Kcal		자장면 1그릇 1250 Kcal
	감자튀김 1봉지 284 Kcal		닭튀김 1조각 179 Kcal
	핫도그 1개 184 Kcal		케익 1조각 427 Kcal
	갈비구이 1인분 414 Kcal		칼국수 1인분 545 Kcal
	비빔냉면 1그릇 578 Kcal		삼계탕 1인분 630 Kcal
	참치찌개 1인분 209 Kcal		비빔밥 1인분 500 Kcal
	된장찌개 1인분 128 Kcal		부대찌개 1인분 340 Kcal
	불고기 100g 163 Kcal		떡볶이 1인분 482 Kcal

Question

1. 비만은 에너지 섭취와 소비의 불균형으로 무엇이 지나치게 축적되는 것인가?

① 체단백　② 체수분　③ 무기질
④ 체지방　⑤ 비타민

2. 비만을 판정할 때 가장 잘 쓰이는 방법인 체질량지수(BMI : Body Mass Index)를 산출할 때 필요한 계측치는?

① 머리둘레, 허리둘레　② 상완위둘레, 허벅지 둘레
③ 키, 체중　④ 키, 허리둘레
⑤ 체중, 허리둘레

3. 체질량지수로 비만을 판정할 때 정상체중의 범위는?

① 15.5에서 18.5 이하　② 18.5에서 22.9 이하
③ 22.9에서 24.9 이하　④ 25에서 29.9 이하
⑤ 18.5에서 24.9 이하

4. 다음 중 복부비만의 정도를 잘 나타내는 신체계측치는?

① 허리둘레　② 상완위둘레　③ 키
④ 체중　⑤ 허벅지둘레

5. 복부비만을 판정하는 허리둘레의 기준치는?

① 여성은 80cm, 남성은 90cm 이상
② 여성은 85cm, 남성은 90cm 이상
③ 여성은 85cm, 남성은 95cm 이상
④ 여성은 85cm, 남성은 97cm 이상
⑤ 여성은 87cm, 남성은 100cm 이상

6. 체지방 조직의 에너지 함량은 1kg 당 몇 kcal 인가?

① 4000　② 6000　③ 7500
④ 7700　⑤ 9000

7. 다음 중 비만의 원인이 될 수 있는 식습관이 아닌 것은?

① 열량이 많은 식품
② 술이나 떡볶이, 라면 등 고당질 식품
③ 식사시간이 아닌 시간에 다량의 수분섭취
④ 식사량을 알 수 없는 코스요리 식사
⑤ 급하게 빨리 먹는 식사

8. 다음 중 저체중으로 인한 건강문제가 아닌 갓은?

① 철결핍성 빈혈
② 월경정지
③ 골다공증
④ 관절염
⑤ 저항력 감소

9. 굶은 후 과식하는 행위나 과식한 후 음식을 토하거나 하제를 이용하여 음식을 처리하는 등의 행위를 무엇이라고 하는가?

① 신경성 식욕부진증
② 거식증
③ 폭식증
④ 변비
⑤ 연하장애

10. 영양밀도란?

① 식품의 무게에 대한 영양소의 비율
② 식품의 열량에 대한 영양소의 비율
③ 식품의 열량에 대한 수분의 비율
④ 식품의 무게에 대한 수분의 비율
⑤ 식품의 탄소량에 대한 영양소의 비율

[해답] 1. ④ 2. ③ 3. ② 4. ① 5. ② 6. ④ 7. ③ 8. ④ 9. ③ 10. ②

Chapter 7.

당뇨병

- 당뇨병의 정의를 설명할 수 있다.
- 영양과 영양소의 정의를 설명할 수 있다.
- 당뇨병의 치료를 이해하고 설명할 수 있다.

SECTION 1 당뇨병

당뇨병의 어원은 그리스어 'diabetes(관을 통과한다)'와 라틴어의 'mellitus(꿀)'이라는 뜻에서 유래한다. 우리가 섭취한 식품 중의 포도당이 혈액으로 들어가 인슐린이라는 호르몬에 의해 세포내로 이동하여 이용되어야 하는데 당뇨병이 발병하면 인슐린의 부족이나 장애로 인해 이러한 작용이 제대로 이루어지지 않는다. 따라서, 당뇨병은 체내에서 포도당을 정상적으로 이용할 수 있게 조절하는 호르몬인 인슐린에 문제가 생겨 체내에 제대로 이용되지 못하고 혈중 포도당 수치가 비정상적으로 높아지면서 소변으로 배설되는 현상을 의미한다.

1. 진 단

당뇨병의 진단기준은 일반적으로 미국 당뇨학회(ADA ; American Diabetes Association)의 기준에 따른다. 3가지 항목의 범위가 서로 다른 날에 2회 이상 나타날 경우 당뇨병으로 판정한다.

① 무작위 혈당이 200mg/dL 이상이다.

② 공복 시 혈당의 정상범위는 70~115 mg/dL이며, 공복 시 혈당이 126mg/dL 이상일 때 당뇨로 진단한다.

③ 경구 당부하 검사에서 200mg/dL 이상이다. 포도당 내성검사는 포도당이 세포내부로 얼마나 잘 유입되는지를 측정하는 검사로 75g의 포도당을 경구투여하고 혈당을 측정한다. 투여 후 30분 후에 최대치인 120mg/dL가 된 후 다시 감소해 2시간 후에는 정상 수준 이하로 감소하는 것이 정상이다.

표 7-1 공복혈당과 당부하 검사에 의한 당뇨병 판정기준치

(단위 : mg/dL)

구 분	공복혈당	식후 2시간
정상	110 미만	140 미만
공복혈당장애	110~125	140 미만
내당능장애	126 미만	140~199
당뇨병	126 이상	200 이상

출처 : International Diabetes Center

당화 혈색소 검사

당화 혈색소 검사는 주로 당뇨를 앓고 있는 환자들을 대상으로 당뇨관리가 잘 되고 있는지 체크하는 지표 중의 하나로 최근 1~3개월간의 대사조절 상태를 반영한다. 당화혈색소는 혈당조절을 완전히 반영하는지에 대한 명확한 근거가 없어 당뇨병의 진단기준으로는 사용되지 않고 있다.

표 7-2 혈색소와 혈당치의 관계

당화혈색소(%)	평균 혈당(mg/dL)
12	298
11	269
10	240
9	212
8	183
7	154
6	126

2. 증 상

당뇨병의 증상은 매우 다양하고, 당뇨의 종류에 따라 차이가 있다. 제 1형 소아당뇨의 경우 주로 어린이들에게서 발병되고 다갈, 다뇨, 체중의 변화가 나타나는 것이 특징이다. 반면 제 2형 성인당뇨의 경우 중년기 이후에 주로 나타나며, 초기에는 자각증상이 없는 경우가 많으며 검사를 통해 인슐린 농도가 높거나 정상으로 나타나기도 한다. 다갈, 잦은 공복감, 피로감 등이 나타나기도 한다.

① 다뇨(잦은 소변)
② 다갈(심한 갈증)
③ 다식(음식을 많이 먹게 됨)
④ 빈번한 공복감, 피로, 전신권태
⑤ 땀과 한기, 피부 끈적거림
⑥ 시야가 선명하지 않고 감각손실
⑦ 허기, 허약, 두통, 정서불안
⑧ 체중감소

3. 원 인

(1) 유전

부모가 당뇨병인 경우에는 자녀도 발병 가능성이 높다고 알려져 있으나, 유전인자가 당뇨병 발병에 직접적인 영향을 미치기보다 특정 백혈구 항원(human leukocyte antigen)과 관련성이 있는 것으로 알려져 있다.

(2) 연령과 성별

성별은 남성이 여성보다 높은 발병률을 보이며, 45세 이후의 중년에서 높게 나타나고 있다. 이는 나이가 들면서 인슐린의 합성이 감소하여 내당성이 떨어지기 때문이다.

(3) 비 만

비만은 제2형 성인당뇨의 발병 위험인자로 작용하는데, 일반적으로 당뇨병 환자의 75% 정도가 비만환자이다.

(4) 환경적 요인

경제적, 사회적, 문화적 인자도 당뇨 발병 유발요인으로 작용한다.

(5) 운동부족

운동부족은 간접적으로 비만을 초래하여 당뇨병 발병에 영향을 미친다.

(6) 기 타

영양결핍으로 인해 췌장의 베타세포 기능이 저하되어 단백질, 아연 등의 부족을 일으키는데 이와 관련이 있는 것으로 보고되고 있다. 스트레스, 임신 등도 영향을 미칠 수 있다.

당뇨의 위험요인

당뇨병의 위험요인은 유전적인 요인, 연령과 성별, 비만, 노화, 임신, 스트레스, 감염 및 약물 복용 등이 있으며, 식사습관과 밀접한 관련이 있을 것으로 보고 있다.

표 7-3 당뇨병의 위험요인

위험요인	특 징
유전적	부모가 당뇨인 경우에는 자녀도 발병가능성이 높다.
연령	45세 이상, 연령이 높을수록 유병률이 높게 나타나고 있다.
성별	우리나라의 경우 남성이 여성에 비해 3배가량 높은 유병률 보인다.
비만	후천적 당뇨의 표준체중의 120% 이상, 또는 체질량지수 27 이상인 경우 유병률이 높게 나타난다.
임신	임신성 당뇨 병력을 가진 여성이나, 체중이 4kg 이상인 아기를 낳은 여성에게서 높게 나타난다.
스트레스	스트레스는 부신피질 호르몬 분비를 촉진시켜 당내성 저하시켜 당뇨의 위험성을 높인다.

4. 종 류

(1) 제1형 당뇨(소아당뇨, 선천적 당뇨)

주로 30~40세 이전에 발병되며 당뇨병 환자의 15~20% 정도가 제1형 당뇨에 해당된다. 인슐린의존성 당뇨병에 해당되며, 췌장의 베타세포에서의 인슐린 분비량이 부족하거나, 거의 분비되지 않는 경우로 반드시 인슐린으로 치료해야 한다.

증상 : 다식, 다갈, 다뇨, 체중감소 등이 갑자기 나타난다.
처방 : 인슐린 주사요법 및 식이, 운동처방을 병행한다.

(2) 제2형 당뇨(성인당뇨, 후천적 당뇨)

인슐린비의존형으로 중년기 이후에 주로 발병되며, 우리나라에서 나타나는 당뇨의 대부분이 제2형 당뇨에 해당된다. 인슐린 기능 장애로 포도당이 세포 내로 이동되지 못하고 효율적으로 이용되지 못하는 경우이다. 제 2형 당뇨는 서서히 나타나는 특징이 있으며, 체중과다가 주요 원인으로 작용하고 있다.

증상 : 다갈, 피로감, 잦은 공복감, 권태, 신경계합병증 등이 있다.
처방 : 식사요법, 약물, 운동요법이 함께 이루어진다.

(3) 임신성 당뇨

임산부의 약 3~4% 정도가 당뇨병에 노출되는 것으로 알려져 있다. 임신성 당뇨는 임신 중 인슐린저항성 증가에 따른 포도당 내성의 저하로 발병된다. 출산 후 대부분의 경우 정상으로 회복되나 후천성 당뇨로 갈 경우가 30~60%로 높고, 기형아 출산 가능성도 높은 것으로 보고되고 있으므로 임신 중에 당뇨가 발병되지 않도록 주의해야 한다.

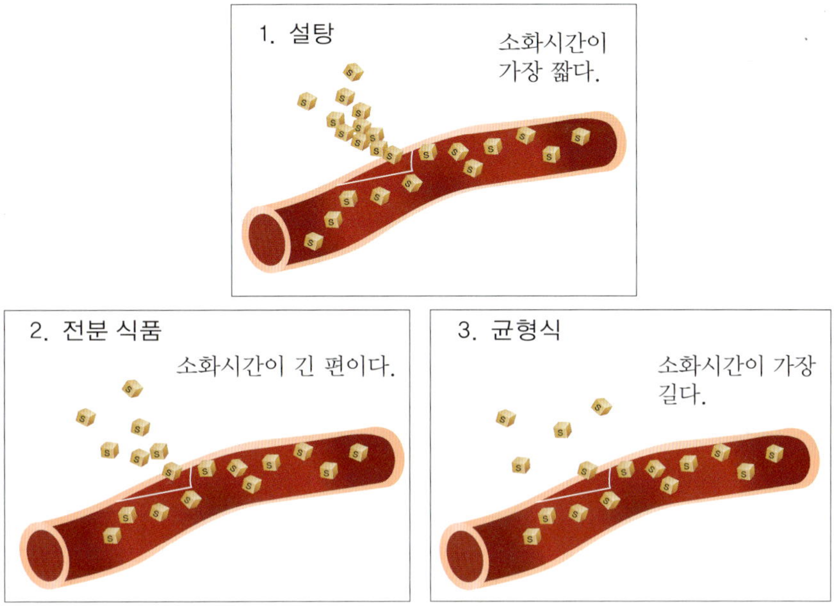

그림 7-1 식사형태와 소화시간

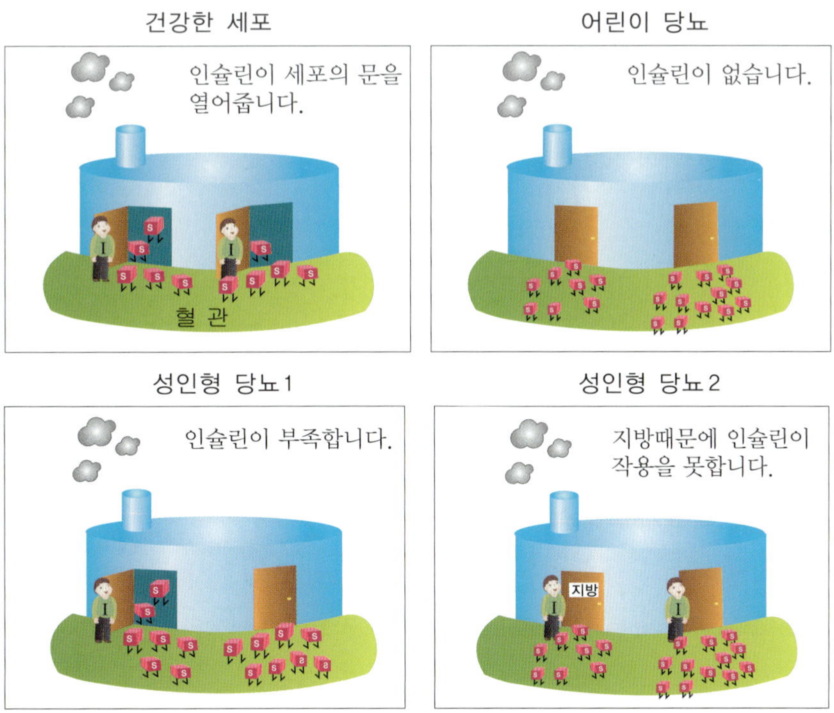

그림 7-2 당뇨와 인슐린

SECTION 2 당뇨의 합병증

1. 급성합병증

(1) 저혈당증(hypoglycemia)

저혈당증이란 인슐린을 투여받고 있는 환자의 혈당이 60mg/dL 이하로 떨어지는 경우를 말하며 인슐린 쇼크반응 등으로 나타난다.

① 원 인

- 과음을 한 경우
- 인슐린 주사를 투여 받은후 식사시간을 제대로 지키지 않은 경우
- 설사나 구토, 그리고 격한 운동 후
- 과다한 인슐린이 투여된 경우

② 증 상

- 정서불안과 허약, 두통, 허기
- 흐려진 시야, 무뎌진 감각
- 심하면 의식불명과 마비, 경련

③ 처 치

저혈당 증상이 자주 반복되면 뇌에 치명적인 손상이 유발될 수 있으므로 예방이 중요하다. 또한 저혈당 증상이 일어났을 경우에는 신속한 처치가 중요하다.

- 먼저 당이 포함된 과일주스나 꿀물, 사탕 등 흡수가 빠른 당질 10~15g을 섭취하게 한다.
- 심한 저혈당 상태 시는 글루카곤(glucagon)을 주사하고, 의식을 잃거나 경련이 있는 경우 포도당 주사를 권고한다.

⑵ 당뇨성 케톤증 (ketosis)

당뇨성 케톤증 환자는 적절한 치료가 동반되면 대부분 회복되며 사망률 또한 낮은 편이다.

① 원 인

- 과식이나 식이요법을 제대로 하지 않은 경우
- 감염이나 스트레스
- 잘못된 인슐린 처방

② 처 방

- 식이로 수분, 칼륨 섭취
- 저혈압 발생 시 중탄산염 처방
- 혼수상태일 경우 이온음료와 수분 정맥주사로 투여

⑶ 고삼투압성 혼수

고삼투압성 혼수는 제2형 성인당뇨의 흔한 합병증 중의 하나이다. 혈당이 900~3000mg/dL까지 높아지기도 한다. 심각한 고혈당, 탈수 등의 증상을 보이며 폐혈증, 폐렴 등에 노출될 위험이 높아 예후가 좋지 않은 합병증이다. 심한 탈수 혼수상태가 동반되면 사망률이 50~70%로 높아지므로 주의를 요한다.

① 원 인

- 과다 이뇨제 사용
- 심근경색, 췌장염, 화상, 신장병 등이 동반된 경우

② 증 세

- 고혈당, 탈수

③ 처 방

- 칼륨 보충
- 인슐린 투여

2. 만성 합병증

당뇨병 환자의 약 25% 정도가 만성 합병증을 동반한다.

(1) 당단백질의 생성

당단백질은 세포막 지지에 이용되는데 당뇨병 환자의 경우 당단백질 생성이 증가되어 세포막이 두꺼워지는 등 이상 형태를 나타낸다.

(2) 솔비톨(sorbitol) 대사경로의 활성화

혈중 포도당 농도가 높으면 과당이나 솔비톨로 전환되는데, 이들은 쉽게 흡수되지 않아 체내 축적되어 문제를 유발한다. 솔비톨 농도가 지나치게 높으면 나트륨과 수분을 과잉 흡수시켜 칼륨의 손실을 증가시킨다.

(3) 혈관합병증

당뇨병성 합병증은 대혈관 합병증과 미세혈관 합병증으로 나뉜다. 대혈관 합병증은 대혈관을 막히게 하는 합병증으로 다리나 발의 혈액순환이 원활치 않아 족부 궤양이 발생하여 발이나 다리를 절단하기도 하는 무서운 합병증이다. 미세혈관 합병증은 당뇨병 환자의 98%에서 증상이 나타나고 신증(nephropathy), 망막증(retinopathy), 신경장애(neuropathy) 등으로 3대 합병증(triopathy)으로 불린다.

① 망막증

근시, 백내장

② 당뇨성 신증

만성신부전증, 감염, 신장의 독성물질

③ 신경장애

반사이상, 근위축, 운동장애, 자율신경 장애 등
혈액순환 장애로 말단 감각 손실로 족부궤양 유발

④ 기 타

중성지방증가, LDL콜레스테롤 증가 등 대사이상

(4) 당뇨의 합병증 예방수칙

① 정기적으로 혈당을 점검한다.
② 철저한 혈압관리를 한다.
③ 짜거나 달게 먹지 않고 과식하지 않는다.
④ 콜레스테롤, 중성지방을 낮춘다.
⑤ 술은 절제하고 금연한다.
⑥ 규칙적인 운동을 한다.

SECTION 3 당뇨의 식사관리

1. 당뇨의 식사원칙

① 단당류(꿀, 물엿, 초콜릿 등) 섭취를 줄이고 복합다당류 형태로 섭취한다.
② 어유(Fish oil)를 보충한다(1일 1회 생선요리를 메인으로 섭취).
③ 식이섬유소, 비타민 B_6 식품을 섭취한다.
④ 과일, 채소, 두류를 권장한다.
⑤ 동물성 지방, 특히 콜레스테롤이 많은(난황, 오징어, 명란젓, 내장 등) 식품섭취를 줄인다.
⑥ 혈당지수가 낮은 식품 위주로 메뉴를 구성한다.
⑦ 규칙적으로 정해진 시간에 일정한 양의 식사를 한다.

표 7-4 식품군별 혈당지수

높은 식품군 (70 이상)	혈당지수	중간 식품군 (56~69)	혈당지수	낮은 식품군 (55 이하)	혈당지수
쌀(백미)	70~90	쌀(현미)	50~60	두류(콩)	18
빵(흰 식빵)	70	빵(보리빵)	65	빵(전곡류 빵)	30~45
(프랑스 빵)	95	(귀리빵)	65	아침식사용 곡류 (올브란)	42
감자	80~100	아침식사용 곡류 (잡곡 플레이크)	66	유제품(우유)	27
아침식사용 곡류 (콘플레이크)	84	유제품 (아이스크림)	64	저지방 요구르트	33
수박	70	바나나, 파인애플	53, 52	사과, 오렌지, 배	36, 43, 28

2. 당뇨병 식사관리 시 주의사항

① 체중을 정상범위로 유지한다. 비만인 경우는 우선 체중감량을 위해 열량 섭취를 감소해야 한다.

② 혈당 조절이 안되는 경우에도 열량을 감소시켜 섭취한다. 섬유소가 많은 복합탄수화물의 형태로 섭취하고 밥이나 면 등 당질식품과 과일류의 섭취를 제한하여 섭취한다. 감자나 고구마 등을 섭취하는 경우 밥이나 면의 섭취량을 줄여서 총 열량섭취량이 많아지지 않도록 주의한다.

③ 당뇨환자의 경우 합병증으로 동맥경화성 관상심장병이 나타날 수 있으므로 콜레스테롤과 포화지방이 적은 식사를 한다.

④ 알코올의 섭취를 제한하는 것도 중요하다.

Question

1. 당뇨병은 어느 호르몬의 분비가 부족하거나 저항성이 증가하여 나타나는 질환인가?

① 글루카곤 ② 인슐린
③ 에스트로겐 ④ 프로게스테론
⑤ 안드로겐

2. 다음 중 당뇨병을 치료하게 위한 방법으로 구성된 것은?

(가) 식사요법	(나) 운동
(다) 생활습관 개선	(라) 체중조절

① (가), (나), (다) ② (가), (다) ③ (나), (라)
④ (라) ⑤ (가), (나), (다), (라)

3. 췌장의 베타세포가 파괴되어 인슐린 분비가 되지 않는 당뇨병은?

① 임신성 당뇨 ② 성인형 당뇨
③ 소아형 당뇨 ④ 인슐린 비의존성 당뇨
⑤ 노인성 당뇨

4. 혈당 조절이 안 되는 경우, 감소시켜야 하는 것이 아닌 것은?

① 열량 ② 섬유소
③ 과일류 ④ 당질식품
⑤ 지질을 많이 포함한 식품

5. 다음 중 혈당을 증가시킬 수 있는 식품이 아닌 것은?

① 밥 ② 면 ③ 떡
④ 과일주스 ⑤ 오이

6. 당뇨환자의 경우 합병증으로 동맥경화성 관상심장병이 나타날 수 있으므로 어떤 성분의 섭취를 감소시켜야 하는가?

① 콜레스테롤과 포화지방
② 콜레스테롤과 불포화지방
③ 나트륨과 불포화지방
④ 나트륨과 포화지방
⑤ 설탕과 포화지방

7. 당뇨환자에게 가장 좋은 식사형태는?

① 단순당질(탄수화물) ② 복합당질(탄수화물)
③ 전분 ④ 설탕
⑤ 지방

8. 세포의 인슐린 작용에 대한 저항으로 나타나는 당뇨병에 대한 설명으로 옳지 않은 것은?

① 인슐린 비의존성 당뇨병
② 비만과 관련이 있다.
③ 식사관리가 필요하다.
④ 전체 당뇨의 90% 정도와 관련이 있다.
⑤ 소아형 당뇨병

9. 당뇨병인 사람은 영양성분표를 볼 때 어떤 영양성분을 가장 자세히 보아야 하는가?

① 비타민 ② 열량
③ 콜레스테롤 ④ 나트륨
⑤ 지방

10. 다음 중 혈당을 증가시킬 수 있는 식품이 아닌 것은?

① 감자 ② 알코올
③ 찰밥 ④ 토마토
⑤ 참외

[해답] 1. ② 2. ⑤ 3. ③ 4. ② 5. ⑤ 6. ① 7. ② 8. ⑤ 9. ② 10. ④

Chapter 8.

고혈압

- 고혈압의 정의를 설명할 수 있다.
- 고혈압과 식품의 관계를 이해하고 설명할 수 있다.
- 고혈압의 치료를 이해하고 설명할 수 있다.

고혈압은 심혈관질환의 대표적인 주요요인이다. 혈액 내 중성지방과 LDL-콜레스테롤 수치가 상승하여 이상지질증이 유발되고, 이러한 증상에 고혈압이 동반되어 동맥경화증의 원인으로 작용하는 경우가 많다.

SECTION 1 고혈압

혈관 속을 흐르는 혈액이 혈관 벽에 미치는 압력을 혈압이라고 한다. 고혈압은 동맥의 혈압이 정상보다 높은 것을 말한다. 고혈압은 우리나라 성인에게 흔한 질병 중 하나로 뚜렷한 자각증상이 없는 것이 특징이며, 일상생활에 지장을 느끼지 못하므로 무심결에 지나치기 쉽다.

(1) 원 인

우리나라 성인에게 나타나는 고혈압은 대부분 원인이 명확하지 않은 본태성 고혈압으로 알려져 있다.

원인은 명확하게 밝혀지지 않고 있지만 역학조사에 의하면 과다한 소금섭취, 유전적 요인, 스트레스, 비만 등이 주요원인으로 보고되고 있다. 그 외 2차성 고혈압의 원인으로는 내분비계 질환, 신장질환, 경구피임약 복용 등을 들 수 있다. 무엇보다 고혈압을 일으키는 대표적인 식사요인은 짜게 먹는 식습관이므로 고혈압예방을 위해서는 무엇보다 소금 섭취를 줄일 것을 권고하고 있다.

(2) 증 상

고혈압의 증상은 대부분 자각하기 어려우며 인지되는 증상으로는 아침에 머리가 아프거나, 어지럼증, 걸을 때 숨이 차고, 가슴이 비정상적으로 뛰고, 시력이 나빠지는 것 등이다.

표 8-1 고혈압 진단기준

분 류	수축기 혈압(mmHg)	이완기 혈압(mmHg)
정상	120 미만	80 미만
고혈압 전단계	120~139	80~89
고혈압 1기	140~159	90~99
고혈압 2기	160~179	100~109
고혈압 3기	180 이상	110 이상

(3) 고혈압 식이섭취 지침

① DASH 다이어트 섭취 권고(Dietary Approaches to Stop Hypertension)
: 과일, 채소는 많이, 지방, 포화지방, 콜레스테롤 식품은 적게 섭취한다.

② 칼슘, 마그네슘, 아연, 비타민 D, E, K의 섭취 증가가 혈압을 낮추는 데 도움이 된다.

③ 수용성섬유소, 오메가3지방산, 리보플라빈, 엽산, 비타민B_6, B_{12}, 비타민 C 등을 충분히 섭취한다.

④ 플라보노이드와 피토케미칼이 풍부한 과일, 채소를 충분히 섭취하고 저칼로리 식품과 복합당질을 이용한다.

⑤ 한 가지 특정 성분에 치중한 식사보다 적절한 식사변화 유도 시 혈압강하 효과를 볼 수 있다.

그림 8-1 고혈압의 위험요인

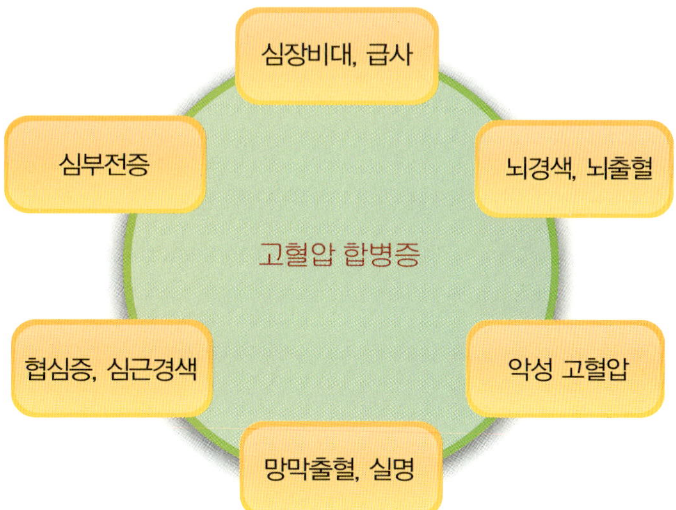

그림 8-2 고혈압 합병증

(4) 고혈압 식사관리

① 소금 섭취를 줄인다.
② 표준체중을 유지한다.
③ 규칙적으로 운동한다.
④ 음주를 절제한다.
⑤ 동물성 지방과 단순 당질의 과다 섭취를 피한다.
⑥ 식이섬유소가 풍부한 식사를 한다.
⑦ 스트레스를 바람직한 방법으로 해소한다.
⑧ 금연한다.
⑨ 정기적으로 혈압을 측정한다.

SECTION 2 고지혈증(Hyperlipidemia)

(1) 정 의

고지혈증이란 혈액 내 중성지방 또는 콜레스테롤 수치가 비정상적으로 상승된 상태를 말한다. 고혈압과 함께 관상동맥질환을 유발하는 위험요인 중의 하나로 알려져 있다. 고지혈증은 혈중지질 성분의 유형에 따라 크게 세 가지로 분류되는데 고콜레스테롤혈증(hypercholesterolemia), 고중성지방혈증(hypertriglyceridemia), 고콜레스테롤혈증과 고중성지방혈증의 복합형으로 분류된다. 고지혈증을 치료하지 않고 방치하면 심근경색과 뇌경색 등의 합병증을 초래할 수 있다.

(2) 고지혈증 유발요인

① 고지혈증의 일차적 원인은 유전, 고열량 식사, 고지방 식사 등 잘못된 식생활 습관에 의한 것과 운동부족 등 생활습관에 의한 요인을 들 수 있다.
② 고지혈증의 이차적 원인은 당뇨병, 임신, 갑상선 기능저하, 만성신부전, 알코올 과다 섭취 등이다.

(3) 고지혈증의 식사관리

① 총 지방섭취를 줄인다. 포화지방산과 콜레스테롤 섭취도 줄이되, 불포화지방산의 양은 증가시켜 준다.
② 탄수화물과 단백질을 적정량 섭취하고 정상체중을 유지해야 한다.
③ 과일 채소의 섭취를 적절히 늘리는 것도 중요하다. 수용성 식이섬유소는 혈중 콜레스테롤을 낮추는 역할을 하므로 섭취를 늘리는 것이 좋다.
④ 나트륨 섭취를 줄인다.

SECTION 3 동맥경화증(arteriosclerosis)

동맥경화증은 동맥 혈관벽에 노폐물이 침착되는 현상으로 동맥 내벽이 두꺼워지고 굳어져 탄력이 감소하며 혈관에 침착된 노폐물에 의해 혈관이 좁아지거나 막혀 혈류장애를 초래하는 질환을 말한다.

동맥경화증에 의해 심장근육으로 향하는 혈관이 좁아져 막힐 경우 허혈성 심장질환이나 심근경색이 유발될 수 있다. 반면, 뇌혈관에 문제가 생기면 뇌경색, 뇌출혈로 이어질 수 있다.

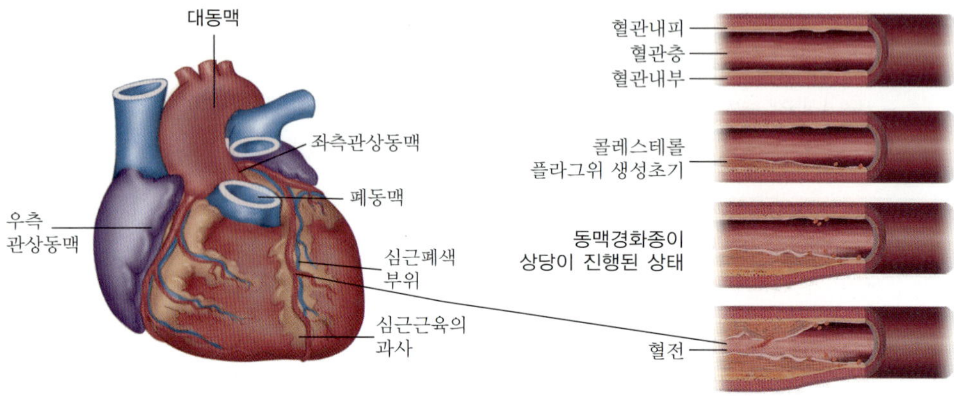

그림 8-3 동맥경화증과 심근경색증의 발병과정

1. 동맥경화증의 원인

동맥경화증의 원인은 명확하게 알려져 있지 않으나, 동맥경화증의 위험인자로는 고혈압, 고콜레스테롤혈증, 당뇨병, 비만 등을 들 수 있다.

고호모시스테인혈증, 동맥경화성 식사(고포화지방, 저채소류, 저과일류, 저전곡류 식사), 과다한 소금섭취, 과식, 스트레스, 흡연 등도 위험인자로 작용하는 것으로 여겨진다.

2. 동맥경화증의 영양관리 및 식사관리

동맥경화증의 영양관리 및 식이지침은 고지혈증의 식이지침으로도 적용되며, 에너지 제한, 총지방 제한과 지방산 조절, 콜레스테롤 제한, 충분한 식이섬유소 섭취, 알코올 제한을 원칙으로 하고 있다.

① 과도한 열량 섭취는 중성지방의 농도를 증가시키므로 필요 에너지만 섭취하여 정상체중을 유지하도록 한다.

② 포화지방산은 혈중 콜레스테롤 수치를 높이므로 섭취를 제한하며, 불포화지방산으로 대체하는 것이 좋다.

③ 콜레스테롤이 많이 함유된 식품은 2~3회/주 이하로 섭취하고, 1일 200~300mg 이하로 제한한다.

④ 오메가-3 지방산이 풍부한 식품 섭취를 권장한다.

⑤ 단순당의 섭취를 줄이고 복합당질 섭취를 권장한다.

⑥ 술은 혈중 중성지방 수치를 높이므로 되도록 자제한다.

⑦ 펙틴이 풍부한 사과, 귤, 오렌지와 같은 수용성 식이섬유소를 충분히 섭취한다.

⑧ 이소플라본이 풍부한 콩단백질을 충분히 섭취한다.

⑨ 항산화효과가 있는 플라보노이드가 풍부한 양파, 포도, 녹차 등의 섭취를 권한다.

⑩ 비타민 E와 B_2, B_6, B_{12}, 엽산 등을 충분히 섭취한다.

표 8-2 동맥경화성 식품

식품군	작 용
육류	육류를 지나치게 많이 섭취하면 혈액이 탁해진다. 찌거나 데친 뒤 기름기를 제거해서 먹는 것이 좋다.
동물성 유류	기름진 동물성 유류는 혈액 내 콜레스테롤을 증가시켜 혈액을 탁하게 한다. 혈관을 좁게 만들어 고혈압과 동맥경화 등 생활습관병을 일으킨다.
인스턴트	인스턴트식품은 식품 가공과정에서 기름에 튀기는 경우가 많고, 맛을 좋게 하기 위해 식품첨가물을 넣기도 하므로 결과적으로 유해물질이 증가해 혈액이 탁해진다.

표 8-3 항 동맥경화성 식품

식품군	작 용
곡류	현미 · 콩 · 흑미, 녹두 등 잡곡은 필수아미노산, 필수지방산, 섬유질, 미네랄이 풍부해 몸속 노폐물을 배출하고 혈액을 맑게 한다. 녹두는 음식, 약, 중금속 등으로 생긴 혈액 속의 독소를 없앤다.
해조류	미역 · 다시마 · 김 · 파래 · 청각 등 해조류에 들어 있는 요오드와 미네랄은 몸속 독소를 제거해 혈액을 맑게 한다. 그러나 몸에 좋다고 과다섭취하면 안 된다. 혈액을 맑게 하고 변비에 도움이 된다는 이유로 환으로 만든 해조류 제품을 한 움큼씩 먹는 사람이 있는데, 갑상선 기능에 문제가 생길 수 있다.
제철 과일	제철과일은 혈액 속의 뭉친 혈액을 녹이므로 꾸준히 먹는다. 배, 바나나, 참외, 수박 등은 찬 성질을 지니므로 몸이 냉한 사람은 피한다.
채소류	채소에 풍부한 무기질과 섬유질은 몸속 노폐물을 배출하고 혈액순환을 좋게 한다. 양파, 두릅, 오이, 당근, 미나리, 마늘, 파, 생강, 고추, 쑥갓, 가지 등을 많이 섭취한다. 양파는 육류를 먹었을 때 생기는 혈액의 엉김을 억제한다.
생선류	생선은 질 좋은 단백질이 많이 들어 있어 혈액을 맑게 한다. 또한 혈액이 엉키는 것을 억제한다. 갈치, 광어, 참치, 참돔, 농어 등을 자주 섭취한다. 고등어, 정어리, 꽁치, 연어 같은 등푸른생선은 지방이 많이 함유돼 있으므로 적정량 이상 섭취하지 않는다.
버섯류	버섯은 혈액이 응고되는 것을 예방한다. 표고버섯 · 영지버섯 · 상황버섯 등 버섯을 조리해 먹거나 우린 물을 마신다. 대표 항암식품으로 손꼽히는 버섯은 면역력 강화에 좋다.

*출처 : "하루 10분 10년 젊어지는 : 혈액 대청소", 대한영양사협회 영양교육코너, 2012

Question

1. 당신이 고혈압이라면 다음 중에서 어떤 영양소에 가장 신경을 써야 하는가?

① 비타민 A ② 비타민 E ③ 칼슘
④ 철분 ⑤ 나트륨

2. 다음 중 고혈압과 관련된 식이요인이 아닌 것은?

① 알코올 ② 나트륨 ③ 칼륨
④ 아연 ⑤ 마그네슘

3. 나트륨의 섭취가 증가하면 어떠한 이유로 혈압이 높아지게 되는가?

① 체내 수분량 증가로 인한 혈액량 증가
② 체내 수분량 증가로 인한 소변량 증가
③ 체내 지방량 증가로 인한 혈액량 증가
④ 체내 지방량 증가로 인한 대변량 증가
⑤ 체내 소변량 감소로 인한 체액량 증가

4. 다음 중 칼륨이 많이 포함된 식품으로만 구성된 것은?

(가) 바나나	(나) 오렌지
(다) 감자	(라) 전분

① (가), (나), (다) ② (가), (다) ③ (나), (라)
④ (라) ⑤ (가), (나), (다), (라)

5. 고혈압을 치료하기 위한 지침이 아닌 것은?

① 체중을 정상수준으로 유지한다.
② 나트륨 섭취량은 제한하되 칼륨과 칼슘의 섭취는 충분히 한다.
③ 식이섬유와 포화지방산을 섭취하도록 한다.
④ 알코올과 카페인 음료를 제한한다.
⑤ 심리적으로 안정하고 평안한 상태를 유지한다.

6. 나트륨 섭취량을 제한하기 위한 노력이 아닌 것은?

① 염장식품을 제한한다.
② 나트륨 함량이 많은 식품을 제한한다.
③ 국물이 많은 식품의 섭취를 제한한다.
④ 베이킹파우더와 소다의 섭취를 제한한다.
⑤ 김치를 먹지 않는다.

7. 마그네슘은 어떤 식품에 많이 포함되어 있는가?

① 고기류 ② 녹색채소 ③ 곡류
④ 과일류 ⑤ 견과류

8. 나트륨 함량이 많은 식품으로 구성된 것은?

(가) 고추장	(나) 된장
(다) 가공식품	(라) 토마토

① (가), (나), (다) ② (가), (다) ③ (나), (라)
④ (라) ⑤ (가), (나), (다), (라)

9. 고혈압의 기준은?

① 120/70mmHg 이상 ② 130/80mmHg 이상
③ 140/80mmHg 이상 ④ 140/90mmHg 이상
⑤ 150/90mmHg 이상

10. 다음 중 카페인을 함유한 식품으로만 구성된 것은?

(가) 녹차	(나) 커피
(다) 초콜릿	(라) 아이스크림

① (가), (나), (다) ② (가), (다) ③ (나), (라)
④ (라) ⑤ (가), (나), (다), (라)

[해답] 1. ⑤ 2. ④ 3. ① 4. ① 5. ③ 6. ⑤ 7. ② 8. ① 9. ④ 10. ①

Chapter 9.

암

- 암과 관련된 식사요인을 설명할 수 있다.
- 암 예방을 위한 권장사항을 이해하고 설명할 수 있다.

SECTION 1 종양의 분류와 형성단계

우리 몸을 이루고 있는 세포는 일정기간이 지나면 죽고, 다시 새로운 세포로 생성되는데, 암은 세포가 죽지 않고 계속 늘어나면서, 돌연변이가 되어 다른 건강한 조직을 파괴시키고 돌연변이를 일으켜 제 기능을 하지 못하게 만드는 질병이다.

암 발생과정 : 정상세포 → 돌연변이세포 → 전암세포 → 암세포
(보통 10년 이상 소요)

SECTION 2 암의 발생원인

암은 어떤 특정한 단일요인에 의해 발생되는 병이 아니라 여러 가지 복합요인에 의해 발생되는 것으로 보고되고 있다. 암의 주된 유발인자는 직사광선, 바이러스, 알코올, 화학물질, 오염된 공기, 흡연, 지방, 잘못된 식습관 등 다양하다. 그러나 식생활, 흡연 등 생활습관과 환경적인 요인이 암 발생위험의 80% 이상을 차지한다.

표 9-1 암 발생위험을 증가시키는 환경적 요인들

환경적 요인	암 발생 부위
아플라톡신(땅콩과 곡류에 있는 독소)	간
알코올	구강, 후두, 식도, 인두, 간, 결장, 직장, 유방
석면	폐, 흉막, 복막
크롬 성분	폐
에스트로겐-프로게스테론 대체요법	유방
면역억제제	림프조직
헬리코박터 파이로리 감염	위
B형 간염, C형 간염 바이러스 감염	간
인유두종 바이러스 감염	자궁경부
방사선 조사	백혈구, 유방, 갑상선, 폐
햇빛(자외선 조사)	피부
흡연	폐, 구강, 인두, 식도, 후두, 신우, 췌장, 방광, 신장

출처 : W. J. Blot, Epidemiology of cancer, in L, Goldman and D. Ausiello, eds., Cecil textbook of medicine(Philadephia: Saunders, 2004), pp.1116-1120

SECTION 3 암과 식사관리

암과 관련된 식사요인으로는 알코올, 지방, 비타민 C, 항산화제들, 베타 카로틴, 소금 등이 있다. 알코올은 식도암이나 췌장암의 발생을 증가시킨다. 고지방식사는 유방암, 췌장암, 전립선암, 대장암을 증가시킨다.

염장, 훈연된 생선이나 질산염은 위장암을 증가시킨다. 반면 섬유질은 다음과 같은 기전으로 대장암을 예방한다.

① 섬유질이 수분을 흡수하여 대장에 있는 담즙산을 묽게 한다.
② 음식물 덩어리가 소화기관을 빨리 지나가게 하여 섭취된 발암물질이 장벽과 접촉하는 시간을 줄여 준다.

항산화제인 베타카로틴이 풍부한 녹황색 채소의 섭취는 암으로부터 인체를 보호해 준다.

그 밖에도 암발생을 억제하는 효과를 나타내는 성분으로는 셀레늄, 비타민 A, 비타민 E, 과일, 채소 등이 있다. 식이요인은 아니지만 암 발생과 관련성이 높은 흡연도 피하도록 한다.

[암 예방을 위해 미국 암연구소에서 제시한 지침]

- 비만을 피한다.
- 지방섭취를 에너지의 30% 이내로 줄여서 섭취한다.
- 과일, 채소, 섬유질이 많은 전곡류 섭취를 높인다.
- 비타민 A, C, E가 풍부한 식품을 매일 섭취한다.
- 훈제나 염장된 식품의 섭취를 최소화한다.
- 알코올 섭취는 과하지 않도록 한다.

표 9-2 암 발생위험에 영향을 미치는 영양관련 요인들

환경적 요인	암 발생 부위	
암 발생을 증가시키는 요인들	비만	결장, 신장, 췌장, 식도, 자궁내막, 방광, 유방(폐경 후 여성)
	총 지방	결장, 전립선
	붉은 살코기	전립선, 결장, 직장
	칼슘(1500mg 이상)	전립선
	염장식품	위
	낮은 신체 활동	결장
암 발생을 감소시키는 요인들	토마토	결장, 전립선
	십자화 채소(브로커리, 컬리 플라워, 브러셀 스프라우트)	전립선, 방광, 폐
	감귤류	위
	알리움 채소(마늘, 양파)	폐
	엽산 함유 식품과 보충제	결장, 식도, 유방, 백혈구
	칼슘(1000mg 미만)	결장, 직장
	높은 신체활동	결장

출처 : Whitney, Debruyne, Pinna, Rolfes. "Nutrition for health and health care" Thomson wadsworth pp 143, 2007

SECTION 4 암 예방을 위한 권장사항

(1) 다양한 식물성 식품이 풍부한 식사를 선택한다.

① 채소, 과일, 통곡류, 콩류 등의 식물성 식품이 식사량의 2/3 이상이 되도록 한다.
② 생선, 가금류, 육류, 저지방 우유는 식사량의 1/3 미만이 되도록 한다.
③ 가공식품과 정제식품의 섭취를 제한한다.

(2) 채소와 과일을 다량 섭취한다.

① 매일 채소와 과일을 5회 분량 이상 섭취한다.
② 진한 녹색잎채소와 황색채소를 섭취한다.
③ 비타민 C 함량이 많은 감귤류와 다른 채소들을 포함시킨다.

(3) 건강체중을 유지하고 신체활동을 증가시킨다.

① 저체중과 과체중을 피하고 성인이 되어서 체중증가량이 5kg을 초과하지 않도록 한다.
② 직업적으로 활동이 낮거나 보통 정도일 때에 한 시간 정도 빠르게 걷기나 그와 비슷한 운동을 매일 한다.
③ 한 주에 한 시간은 강도 높은 운동을 한다.

(4) 알코올 섭취를 제한한다.

① 알코올 섭취를 제한한다.
② 만약 알코올을 섭취할 경우에 남자는 1회 2잔, 여자는 1회 1잔으로 제한한다.

(5) 지방과 소금이 적은 식품을 선택한다.

① 동물성 급원의 기름이 많은 식품을 제한하고 붉은 살코기를 섭취할 경우에는 양을 제한한다.
② 식물성 기름을 적당량 섭취한다.
③ 나트륨이 많은 음식의 섭취를 제한하고 조리 시에 소금의 사용도 제한한다.
④ 제철식품을 활용하고, 소금 대신 허브와 향신료를 사용한다.

(6) 적절한 보관방법과 식습관을 갖는다.

① 상하기 쉬운 음식은 구입하여 집에서 보관할 때 냉장고나 적절한 방법으로 보관한다.
② 탄 음식을 먹지 않는다.
③ 직화에 굽거나 염장하거나 훈연한 제품은 경우에 따라서만 사용한다.

(7) 가장 중요한 것은 금연이다.

Question

1. 암에 대한 설명으로 알맞은 것은?

① 세포가 비정상적으로 과다하게 세포분열하여 조직이 경화되는 것
② 세포의 세포분열이 중단되는 것
③ 세포가 과다하게 세포분열하여 조직이 파괴되는 것
④ 세포가 비정상적으로 과다하게 세포분열하여 조직이 증식되는 것
⑤ 세포의 세포분열이 정지되어 조직이 사멸되는 것

2. 암을 유발하는 식사요인으로만 구성된 것은?

(가) 알코올	(나) 지방
(다) 소금	(라) 베타카로틴

① (가), (나), (다) ② (가), (다) ③ (나), (라)
④ (라) ⑤ (가), (나), (다), (라)

3. 고지방 식사와 관련된 암이 아닌 것은?

① 유방암 ② 췌장암 ③ 전립선암
④ 폐암 ⑤ 대장암

4. 섬유질이 대장암을 예방하는 기전으로 옳은 것은?

① 섬유질이 수분을 흡수하여 대장에 있는 담즙산을 진하게 한다.
② 음식물 덩어리가 소화기관을 빨리 지나가게 하여 섭취된 발암물질이 장벽과 접촉하는 시간을 줄여준다.
③ 발암물질을 분해한다.
④ 섬유질이 베타카로틴의 흡수를 저해한다.
⑤ 섬유질이 발암물질을 흡수한다.

5. 헬리코박터 파일로리 감염과 관련이 있는 암은?

① 간암 ② 위암 ③ 유방암
④ 대장암 ⑤ 폐암

6. 암발생을 억제하는 효과를 나타내는 성분으로 구성된 것은?

(가) 셀레늄	(나) 비타민 A
(다) 비카민 C	(라) 비타민 E

① (가), (나), (다) ② (가), (다) ③ (나), (라)
④ (라) ⑤ (가), (나), (다), (라)

7. 암을 유발하는 요인이 아닌 것은?

① 상한 음식 ② 탄 음식
③ 직화에 구운 음식 ④ 햇빛에 말린 음식
⑤ 가공식품

8. 알코올과 관련된 암으로 구성된 것은?

(가) 구강암	(나) 식도암
(다) 간암	(라) 직장암

① (가), (나), (다) ② (가), (다) ③ (나), (라)
④ (라) ⑤ (가), (나), (다), (라)

9. 다음 중 비만과 관련된 암이 아닌 것은?

① 결장 ② 식도 ③ 자궁내막
④ 유방 ⑤ 폐암

10. 암 발생을 억제하는 것으로 보고된 식품이 아닌 것은?

① 토마토 ② 브로콜리
③ 붉은 살코기 ④ 감귤류
⑤ 마늘

[해답] 1. ④ 2. ① 3. ④ 4. ② 5. ② 6. ⑤ 7. ④ 8. ⑤ 9. ⑤ 10. ③

Chapter 10.

골다공증과 구강질환

SECTION 1 골다공증

- 골다공증의 종류를 설명할 수 있다.
- 골다공증 예방을 위한 권장사항을 이해하고 설명할 수 있다.
- 칼슘 흡수에 영향을 미치는 요인을 설명할 수 있다.

1. 정 의

골다공증은 뼈에서 칼슘 등의 골질이 빠져나가 뼈의 양이 감소하고 질적인 변화로 인해 뼈의 강도가 약해진 상태로 가장 큰 문제는 심각한 골절로 삶의 질 유지에 영향을 줄 수 있다.

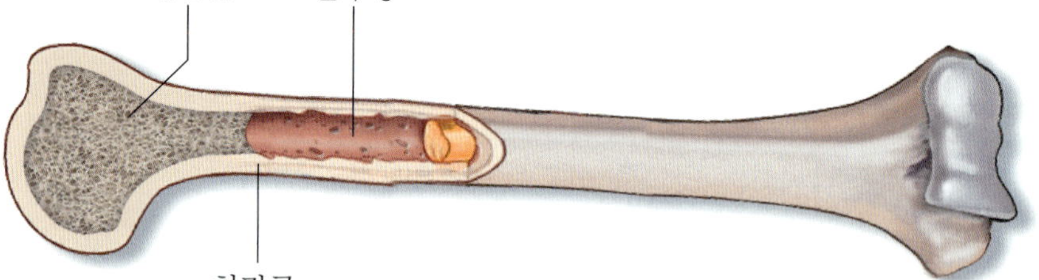

그림 10-1 뼈의 구조

2. 원 인

출생 후 청소년기를 지나 성인이 될 때까지 뼈 생성이 많아 골량은 점점 증가하게 되며, 20대에 최대의 골량을 형성하고 이후 연령이 증가할수록 뼈의 흡수가 늘면서 골밀도가 줄어들게 된다. 특히 여성의 경우는 폐경 후 에스트로겐이 감소하면서 파골세포에 의한 뼈 흡수가 매우 빠르게 진행된다.

낮은 골밀도의 원인은 유전적 요인, 조기 폐경, 약제(스테로이드), 흡연, 음주, 카페인 과다 섭취, 류마티스관절염 등을 들 수 있다.

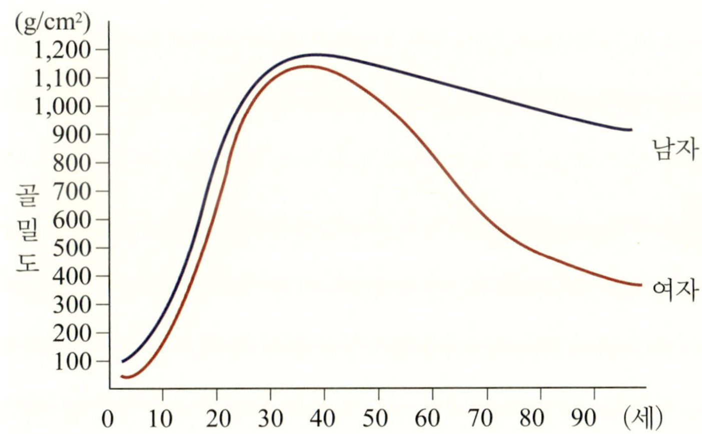

그림 10-2 연령에 따른 골밀도의 변화

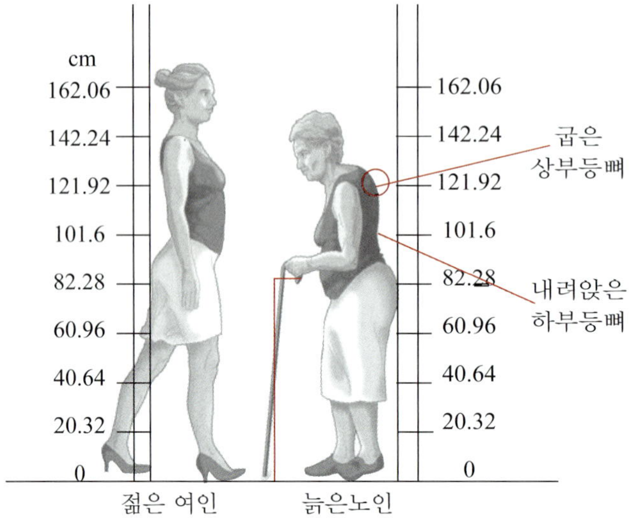

그림 10-3 골다공증의 발생

3. 증상 및 위험요인

증상이 없이 진행되었다가 골절이 생긴 후에 통증이 생기기 때문에 예방이 상당히 중요한 질병이다. 모든 부위에서 골절이 일어날 수 있지만, 특히 손목뼈, 척추, 고관절(대퇴골)에서 골절이 자주 발생한다. 골밀도 측정시 T값이 −2.5 미만일 경우 골다공증으로 진단한다.

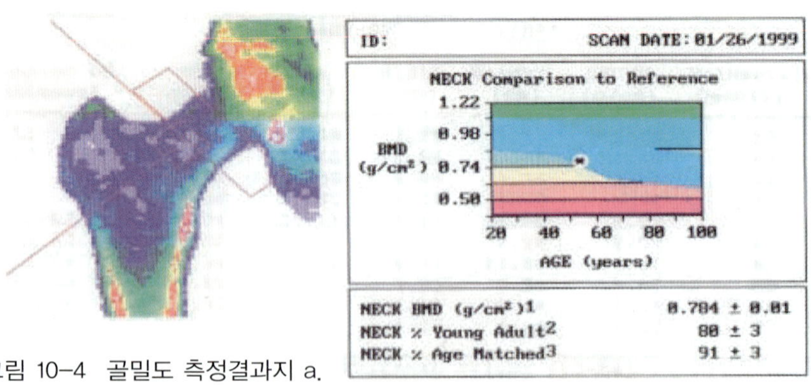

그림 10-4 골밀도 측정결과지 a.

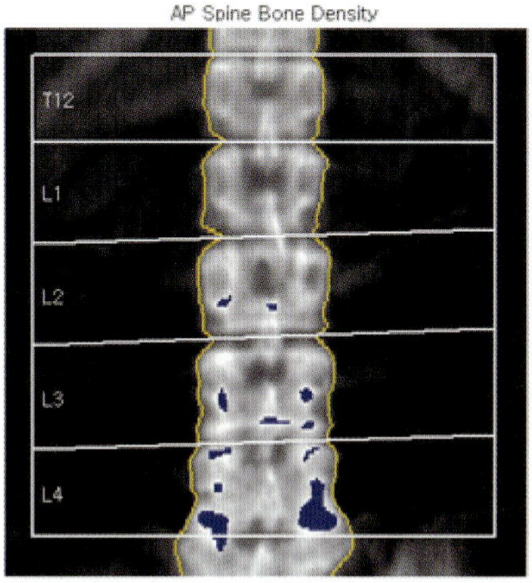

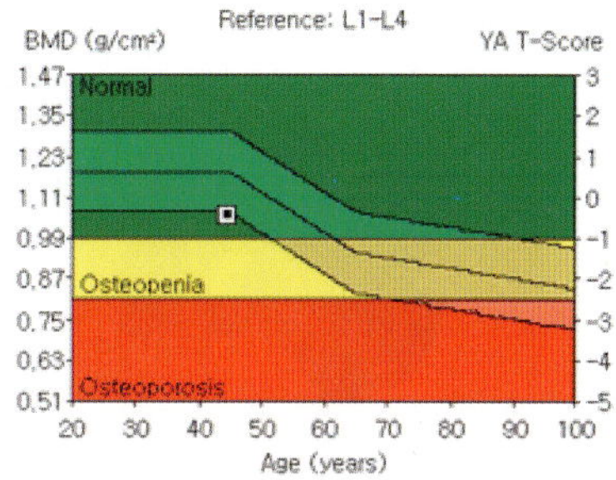

Region	BMD[1] (g/cm²)	Young-Adult[2] T-Score	Age-Matched[3] Z-Score
L1	0.929	-1.1	-1.7
L2	1.018	-0.9	-1.5
L3	1.104	-0.1	-0.8
L4	1.164	0.4	-0.3
L1-L2	0.977	-0.9	-1.6
L1-L3	1.023	-0.6	-1.3
L1-L4	1.058	-0.4	-1.1
L2-L3	1.063	-0.5	-1.1
L2-L4	1.095	-0.2	-0.8
L3-L4	1.133	0.1	-0.5

그림 10-4 골밀도 측정결과지 b.

4. 식사관리

과도한 음주를 삼가하고 흡연은 중단하며 적절한 유산소운동과 스트레칭, 제자리에서 뛰기 등과 같은 운동을 하여 골량을 유지하여야 한다. 짠 음식을 피하여 염분과 함께 칼슘이 소실되는 것을 방지하여야 하며 1주일에 2회씩, 얼굴과 사지를 햇빛에 노출시켜서 10~2시 사이에 약 15분 정도 햇볕을 쬐어 뼈에 필요한 비타민 D를 충분히 합성하도록 하는 것이 좋다.

칼슘은 우리 몸에 가장 많이 포함되어 있는 무기질이나 우리나라 식사에서 가장 부족하게 섭취하는 영양소 중의 하나이다. 칼슘의 권장량에 대한 섭취 비율은 남자 79%, 여자 69%로 나타났다. 수용성비타민과는 달리, 칼슘은 저장 과정이나 조리과정에서 함량이 감소하지 않는 성분으로, 식품을 태웠을 때에 유기물이 이산화탄소로 변하여 날아가고 남은 무기질이다. 그러나 칼슘은 흡수율이 낮은 영양소로 섭취량의 30% 정도만이 흡수되므로 섭취량을 증가시키는 것과 함께 흡수율을 증가시킬 수 있는 식사를 하는 것이 중요하다.

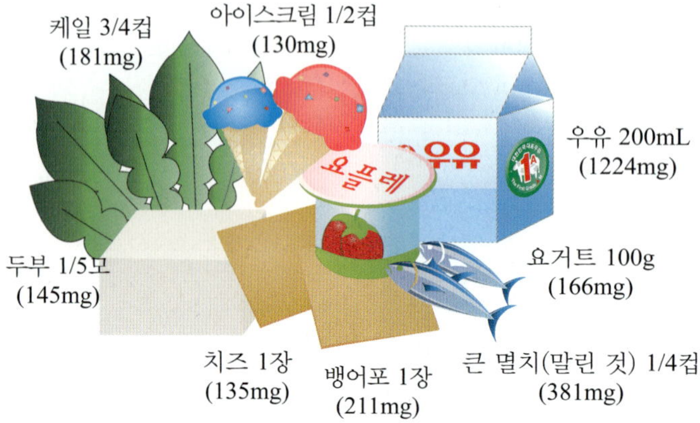

그림 10-5 칼슘의 급원식품

표 10-1 우유 및 식물성 식품의 칼슘 함량과 흡수율 및 1회 분량당 추정흡수량

식 품	1회 분량	칼슘함량(mg)	흡수율(%)	1회 분량당 추정흡수량(mg)
우유	1컵	300	30.6	91.8
브로콜리	1/2컵	35	52.6	18.4
배추		79	53.8	42.5
양배추		25	64.9	16.2
케일		47	58.8	27.6
겨자잎		64	57.8	37.0
순무잎		99	51.6	51.1
두부		258	31.0	80.0
참깨	2큰술	37	20.8	7.7

표 10-2 칼슘이 풍부한 급원식품

식품군명	식품명	1인 1회 분량	칼슘(mg)
곡류 및 전분류	옥수수빵	2쪽	133
	백미	1공기	0.5
	보리쌀	1공기	2.7
	시리얼	1/3그릇	1.5
	식빵	3쪽	1.2
계란, 콩류, 견과류	아몬드	2큰술	50
	아몬드 버터	2큰술	86
	깨소금	2큰술	176
	콩(대두)	1컵(익힌 것)	175
	검은콩	1컵(익힌 것)	103
	강낭콩	1컵(익힌 것)	50
	두부	1/2컵	120~350
	두유	1컵	84
	칼슘 강화두유	1컵	300
채소류	청경채	1/2컵(익힌 것)	79
	브로콜리	1/2컵(익힌 것)	89
	케일	1/2컵(익힌 것)	90
	겨자잎	1/2컵(익힌 것)	75
	고구마	1/2컵(익힌 것)	35
	순무잎	1/2컵(익힌 것)	125
과일류	말린무화과	5개	258
	오렌지	–	56
	건포도	2/3컵	53
	칼슘강화 오렌지 주스	1컵	300
당류	당밀(blackstrap molasses)	1작은술(5g)	187

표 10-3 식품군별 칼슘이 풍부한 식품의 1회 섭취 분량

식품군	식품	분량(g)
콩류, 견과류	칼슘 강화 시리얼	28
	우유, 강화 두유	125mL(1/2컵)
	치즈	21
	두부	125mL(1/2컵)
	아몬드	60mL(1/4컵)
	깨소금	30mL(2큰술)
	익힌 콩	125mL(1/2컵)
곡류군	청경채, 브로콜리, 배추, 케일, 겨자잎	익혀서 1컵(생것으로 2컵)
	칼슘 강화된 토마토 주스	125mL(1/2컵)
과일류	강화된 과일주스	125mL(1/2컵)
	무화과	5개

칼슘섭취량을 증가시키기 위해 칼슘이 풍부한 식품을 하루 8회 분량 이상 적극적으로 섭취하도록 한다. 하루에 다음 식품들을 8개 선택한다면 유제품에서 섭취될 수 있는 정도의 칼슘을 섭취할 수 있다.

매끼 나물, 국 등의 채소 반찬 2가지와 두부 등의 칼슘이 많은 반찬 1가지를 섭취한다면 하루 세끼에서 90%의 칼슘을 섭취할 수 있다. 또한 칼슘과 인의 섭취 비율을 1:1로 했을 때 흡수율이 좋기 때문에 인(P)의 함량이 높은 가공식품이나 인스턴트 음식은 피하고, 칼슘섭취량은 의식적으로 높일 필요가 있겠다.

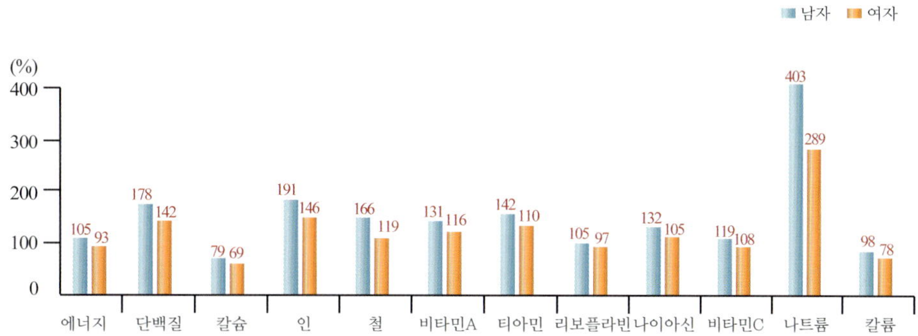

• **영양섭취기준에 대한 섭취비율** : 영양섭취기준에 대한 개인별 영양소 섭취량 백분율의 평균값, 만 1세이상

• **영양섭취기준** : 2010 한국인 영양섭취기준 개정판(한국영양학회, 2010); 에너지, 필요추정량; 나트륨, 칼륨, 충분섭취량; 기타 권장섭취량

그림 10-6 영양섭취기준에 대한 섭취비율

SECTION 2 치아우식증

- 치아우식증의 정의를 설명할 수 있다.
- 치아우식증 예방을 위한 권장사항을 이해하고 설명할 수 있다.

1. 정 의

치아의 표면을 덮고 있는 단단한 법랑질이 입안에 있는 세균에 의해 설탕, 전분 등이 분해되면서 생기는 산(acid)에 의해 치아의 법랑질이 손상되어 생기는 충치를 치아우식증이라 한다. 일반적으로 구강 내에서 우식화에 소요되는 시간은 평균 15~20분으로 보고 있다.

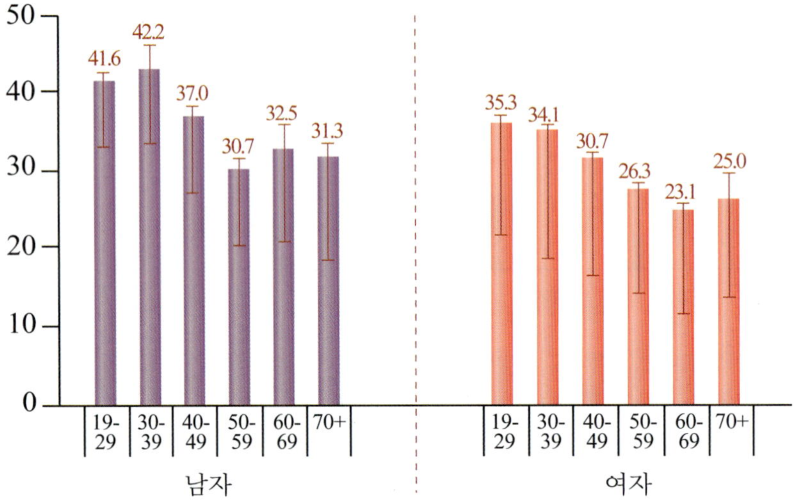

• **영구치우식 유병률** : 치료를 완료하지 않거나 발치하지 않은 영구치 치아우식증(충치)을 현재 1개 이상 보유하고 있는 분율, 만 19세 이상 〈국민건강영양조사〉

그림 10-7 영구치 우식 유병률

2. 원 인

치아우식증을 일으키는 원인은 치아 표면에 생성된 세균막인 플라크(plaque)이다. 음식물을 섭취할 때 입 안에 음식 찌꺼기가 남게 되는데, 플라크를 이루고 있는 세균 덩어리에 의해 입안에 남아있는 설탕이나 전분 등이 분해되면서 발생하는 산에 의해 치아가 탈회되어서 발생한다.

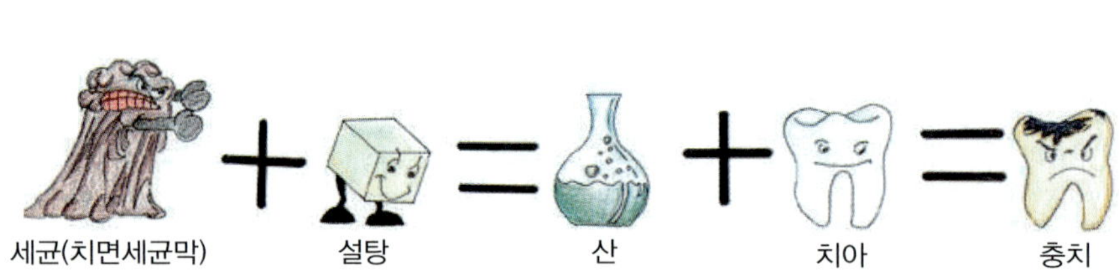

그림 10-8 치아우식증 원인

3. 증상 및 위험요인

치아우식증(충치)은 치아 법랑질에서부터 치수의 손상까지 우식증의 진행 범위에 따라 다양하게 나타난다.

초기 충치에는 통증이 나타나지 않다가 충치가 신경에 근접하게 진행한 후에 증상이 나타나 간단한 충전부터 치아상실로 인한 보철치료까지 치료법이 점점 어려워질 수 있기 때문에 정기적인 검진으로 초기에 치료를 받는 것이 비용과 시간을 절약하는 방법이다.

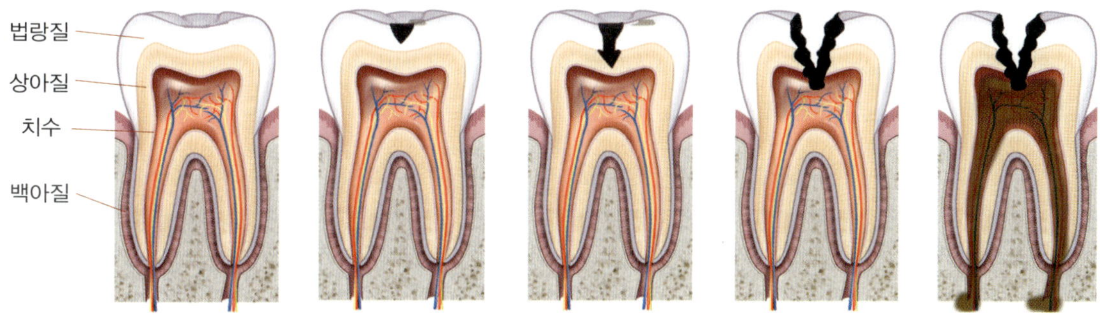

그림 10-9 치아우식증 진행과정

4. 식사관리

식품과 치아와의 점착도와 탄수화물의 섭취 빈도가 치아우식증에 결정적인 영향을 미친다. 점착도가 높은 식품은 치아의 씹는 면의 오목하고 좁은 부분에 잘 끼고 붙기 때문에 치아우식증 발생률이 높아지므로 구강 내에서 치아우식증 유발식품을 얼마나 빠르게 제거하느냐가 중요하다.

또한 채소나 과일 같은 거친 음식은 저절로 치아를 씻어주는 역할을 하므로 플라크(plaque)의 생성을 억제하는 데 도움이 된다. 탄산수나 설탕이 들어간 끈적이는 간식은 치아에 특히 나쁜 영향을 주므로 피해야 하며, 섭취한 경우에는 바로 잇솔질(칫솔질) 하는 것이 좋다.

구강영역에서의 식품은 생선, 육류, 콩류 등의 세포 성장과 재생에 관여하는 보호식품, 채소나 과일 등 수분함량이 높은 음식으로 치아가 닦이는 청정식품, 그리고 점착도가 높으며 탄수화물의 함량이 많아 치아우식을 유발하는 우식성 식품 등으로 나뉘어진다.

그림 10-10 보호식품 (protective food)

그림 10-11 청정식품(detergent food)

그림 10-12 우식성 식품(cariogenic food)

단백질 식품은 치태의 pH를 낮추지 않고, 법랑질에 보호막을 만들고 타액의 완충력을 증가시켜 치아우식 발생을 억제시키고, 지방은 치아 표면에 피막을 형성하여 치아우식 발생을 감소시킬 수 있다.

또한 탄수화물 식품이라고 해서 반드시 우식식품이라고 볼 수 없는 것은 식품 내의 단백질, 지질의 상호작용으로 억제될 수 있기 때문이며, 우식식품이 아니라고 하더라도 구강 내 잔류시간이 길어지면 우식을 유발할 수 있고, 섭취 빈도가 높으면 치아를 세균에 자주 노출시키기 때문에 치아우식증이 증가할 수 있다.

우식성 식품섭취 제한을 위한 식이조사방법으로는 환자의 5일간의 식이 일지를 작성 후 우식 유발식품의 섭취횟수에 우식 유발 가능시간인 20분을 곱하여 총 우식 발생 가능시간을 계산할 수 있다. 이 자료는 치아우식증이 많이 발생하는 환자의 식이상담에 사용하여 우식성 식품을 보호식품이나 청정식품으로 바꾸어 섭취할 수 있도록 식단을 처방해 줄 수 있다.

표 10-4 식이조사의 예

	1일	2일	3일	4일	5일
식사	아침 : 김밥 1줄 점심 : 짬뽕 1/2그릇, 군만두 5개, 탕수육(소) 1/3그릇 간식 : 아이스초코 1잔 간식 : 아이스크림 1개 저녁 : 참치김치 볶음밥 1그릇 간식 : 과자(칼로리밸런스) 스틱 1개	점심 : 라이스 불고기버거, 사이다 1잔, 치킨 1조각, 감자튀김 5개 간식 : 사이다 1잔 저녁 : 밥 2/3공기, 김 1봉, 김치 5쪽	간식 : 사이다 1잔 점심 : 샌드위치 2조각, 포도주스 1잔, 치킨 1조각, 감자튀김 스틱 3개 간식 : 아이스크림 1개 간식 : 사이다 1잔 저녁 : 김밥 1줄, 떡볶이 떡 3개 간식 : 우유 1잔	아침 : 우유 1잔 점심 : 바나나 1개, 토스트 1개, 초코우유 200mL 저녁 : 달걀 1개, 삼각김밥 2개, 초코우유 200mL 간식 : 과자(미니 호떡 2개) 간식 : 과자(빼빼로 5개)	아침 : 흰우유 1잔, 샌드위치 1조각) 점심 : 순두부찌개, 공기밥 1공기, 깻잎 5장, 김치 3조각 간식 : 아이스티 1잔, 초콜릿 2조각 저녁 : 사골 떡 만둣국 1그릇 간식 : 과자(칼로리 밸런스) 스틱 1개

표 10-5 우식성 식품 섭취빈도 분석표

구 분	시 기	1일째	2일째	3일째	4일째	5일째	합 계
액체식품	정규식사						
	간식	2	2	4	2	1	11
고체식품	정규식사						
	간식	1			2	2	5

→ 5일 중 우식발생 가능시간 = 16×20분 = 320분

직접적인 예방법으로는 불소 사용과 치아홈메우기(sealant)를 들 수 있다. 불소는 입안의 미생물이 당분을 분해하여 만들어 내는 산에 저항성이 있으므로 산에 의해 치아의 칼슘 성분이 빠져나가면서 구멍이 생기는 것을 막아준다. 불소를 사용하는 방법으로는 상수도수 불화사업, 불소 치약으로 이를 닦는 방법, 불소 용액으로 가글하는 방법, 치과에서 불소를 도포하는 방법, 불화정제를 영양제처럼 복용하는 방법 등이 있다.

치아홈메우기(sealant)는 어금니의 씹는 면에 좁고 깊은 틈을 플라스틱 재재로 미리 막아 주는 것을 말한다. 흔히 영구치에 많이 시행하지만 유치에도 효과가 있다. 이 외에도 치실이나 치간칫솔 등의 보조 용품을 이용하여 치아 사이까지 깨끗하게 잇솔질(칫솔질)하는 것이 중요하다.

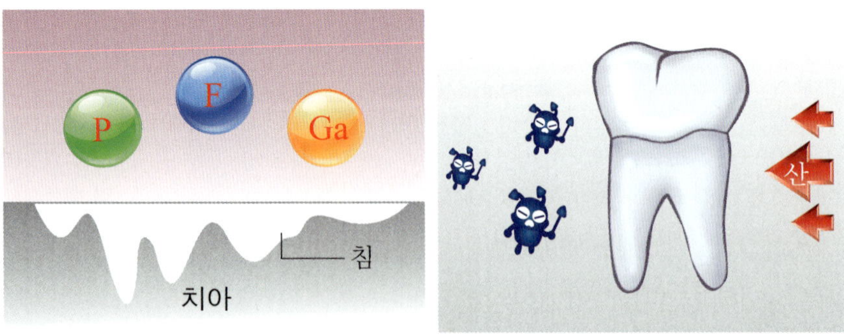

구강 내의 불소가 치아의 재석회를 촉진함

산과 세균으로부터 치아를 보호

그림 10-13 불소 사용

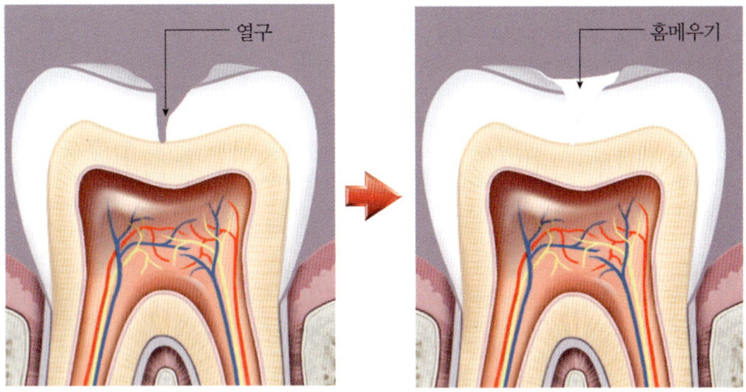

그림 10-14 치아 홈메우기

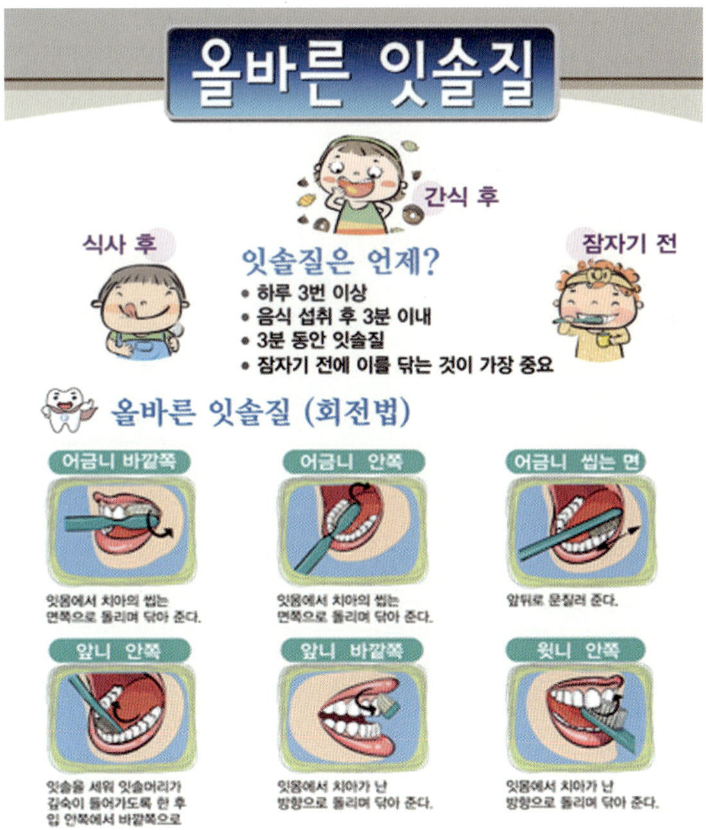

SECTION 3 치주질환

- 치주질환의 정의를 설명할 수 있다.
- 치주질환의 예방법 및 식사관리를 알 수 있다.

1. 정 의

치주질환은 흔히 풍치라고도 하는데, 비교적 가볍고 회복이 빠른 형태의 치주질환으로 잇몸 즉, 연조직에만 국한된 형태를 치은염(gingivitis)이라고 하고, 염증이 잇몸과 잇몸뼈까지 진행되어 치조골이 약해지는 것을 치주염(periodontitis)이라 한다.

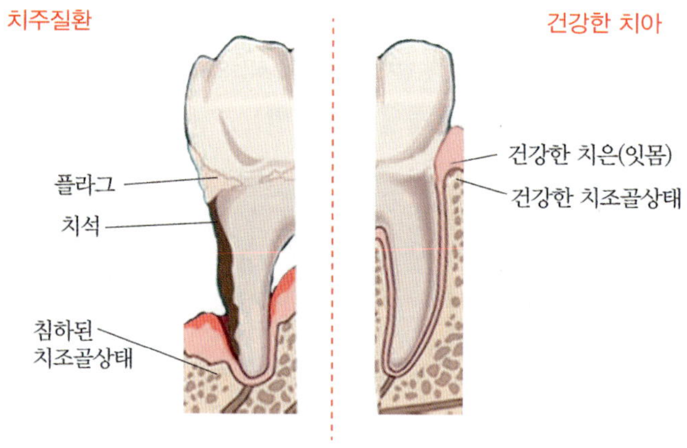

그림 10-16 치주질환

2. 원 인

2010년 국민건강영양조사에 따르면 50세 이상의 장노년층의 경우 70~80%에서 잇몸질환이 발생한다. 치주질환의 직접적인 원인은 치아에 지속적으로 형성되는 플라크(plaque)라는 세균막이다.

플라크는 끈적끈적하고 무색이며, 이것이 제거되지 않고 단단해지면 치석이 된다. 플라크와 치석이 쌓이면 잇몸에 염증이 진행되고, 잇몸과 치아 사이가 더욱 벌어지고 치조골과 치주인대가 파괴되며, 결국에는 흔들리는 치아를 발치해야 한다.

단백질, 비타민 등의 영양부족, 임신한 경우나 당뇨병 등과 같은 호르몬 장애, 흡연 등이 질환을 악화시킬 수 있다.

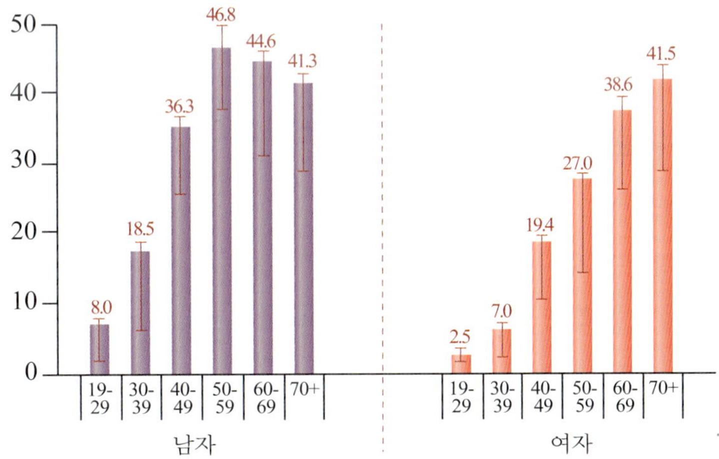

• 치주질환 유병률 : 치주조직병치료 이상의 치주질환(잇몸병) 치료가 필요한 분율, 만19세 이상 (국민건강영양조사 2010년)

그림 10-17 치주질환 유병률

3. 증상 및 위험요인

치은염은 잇몸의 염증으로 일반적인 염증의 증상과 같이 잇몸이 빨갛게 붓고 출혈이 있을 수 있다. 초기치은염에는 잇솔질만 꼼꼼히 해도 어느 정도 회복이 가능하다. 그러나 염증이 진행되어 치주염으로까지 진행된 경우에는 구취가 나며, 치아와 잇몸 사이에서 고름(pus)이 나오고, 저작 시에 불편감을 호소하게 된다. 치아가 흔들리기도 하는데 간혹 증상 없이 진행되는 경우도 있다. 심해지면 치수염이 동반되어 음식물을 씹지 않아도 통증을 느끼게 된다.

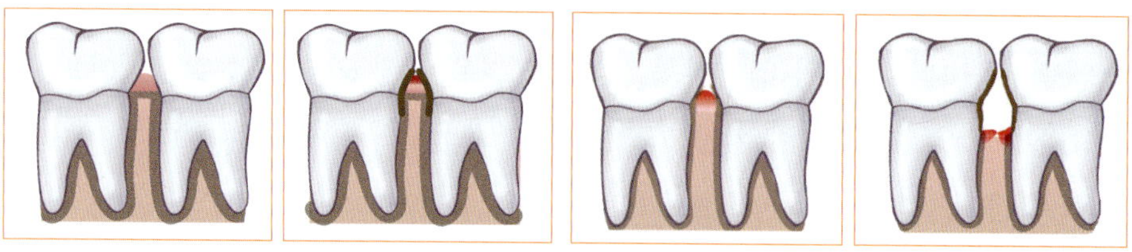

그림 10-18 치주질환 진행과정

4. 식사관리

치주질환 환자들은 부드럽고 진득진득한 탄수화물 종류의 음식은 치아에 붙어 세균막 형성을 용이하므로 피하는 것이 좋고, 치아주위조직을 견고하게 해주는 단백질과 무기질 등의 섭취를 충분히 해야 한다.

단백질, 무기질의 결핍은 치은염이나 차주염을 직접 야기하지는 않지만, 감염에 대한 면역반응을 저하시켜 치주질환의 진행을 촉진시킬 수 있기 때문이다.

치태(plague)는 부드럽지만, 화학적으로는 아주 안정된 피막으로 덮여 있기 때문에 실제로 대부분의 양치 약물의 가글로는 제거되지 않고 오직 물리적(잇솔질)으로 이 피막이 제거되어야 한다.

치태가 제거되지 않으면 단단한 치석이 되고 치석 위에 새로운 치태가 거친 치석표면에 부착되어 치은염이 발생하게 된다. 치은염 발생 시 잇몸이 부으며 치아와 잇몸사이 틈이 점점 깊어져 치주낭이 생기고 치주낭은 세균이 서식하기 매우 좋은 환경처가 되며 환자는 세균성 치태를 제거하기가 어렵게 되어 치주염으로 진행된다. 그러므로 치과에서 스케일링을 정기적으로 받아 치석을 제거하는 것이 잇몸질환을 예방하는 방법이다.

Question

1. 칼슘의 흡수를 증가시키는 요인으로 구성된 것은?

(가) 위산	(나) 비타민 C
(다) 유당	(라) 비타민 D

① (가), (나), (다) ② (가), (다) ③ (나), (라)
④ (라) ⑤ (가), (나), (다), (라)

2. 우유와 유제품의 칼슘흡수율은?

① 10% ② 20% ③ 30% ④ 40% ⑤ 50%

3. 다음 중 칼슘의 흡수율을 감소시키는 요인이 아닌 것은?

① 노화 ② 폐경 ③ 섬유질
④ 피틴산 ⑤ 임신

4. 골다공증 예방을 위한 권장사항으로 구성된 것은?

(가) 호르몬 치료	(나) 영양관리
(다) 운동	(라) 영양제 섭취

① (가), (나), (다) ② (가), (다) ③ (나), (라)
④ (라) ⑤ (가), (나), (다), (라)

5. 다음 중 칼슘함량이 가장 많은 식품은?

① 보리쌀 ② 아몬드 ③ 두부
④ 케일 ⑤ 오렌지

6. 소장에서 칼슘의 흡수를 증가시키는 비타민은?

① 비타민 A ② 비타민 B_1
③ 비타민 C ④ 비타민 D
⑤ 비타민 E

7. 골다공증에 관한 설명 중 가장 바른 것은?

① 뼈에서 수분이 빠져나가 뼈가 마르는 질환이다.
② 뼈에서 칼슘 등의 골질이 빠져나가 골량이 감소하는 질환이다.
③ 뼈에서 기름이 빠져나가 뼈가 마르는 질환이다.
④ 뼈에 염증이 생기는 질환이다.
⑤ 뼈에서 비타민이 빠져나가 뼈가 부서지는 질환이다.

8. 치아우식증에 관한 설명으로 옳은 것은?

① 잇몸뼈가 녹아서 생기는 질환이다.
② 탄수화물 식품은 치아우식증 예방에 좋다.
③ 치아 점착도가 높은 음식이 예방 효과가 있다.
④ 우식화에 소요되는 시간은 30분 이상 필요하다.
⑤ 설탕, 전분 등이 분해되어 생기는 산이 치아의 법랑질을 손상시켜 생기는 질환이다.

9. 치아우식증에 좋은 음식으로 구성된 것은?

(가) 고구마	(나) 빵
(다) 두부	(라) 캐러멜

① (가), (나), (다) ② (가), (다) ③ (나), (라)
④ (라) ⑤ (가), (나), (다), (라)

10. 치주질환에 관한 설명으로 옳은 것은?

① 치주염이 진행되어 치은염이 된다.
② 플라크는 치주질환과 관련이 없다.
③ 치주질환에 예방하는 음식은 가공식품이다.
④ 치주질환의 예방하는 방법은 정기적인 스케일링이다.
⑤ 치은염은 잇몸과 잇몸뼈(치조골)까지 진행되어 지지가 약해지는 질환이다.

[해답] 1. ⑤ 2. ③ 3. ⑤ 4. ① 5. ③ 6. ④ 7. ② 8. ⑤ 9. ② 10. ④

Chapter 11.

소화기질환

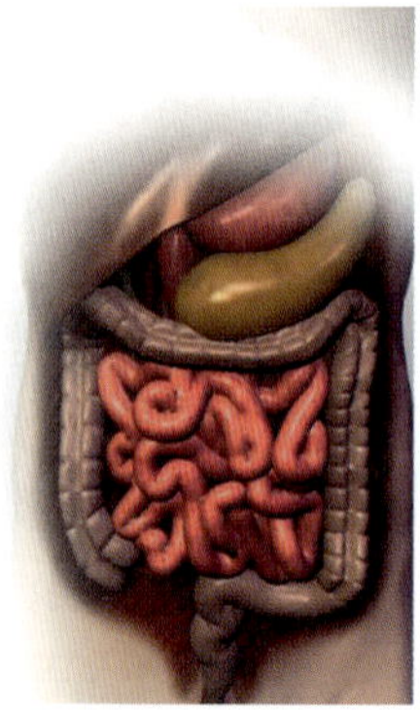

- 소화기질환에 대하여 이해한다.
- 소화기질환에 대하여 설명할 수 있다.

소화기계는 식이를 통해 섭취한 영양소를 소화작용을 거쳐 체내로 흡수시키는 기관계이다. 입에서 시작되어 인후, 식도, 위, 소장(십이지장, 공장, 회장), 대장(상행결장, 횡행결장, 하행결장, S결장, 직장)으로 이어지며 항문으로 연결되는 일련의 기관과 소화액을 만드는 타액선, 췌장, 간 등의 장기를 전반적으로 포함한다.

전체 소화기계 중 어느 한 부분에서 이상이 생겨도 영양소의 소화 및 흡수에 전체적으로 장애가 오며 전신에 영향을 미친다. 소화기계의 만성적인 이상은 영양소의 소화 흡수 기능을 저하시켜 다른 장기나 기관에서 요구하는 영양소나 에너지의 양을 충족시키지 못하게 되므로 신체 전반적인 기능 약화를 초래하는 경우가 많다.

본 장에서는 구강 및 식도, 위장, 장질환 중 만성질환으로 이어지기 쉬운 질환을 선별하여 원인과 증상, 관리와 영양중재에 대해 논하고자 한다.

SECTION 1 구강 및 식도질환

1. 연하곤란

(1) 증 상

음식을 먹거나 액체를 마실 때 구강과 식도를 통하여 삼키기 불편하거나 어려움을 호소하는 증상을 보인다.

(2) 원 인

연하곤란의 원인은 크게 기계적 원인과 마비적 원인의 두 가지로 나눌 수 있다. 기계적 원인으로는 식도의 외과적 수술, 폐쇄, 종양, 식도암, 식도염 등의 임상증상에 기인하며, 마비적 원인은 연하중추 손상, 신경계 이상, 뇌종양 등에 의하여 발생한다.

음식물을 삼킬 때 두개신경 기능에 의하여 이 작용이 조절되는데 하나 이상의 신경에 이상이 발생하면 연하곤란이 생길 수 있다. 각 신경이 연하작용에 미치는 역할이 다르므로 신경 손상이 어디에 나타났는가에 따라서 연하곤란의 정도가 달라진다.

(3) 식사관리

식후 비스듬히 혹은 완전히 눕는 자세를 피하고 최소 30분 이상 앉아 있도록 하여 기도의 흡인을 방지하도록 한다.

음식의 크기뿐 아니라 질감 또한 중요한 요소가 되므로 음식의 크기를 작게 하고 균일한 질감을 주도록 퓨레 형태로 준비하면 도움이 된다. 또한 음식을 둥근 모양으로 준비하는 것이 식도에 부담을 덜어줄 수 있다. 자극적인 맛이 나는 식품을 피해야 하며 결합조직이 많은 육류나 어류는 제한하여야 한다.

흰살 생선을 비롯한 식도를 편하게 하는 맛과 질감의 식품(국수, 달걀, 두부, 바나나 등)이 적합하다.

연하곤란 환자는 삼키는 능력 저하로 전반적인 음식 섭취량이 감소할 수 있으므로 1kcal/cc 이상의 고영양식을 하는 것이 권장된다. 특히 점막 손상에 도움이 되는 미량영양소 (예: 티아민, 리보플라빈, 비타민 C, 철 등) 섭취가 충분히 이루어지도록 해야 한다.

2. 위식도역류증

(1) 증 상

위식도역류질환이란 위산 등의 위 내용물이 식도로 역류하여 올라감으로써 유발되는 증상이나 변화를 통칭하는 것이다. 정도가 심해지면 가슴이 타는 듯한 느낌이 들면서 신물이 올라오는 등의 증상이 나타난다. 평소 증상이 없다가도 신경을 쓰는 등 예민한 상황이 되면 건강한 사람에게서도 나타날 수 있다. 만성 위식도역류증을 치료하지 않으면 후두염, 후두암, 후두협착, 흡인성 폐렴, 충치, 구강 궤양, 역류성 식도염 등의 발생으로 이어지기도 한다.

(2) 원 인

위식도역류증은 유문괄약근이 약하거나 부적절하게 이완될 때 나타난다. 식생활 인자로는 탄산음료(콜라, 사이다), 우유, 토마토로 만든 제품, 커피(카페인 없는 커피도 포함), 홍차, 맥주 등의 주류, 기름기 많은 음식, 초콜릿 등이 일반적인 위식도 역류증 유발 인자이나 개인 차이가 있을 수 있다.

평소 건강한 사람도 임신이나 몸에 꽉 끼는 옷을 장시간 착용하고 있을 경우, 갑작스러운 체중 증가, 흡연 등으로 인하여 위식도역류증이 나타날 수 있다.

(3) 식사관리

위식도역류증을 치료하기 위해서 가장 중요한 것은 생활습관의 개선이다. 과체중일 경우 위식도역류증이 나타나기 쉬우므로 적정체중 이상인 경우 체중을 감량하는 것이 중요하다. 위식도역류증의 증상이 나타날 때에는 부드러운 질감의 음식을 한번에 소량 섭취하도록 하며, 조미료를 넣은 음식, 튀김 등은 피하도록 한다. 평소 위나 식도에 자극을 줄 수 있는 맵고 짠 음식을 금하는 것이 좋으며 술, 담배, 커피 등은 피하도록 한다.

또한, 취침 하기 최소 4시간 전에는 음식물 섭취를 하지 않도록 하며 야식을 하는 습관을 개선하여야 한다. 취침 시 베개를 2~3개 겹쳐 베어 머리를 높인 자세로 자는 것이 도움이 되기도 한다. 평소 복부를 조이는 옷이나 벨트는 피하도록 하며 생활 전반적으로 마음 편한 태도를 갖는 것이 도움이 된다.

3. 식도염

(1) 증 상

식도 점막, 주로 식도 하단부에 염증이 생긴 것으로 식후 30분에서 한 시간 후 속쓰림이 나타나는 것이 일반적이다. 식도역류증과 연하곤란을 동반하기도 한다.

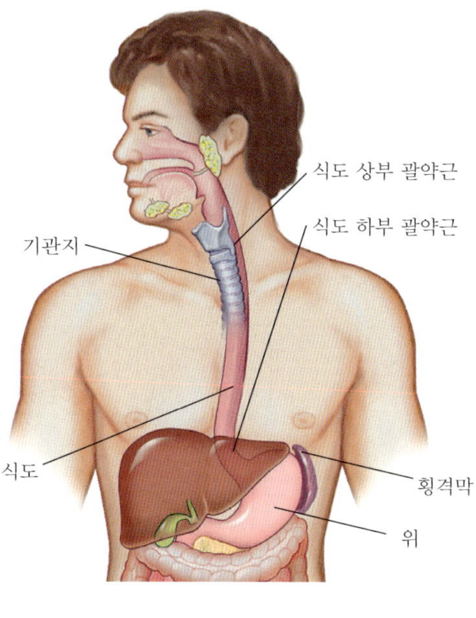

그림 11-1

식도하부 괄약근

(2) 원 인

열공 탈장, 식도 하부 괄약근의 압력 감소, 복압 증가, 구토 등의 증상으로 인한 위산 역류가 일반적인 원인이다. 평소 건강한 사람도 박테리아나 바이러스 감염, 자극적인 음식 섭취 등으로 인하여 급성 식도염이 발생할 수 있다. 뿐만 아니라, 헬리코박터 파일로리 감염이나 아스피린을 비롯한 항염제의 과다 복용으로 인하여 식도염이 나타나기도 한다.

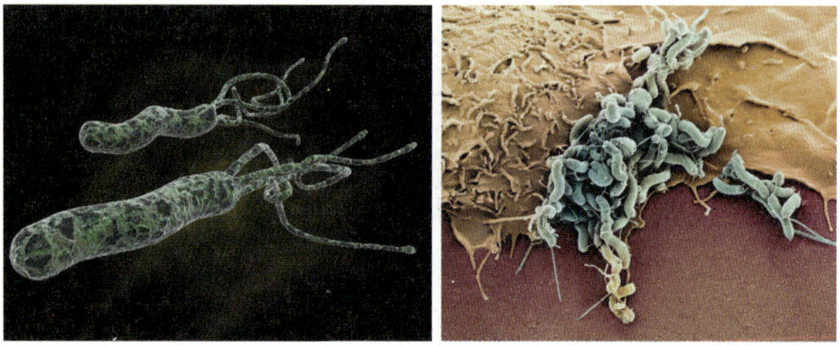

그림 11-2 헬리코박터 파일로리

(3) 식사관리

역류성 식도염을 관리하기 위하여 가장 중요한 지침은 식도 점막의 자극을 최소화할 수 있는 식생활을 하는 것이다. 증상이 심할 때에는 유동식을 섭취하여 위산의 역류를 방지하고 산도를 감소시키는 것이 중요하다. 충분한 단백질을 섭취하여 영양분의 손실을 방지하도록 해야 한다.

SECTION 2 위장질환

1. 소화성 궤양

(1) 증 상

소화성 궤양은 위궤양과 십이지장궤양 두 종류를 포함한다. 매우 흔한 병으로 보통 10명 중 1명이 소화성 궤양을 앓게 된다. 속이 쓰린 것이 주요 증상으로 위궤양의 경우 식후 1~3시간 후 상복부 통증을 호소하는 경우가 많으며 십이지장궤양의 경우 공복시에 속이 쓰리고 아픈 특징이 있다. 때로는 밤에 자다가 속이 쓰려 잠을 깨기도 하며, 심한 경우에는 장관 내 출혈이 있어 흑변을 보기도 한다.

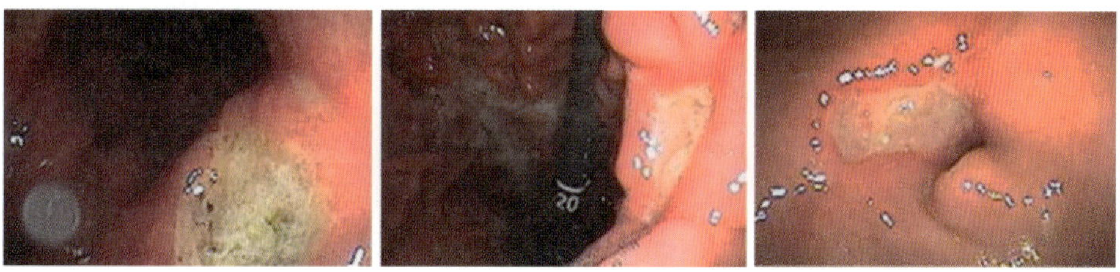

그림 11-3 위궤양

(2) 원 인

소화성 궤양의 원인은 여러 가지가 있으나, 대부분의 원인이 위산의 분비를 과다하게 촉진하는 요소라는 특징이 있다. 위산은 단백질을 소화하는데 필수이지만 위 점막을 위산으로부터 보호하는 중탄산염과의 균형이 깨어지면 위 점막이 위산에 의해 직접적으로 손상을 입을 수 있다.

위산 분비를 증가시키는 대표적인 요인으로는 청량음료와 커피를 포함한 자극적인 음식, 정신적 스트레스 등이다. 또한 위 점막 보호막의 기전을 약화시키는 원인으로는 소염 진통제의 과다복용, 스트레스, 흡연 등을 들 수 있다. 헬리코박터 파일로리 감염 또한 소화성 궤양을 유발할 수 있다.

표 11-1 소화성 궤양의 원인

위궤양	십이지장궤양
• 유문부 기능의 이상 • 십이지장 내용물의 역류 • 위점막 방어기능의 결함 • 헬리코박터 파일로리 감염에 의한 점액층의 감소	• 위산 분비량의 증가 • 위액 배출시간의 이상 • 십이지장 점막 방어기능의 이상 • 중탄산염의 분비 감소
• 식사성 이유 : 필수아미노산 부족, 과식, 불규칙한 식사 습관, 자극성 음식, 과음 • 흡연	

출처 : mullbolland, Debas. Chronic duodenal and gastric ulcer, Surg Clinic North Am, 67: 489, 1987

(3) 식사관리

공복 시 속쓰림이 있을 경우에는 따뜻한 물을 마셔 완화시키도록 한다. 위산의 과다 분비를 방지하기 위하여 소량씩 자주 식사를 하는 것이 좋으며 위를 자극하는 식품을 피해야 한다. 자극적인 조미료, 카페인이나 알코올 등 흔히 알려진 자극성 식품뿐 아니라, 고섬유질 식품, 향신채소 등의 식품 섭취에도 주의를 기울여야 한다. 또한 튀김이나 볶음요리 등 기름기가 많은 음식은 소화가 잘 되지 않으므로 피한다. 조리 할 때 식품이 전체적으로 부드럽게 되도록 조리하며 단백질, 무기질을 충분히 섭취하도록 한다.

소화성 궤양의 관리 및 치료를 위해서는 약물치료를 병행하는 것이 권장된다. 위산을 중화시키는 제산제로 위 점막의 손상을 줄일 수 있다. 위궤양과 십이지장궤양 모두 약물복용 후 수일 후면 증상이 서서히 없어지나 완치를 위해서는 처방된 분량을 지속적으로 복용하는 것이 바람직하다.

소화성 궤양은 비교적 치료가 용이한 질환이나 재발의 위험성이 높으므로 주의를 요한다. 궤양을 한 번 이상 앓았던 환자는 평상시에 음식섭취 조절, 스트레스 조절, 금연 등 궤양을 유발할 수 있는 인자를 관리할 필요가 있다.

2. 위하수

(1) 증 상

위하수란 위의 위치가 배꼽 부위까지 길게 내려와 위의 기능이 저하된 것을 말한다. 저하위의 긴장과 운동능력 약화로 소화능력이 떨어져 위 압박감을 느끼며 복부팽만감, 변비증상을 호소하는 경우가 많다. 위 운동 능력의 저하로 위에서 소화된 내용물을 장으로 내려보내는 힘이 약화되어 음식섭취량이 조금만 많아져도 속이 거북해진다.

(2) 원 인

위하수는 특정 원인이 있어 발병하기보다는 평상시 생활습관, 자세, 식이 등이 오랜 시간 반복되어 위하수로 나타나는 경우가 많다.

(3) 식사관리

소화가 잘 되는 고영양식을 여러 번에 나누어 섭취하도록 한다. 위에 부담을 줄 수 있는 수분이 많은 죽이나 기름진 음식 등은 피한다. 튀김, 고섬유질 식품이나 식사 중간에 마시는 물, 주스 등은 위에 부담을 줄 수 있으므로 주의하도록 한다. 위를 건강하게 만들기 위하여 양질의 단백질을 충분히 섭취하는 것이 중요하다.

3. 위 염

(1) 증 상

위염이란 위 점막에 염증이 유발된 것으로 급성 위염과 만성 위염으로 분류할 수 있다. 급성 위염의 경우, 구토, 복통, 식욕부진, 복부팽만감 및 메스꺼움 등의 일반적 증상과 함께 발열, 전신권태, 두통과 설사 등의 증상이 동반되는 경우가 많다. 급성 위염으로 인한 위점막 염증이 장기화되어 만성 위염으로 진행되면 체중 감소, 빈혈을 유발하게 되며 위궤양으로 발전하게 된다.

(2) 원 인

급성 위염의 원인으로는 폭음과 폭식, 부패되거나 오염된 음식, 알코올의 과다 섭취 등을 들 수 있다. 아울러 기생충이나 세균 감염, 포도상구균 및 대장균에 감염되었을 때에도 급성 위염이 나타날 수 있다. 만성 위염은 과산성 위염과 무산성 위염으로 원인을 분류할 수 있다. 과산성 위염은 위산 분비 과다로 위 점막 조직에 염증이 생긴 것으로 젊은층에 흔히 나타난다. 무산성 위염은 위선 위축으로 위액 분비가 저하된 것으로 노년층에 나타난다.

표 11-2 위염의 분류

	과산성 위염	무산성 위염
원 인	점막조직에 생긴 염증으로 위산 분비과다	위선의 위축으로 위산분비 저하
특 징	청장년기	노령기
증 산	공복시 통증 소화성 궤양과 비슷	설사(불충분한 살균에 의한) 단백질 소화능력 저하
영 양 치 료	위액분비저하, 염증회복	위산분비촉진, 염증회복, 빈혈예방
	• 진한 육즙, 자극성 조미료, 술, 커피, 신 음식, 탄산음료 제한 • 적절한 단백질 섭취	• 무즙, 파, 마늘, 생강 등 사용 • 식전 유자차, 연한 커피, 홍차, 주스, 요구르트 섭취

(3) 식사관리

위염을 관리하기 위해서는 소화되기 쉬운 음식을 소량씩 여러 번에 나누어 식사하는 것이 원칙이다. 또한, 위 점막을 자극하거나 위산 분비를 촉진시킬 수 있는 음식은 제한하도록 한다.

위산 분비를 촉진하는 식품에는 개인별 차이가 있을 수 있으므로 평상시 식습관을 잘 관찰하여 위염의 증상을 유발하는 원인이 될 수 있는 식품을 제한하도록 한다.

특히 과산성 위염인 경우 자극적인 식품을 피함과 동시에 적절한 단백질을 섭취하여 염증증상이 회복되도록 한다. 무산성 위염의 경우에는 빈혈이 발생할 수 있으므로 충분한 철분 급원식품을 섭취하는데 주의를 기울이는 것이 좋다.

SECTION 3 장질환

1. 변비와 설사

(1) 증 상

변비는 여러 가지 진단기준이 있으나 통상적으로 음식물의 장내 통과시간 기준으로 4일 이상 배변이 되지 않을 때 변비라고 한다. 변비는 경련성 변비, 이완성 변비, 폐쇄성 변비의 세 가지로 분류할 수 있다. 경련성 변비는 적은 양의 염소똥 모양의 변을 보는 특징을 보이며 이완성 변비는 불규칙한 배변을 특징으로 한다.

설사는 수분이 많은 대변이 배설되는 것을 의미한다. 삼투성 설사, 삼출성 설사, 분비성 설사, 발효성 소화성 설사, 부패성 소화성 설사 등으로 분류할 수 있다.

(2) 원 인

경련성 변비는 장의 경련성 변화에 기인하며 장 폐쇄, 신경 불안, 식품 알러지 등이 주 원인이다. 이완성 변비는 임신, 완하제 과다 사용, 고령, 저섬유식이의 지속 등이 원인이 될 수 있다. 폐쇄성 변비는 항문 협착이나 직장 탈장 등으로 직접적인 배변기관이 폐쇄되었을 때 나타난다.

설사는 대장에 장애가 일어나 장 내용물이 빠르게 통과되거나 대장 점막에서 수분을 흡수하는 능력이 저하되었을 때 발생한다. 영양소의 흡수불량으로 인해 나타나는 삼투성 설사를 비롯하여 기생충 감염, 궤양성 대장염이나 크론병 등에 의해 장관벽의 삼출성이 높아졌을 때 나타나는 삼출성 설사, 세균성 식중독에 의해 일어나는 분비성 설사, 탄수화물 소화흡수 장애에서 기인하는 발효성 소화성 설사, 단백질 식품의 소화흡수 장애에서 기인하는 부패성 소화성 설사 등으로 원인이 매우 다양하다.

(3) 식사관리

변비와 설사를 관리하기 위해서는 특히 정신적 스트레스를 최소화하는 것이 중요하다. 정서적 안정 유지와 함께 경련성 변비 환자의 경우 연질 무자극식 등의 식이요법을 병행하도록 한다. 이완성 변비 환자는 장의 연동운동을 자극시키는 것이 중요하므로 섬유질과 수분섭취량 증가에 주의를 기울인다. 폐쇄성 변비 환자는 저잔사식을 통해 분변의 양을 최소화하도록 한다.

표 11-3 섬유소 및 잔사량 조절식

구 분	공급되는 식이섬유소의 양	작 용	적 용
고섬유식	25~50g/일	• 변의 용량 증가, 장 내압 감소, 장 통과시간 감소 • 발암성분 희석, 장 통과시간 단축, 발암 성분의 형성 낮춤 • 식후 혈당 상승 지연, 인슐린 민감성 향상 • 담즙산과 결합하여 변으로의 콜레스테롤 분비 증가	만성변비, 일부 과민성 장질환 대장암 당뇨병 고지혈증
섬유소 제한식	10~15g/일	• 장 팽창 억제, 대변량 감소	다발성 게실염, 소장 폐색, 장누공, 장수술
저잔사식	8~10g/일 (섬유소와 함께 우유, 육류의 결체조직, 견과류 등도 제한)	• 장 휴식을 위해 대변량을 최소화	수술 전후 장폐색, 폐쇄성 변비

부패성 소화성 설사는 고단백 식품을 제한하고 탄수화물 위주의 식단을 구성하는 것이 좋으며 지방의 섭취를 최소화하도록 한다. 발효성 소화성 설사 환자는 수용성 섬유소를 섭취하고 불용성 섬유소의 섭취를 제한하는 것이 권장된다.

변비와 설사 모두 카페인과 유당, 강한 향신료, 고지방 식품, 가스 생성 식품의 섭취를 제한하는 것이 좋다.

2. 만성 염증성 장질환

(1) 증 상

크론병과 궤양성 대장염이 염증성 장질환에 포함된다. 크론병은 위장관 어디에서나 염증이 생길 수 있는 유전질환으로 보통 소장을 침범해 흡수불량증을 일으킨다. 이에 반해 궤양성 대장염은 대장에 침범하며 특히 직장의 점막에 궤양이 생겨 설사를 유발한다. 심한 경우 혈변이 나오고 악화되면 탈수, 고열, 저단백혈증, 전해질 이상, 빈혈 등이 나타난다.

또한, 식욕부진에 의한 섭취량 감소, 복부통증, 출혈 및 설사, 흡수불량과 영양불량, 면역기능 저하 등이 동반된다. 크론병와 궤양성 대장염 모두 조직괴사, 출혈, 설사를 일으켜 영양결핍을 초래할 수 있다. 특히 궤양성 대장염 환자는 대장암의 발생 위험이 상대적으로 높으므로 주의를 요한다.

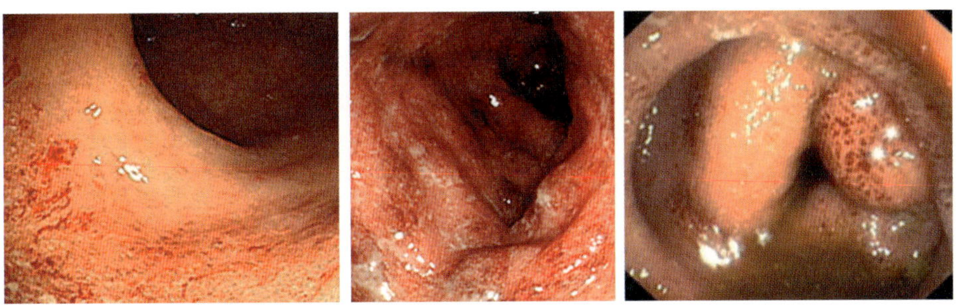

그림 11-4 만성 궤양성 대장염

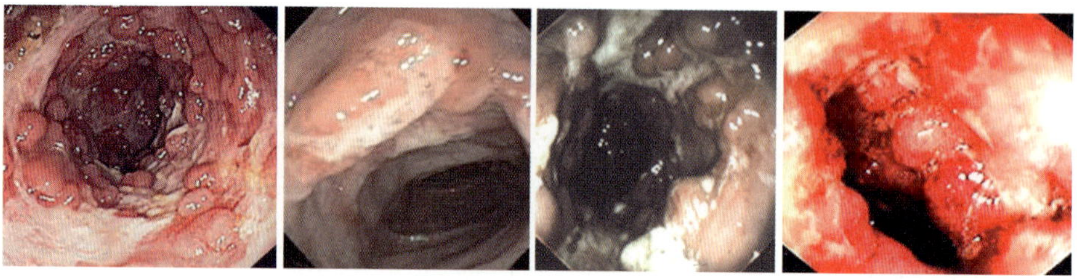

그림 11-5 크론병

표 11-4 궤양성 대장염과 크론병

구 분	궤양성 대장염(ulcerative colitis)	크론병(Crohn's disease)
특 징	• 점막 표면에 주로 발생함 • 직장과 대장에서 주로 발생함 • 궤양성 • 원인 불명의 염증	• 점막 깊숙이 발생하여 상처가 깊음 • 회장과 대장에서 주로 발생함 • 육아종성(granulomatous) • 원인 불명의 염증
역 학	• 백인, 유태인에 더 많으나 최근 동양에서 빈도가 증가하는 경향임 • 연령 : 20~40세 • 성별 : 여성에 약간 많음 • 가족성 : 약 1%의 가족력이 나타나고 형제간에 같이 나타남 • 빈도 : 크론병보다 발생빈도는 높으나 사망률은 낮음	• 백인, 유태인에 많고, 동양에서는 드뭄 • 연령 : 모든 연령층(주로 젊음층에서 발생) • 성별 : 남녀 차이가 없음 • 가족성 : 약 1~2%의 가족력 • 빈도 : 서양에서 궤양성 대장염의 약 1/8 정도를 차지함
발생부위	• 직장과 S상 결장에 국한되어 주로 발생함	• 소화기관 어디에서나 발생 가능하나 회장 말단부에서 가장 흔함 • 회장(50%), 대장(10%), 회장 및 대장(40%)
진행과정	• 직장과 S상 결장에만 국한(10%)되어 진행 – 특발성 궤양성 직장염 • 점차 진행하며 전 대장을 침범(50%)함 – 전반적 궤양성 대장염	
합병증	• 대장 내 천공을 일으킴 • 대장암 발생 빈도의 증가	• 육아종, 누공, 섬유화, 장관의 협착 • 장폐색, 천공, 출혈 등이 나타남 • 소장이나 대장암 발생률의 증가
임상증상	• 혈변, 점액질변, 복부 통증, 구토 • 고열, 음의 질소 평형, 빈혈, 저알부민혈증 • 부종, 탈수 • 발진, 두드러기, 관절염, 결막염 등	• 복부 통증, 구토, 메스꺼움, 고열 • 분비성 설사로 인한 심한 체중감소, 빈혈 • 지방변 • 궤양성 대장염과 임상증상이 비슷

(2) 원 인

유전적 소인을 지닌 사람이 발병과 관련된 특정 환경적 요인을 만났을 때 발병하는 것으로 보고 있으나 명확한 원인이 밝혀지지 않았다.

(3) 식사관리

섭취량 저하, 소화 및 흡수불량으로 인하여 단백질-열량 영양불량 상태가 될 수 있으므로 주의를 요한다. 고열량(40~50kcal/kg), 고단백(1.5~2.0g/kg) 식이가 권장되며 비타민과 무기질 보충을 통하여 수분 및 전해질 불균형 교정에 주의를 기울이도록 한다. 저지방식, 저섬유식을 소량으로 자주 공급하여 장에 자극을 최소화하는 것이 중요하며, 장내 발효를 일으키는 우유 및 유제품도 금하는 것이 좋다.

[만성 염증성 장질환 식사지침]

1. 급성기에는 저잔사식을 공급하여 대변량을 줄인다.
   *저잔사식에 피해야 할 식품들 : 우유, 기름, 양념이 강한 음식들(후추, 겨자, 고춧가루, 식초 등), 생과일, 생채소, 현미밥, 잡곡밥, 통밀빵, 튀김류, 해조류(김, 미역, 다시마 등), 파이, 잼, 팝콘, 진한 고기국물 등
2. 고단백(1.5~2.5g/kg)과 고열량식(30~35kcal/kg)으로 영양상태를 개선한다.
3. 1일 6회 이상의 식사로 장에 자극을 줄이면서 영양소 흡수를 최대한으로 한다.
4. 수분을 충분히 섭취하여 설사로 인한 탈수를 막는다.
5. 유당불내증이 있으면 우유나 유제품을 제한한다.
6. 지방변이 있으면 식사 내의 지방을 제한한다.
7. 중쇄중성지방(MCT)과 영양보충제를 이용하여 부족되는 열량을 보충한다.
8. 경구섭취가 불충분하거나 성장부진이 있는 경우에는 경장영양 실시를 고려한다.
9. 회복기에는 개인의 적응도에 따라 식사를 조정하도록 한다.

3. 글루텐 과민성 장질환

(1) 증 상

글루텐 과민성 장질환은 밀의 글루텐 단백질 내에 있는 글리아딘 부분에 의해 전반적인 흡수장애를 일으키는 질환이다.

글루텐이 함유된 식품을 섭취하였을 때 거품 섞인 연한 색깔의 설사변을 여러 번 보게 되며, 심하면 빈혈과 비타민 결핍이 동반된다.

(2) 원 인

글리아딘이 소장 점막을 손상시켜 융모의 손실을 초래한다. 유전적 결함이 있는 사람에게 면역력 저하, 환경요인 등의 요소가 더해져 글리아딘에 의한 흡수장애가 나타난다.

(3) 식사관리

글루텐 과민성 장질환 환자는 글루텐이 포함된 식품을 제한하여야 한다. 식품 구입 시 라벨을 주의깊게 읽어 글루텐이 함유된 식품을 피하는 것뿐 아니라, 밀, 호밀, 귀리, 보리에 들어있는 단백질인 글루텐이 함유된 곡류나 제품을 피하도록 한다. 조리 시 중쇄중성지방을 사용하는 것이 권장되며 유당불내증이 있을 경우에는 유제품을 제한한다.

체중 변화를 지속적으로 관찰하여 체중 감소를 방지하도록 하며, 체중 감소가 있을 경우 고열량, 고단백식사를 제공한다. 또한, 설사나 지방변으로 손실되는 설사나 지방변으로 손실되는 칼슘, 마그네슘, 지용성비타민의 보충이 권장되며, 빈혈이 수반되었을 경우 철분, 엽산, 비타민 B_{12} 등을 보충한다.

표 11-5 글루텐 함유 식품과 글루텐 프리 식품

글루텐 함유 식품	글루텐 함유되지 않은 식품
귀리, 듀럼, 라이밀, 마초, 맥아, 밀, 보리, 발아밀, 불가, 스펠트 세몰리나, 소맥, 통밀, 호밀	감자, 견과류, 고기 , 과일, 달걀, 생선 수수, 쌀, 아마란스, 옥수수, 유제품 채소, 콩, 퀴노아, 타피오카

4. 과민성 대장 증후군

(1) 증 상

과민성 대장 증후군이란 소장 및 대장의 비정상적 운동 항진으로 경련성 복통, 설사 · 변비, 식후 팽만감 등의 일련의 증상이 나타나는 병을 의미한다. 과민성 대장 증후군을 일으키는 요인에 반응하여 배변이 원활하지 않거나 복부팽만감을 호소하는 등의 증상을 보인다. 특정 음식물 섭취 후 장 운동이 과도하여 설사를 하거나, 반대로 장 움직임이 감소하여 변비를 일으키기도 한다.

(2) 원 인

과민성 대장 증후군을 유발시키는 정확한 원인은 규명되지 않았다. 하지만 저섬유식, 장운동장애, 스트레스 등과 관련이 있을 것으로 보인다.

(3) 식사관리

과민성 대장 증후군을 치료 및 관리하기 위해서 약물요법과 함께 식이요법을 병행하는 것이 중요하다. 수분과 전해질 균형을 유지하는 고영양식을 공급하여 충분한 영양분을 섭취하도록 하는 것이 중요하다. 단, 유당에 과민성 대장 증후군 반응을 보이는 경우가 많으므로 유당이 들어있는 우유 및 유제품의 단독 섭취를 피하도록 한다. 단백질 급원으로는 기름기가 적고 부드러운 흰살 생선, 닭고기, 달걀 등이 적합하며 적절한 양의 섬유소를 섭취하도록 한다.

Question

1. 다음 중 연하곤란을 위한 영양 중재로 바람직하지 않은 것을 고르시오.

① 음식의 크기를 작게 하도록 한다.
② 균일한 질감을 주도록 음식을 준비한다.
③ 음식을 둥근 모양으로 준비하는 것이 좋다.
④ 질긴 육류는 피하는 것이 좋으나 어류는 어떤 종류든 공급하여도 무방하다.
⑤ 자극적인 맛이 나는 음식을 피한다.

2. 다음 중 식도염 유발의 원인이 아닌 것을 고르시오.

① 아스피린 등의 항염제 장기복용
② 지속적인 유동식 섭취
③ 자극적인 음식 섭취
④ 박테리아 감염
⑤ 헬리코박터 파일로리 감염

3. 다음 중 식도염 유발의 원인이 아닌 것을 고르시오.

① 속쓰림이 있을 때는 차가운 물을 마시는 것이 좋다.
② 고섬유질 식품은 피한다.
③ 카페인이나 알코올 음료는 삼가도록 한다.
④ 튀김이나 볶음요리보다는 부드러운 찜을 제공한다.
⑤ 소량의 식사를 자주 하는 것이 좋다.

4. 다음 중 과산성 위염과 무산성 위염의 차이에 대한 설명으로 옳은 것을 고르시오.

① 무산성 위염은 노년층에게서 흔히 발병하며, 과산성 위염은 청장년층에게서 흔히 발병한다.
② 무산성 위염 환자는 단백질 소화 기능이 저하되는 경향을 보인다.
③ 과산성 위염 환자는 주로 설사증상을 보인다.
④ 과산성 위염 치료 목표는 빈혈을 예방하고 위산 분비를 촉진하는 것이다.
⑤ 과산성 위염은 만성위염으로 분류되며, 무산성 위염은 급성위염으로 분류된다.

5. 변비와 설사 환자의 권장 식이로 적절하지 않은 것을 고르시오.

① 카페인 섭취 제한
② 고섬유소식 권장
③ 고지방 식품 제한
④ 가스 생성 식품 권장
⑤ 유당 제한

6. 다음 중 만성 염증성 장질환에 대한 설명으로 잘못된 것을 고르시오.

① 만성 염증성 장질환의 대표적인 것은 크론병과 궤양성 대장염을 들 수 있다.
② 만성 염증성 장질환 환자는 소화 흡수 불량 증상을 보이는 경우가 많다.
③ 크론병은 위장관 어디나 생길 수 있는 유전질환이다.
④ 궤양성 대장염 환자는 대장암에 걸릴 확률이 높으나, 크론병 발병 유무는 대장암 발병율과 무관하다.
⑤ 궤양성 대장염과 크론병의 임상증상이 비슷하다.

7. 글루텐 과민성 장질환 환자의 영양 중재로 적절하지 않은 것을 고르시오.

① 조리 시 중성중쇄지방을 사용하도록 한다.
② 글루텐 제한 식이를 하도록 한다.
③ 비타민과 무기질의 흡수가 불안정 하므로 적절한 보충제 활용을 고려한다.
④ 빈혈과 관련된 영양소가 결핍되지 않도록 주의한다.
⑤ 영양이 풍부한 유제품을 공급하여 부족한 영양소를 보충하도록 한다.

8. 다음 중 과민성 대장 증후군의 증상으로 틀린 것을 고르시오.

① 경련성 복통
② 변비
③ 복부팽만
④ 설사
⑤ 식후 과도한 포만감

[해답] 1. ④ 2. ② 3. ① 4. ② 5. ④ 6. ④ 7. ⑤ 8. ⑤

PART Ⅳ

영양행정

Chapter 12.

영양정책과 행정

- 영양행정 관련기관들을 설명할 수 있다.
- 영양관련 정책들을 이해하고 설명할 수 있다.

SECTION 1 영양정책과 영양행정기구

1. 보건복지부

보건복지부는 빈곤, 질병, 노령 등 사회적 위험으로부터 국민을 보호하고 일자리와 균등한 사회참여 기회를 제공하며, 평생복지를 위한 생애주기별 맞춤형 보건복지가족정책으로 국민의 삶의 질을 향상시키는 것을 목적으로 한다.

2011년 보건복지부 보고에 따르면 현재 우리나라의 GDP 대비 의료비용 지출은 6.5% 수준(2008년도 기준)으로 OECD 31개국 중 29번째로 낮게 지출되고 건강수준은 OECD 국가 중 상당히 높은 것으로 평가되어 보건의료체계의 비용효과성은 국제적인 모범 수준이며 의료기술도 세계 최고수준의 80~90% 수준으로 근접(대한의학회, 2007년)하였다고 한다. 그러나 의료비 증가속도는 OECD에서 가장 빠르며, 흡연, 음주, 결핵 등 전통적 건강위협 요인뿐만 아니라 신종 감염병이나 환경질환 등 새로운 건강위협 요인도 빠르게 증가하여 새로운 건강위협요인으로 나타나고 있다.

그림 12-1 보건복지부 조직도

[국민건강증진 종합계획(Health Plan 2020)]

1. 국민건강증진종합계획 수립배경 및 추진경과

국민건강증진종합계획은 보건복지부 건강질병정책관 수행과제 중심의 계획으로 국민건강증진법 제5조에 근거, 매5년마다 수립하는 국가종합계획이다.

① 2002년 제1차 계획(2002~2005) 수립

② 2005년 제2차 계획(2006~2010) 수립

③ 2010년 제3차 계획은 국민건강증진법 개정안(정부제출안)에 따라 2011~2020년에 이르는 10년 계획 수립

(1) 제1차 국민건강증진종합계획(2002~2005)

① 제1차 국민건강증진종합계획 수립의 고려사항

- 의학기술 발달로 노인인구 비율이 2010년에는 10.7%에 도달하여 의료비 부담증가
- 질병구조의 다양화 만성화로 예방차원의 적극적 건강관리정책으로 전환
- 지역사회 건강증진사업을 통합 · 조정할 보건소의 기능 강화
- 국민건강증진기금으로 건강증진정책 수행 가능성 확보

② 제1차 국민건강증진종합계획의 추진전략은 다음과 같다.

- 중점사업을 선정, 집중 추진 : 국민전체에 대한 파급효과가 크고 취약계층에 대한 지원 효과가 높아 우선적으로 수행되어야 할 건강증진사업 선정.
- 추진사업 : 금연, 절주, 운동, 영양/ 암관리, 고혈압, 당뇨, 허혈성심질환, 뇌혈관질환, 관절염, 정신보건, 구강보건/ 모자보건, 생애주기별 건강증진/ 저소득층, 취약계층건강증진

- 사업간 연계를 위해 주체별 · 유형별 유사사업의 추진체계를 통합함으로써 건강증진정책의 효율성 제고
- 건강생활실천 · 만성질환예방을 생애주기별 건강증진과 연계

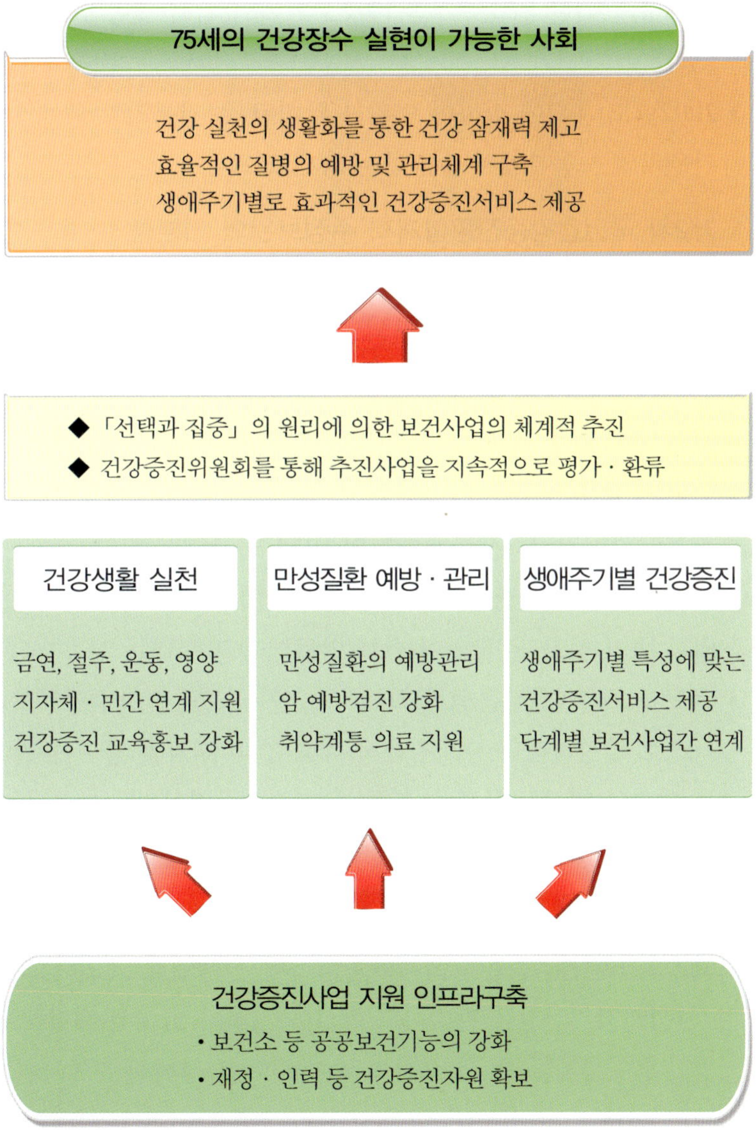

그림 12-2 제1차 국민건강증진종합계획 개념도

⑵ 제2차 국민건강증진종합계획(2005~2010)

- 건강증진사업 수요의 변화 : 인구의 고령화와 질병구조의 만성화가 2002년도 당초 계획보다 그 속도가 매우 빠르게 진전되어, 건강보험의 보장성 강화에 대한 국민요구 대비 보험급여와 보험재정지출을 억제하기 위한 건강증진과 예방보건에의 더욱 많은 노력의 필요성 고려
- 2002년도 계획에 비하여 범위가 확대됨. 보건복지부 외에 교육인적자원부와 노동부에서 수행하는 과제도 포함

① 제2차 국민건강증진종합계획 수정보완의 기본틀 및 추진방향

- 건강생활실천의 확산을 주축으로 하는 건강증진을 사업전략의 핵심으로 하되, 예방중심의 보건의료서비스 제공, 유해환경의 폐해 방지도 포함하는 포괄적 건강관리전략을 동원하도록 기본구조로 설계 : 건강과 질병의 결정요인이 다양하고 결정과정이 복잡하다는 사실의 확실한 인식과 이해를 토대로 접근

② 제2차 국민건강증진종합계획의 비전 및 목표

- **비전** : 국민의 건강은 개인이나 정부만의 노력으로는 효과적으로 관리할 수가 없고 온 국민이 함께 만들어가고 누리는 것
- **목표** : 보건의료부문의 일차적 목표인 국민의 건강수명연장을 효과적으로 달성하려면 사회경제적 계층 간의 격차를 줄여야 할 것이므로 형평성 제고도 목표로 추구, 국민건강증진사업은 이들 목표의 달성에 기여하기 위하여 건강잠재력의 강화, 질병과 조기사망의 감소 및 인구집단별 건강격차 완화를 지향

③ 제2차 국민건강증진종합계획중점과제 선정배경 및 중점과제

㉠ **선정배경** : 건강을 관리하고 향상을 기하기 위해서 해결해야 할 여러 가지 문제들 중, 집중적 노력이 필요한 정책적 분야들을 중점과제로 선별

㉡ 중점과제

- 건강생활실천의 확산, 예방중심의 질병/건강관리, 인구집단별 건강관리 및 건강지원 환경의 조성으로 대별
- 주요질환(암, 만성병 등) : 예방중심의 질병/건강관리 분과
- 이에 관련된 다양한 건강결정요인(금연, 절주, 운동, 영양) : 건강생활실천의 확산
- 저출산고령화로 인한 집중적인 관리가 필요한 집단과, 집단적으로 접근하였을 때 더 효과적인 근로자와 학생을 별도의 중점과제로 선정 : 인구집단별 건강관리 분과
- 장기적인 관점에서 건강환경조성부분(식품안전, 지역사회환경 등)을 선정하였으나, 구체적인 접근은 2020으로 연기(건강지원 환경 조성 분과)

④ 제2차 국민건강증진종합계획의 추진전략

- 건강행태의 변화추진, 건강관련 사회적 환경의 변화추진, 예방보건서비스의 제공, 건강위해환경에 대한 조치 등을 위한 수단의 동원과 활동으로 구성

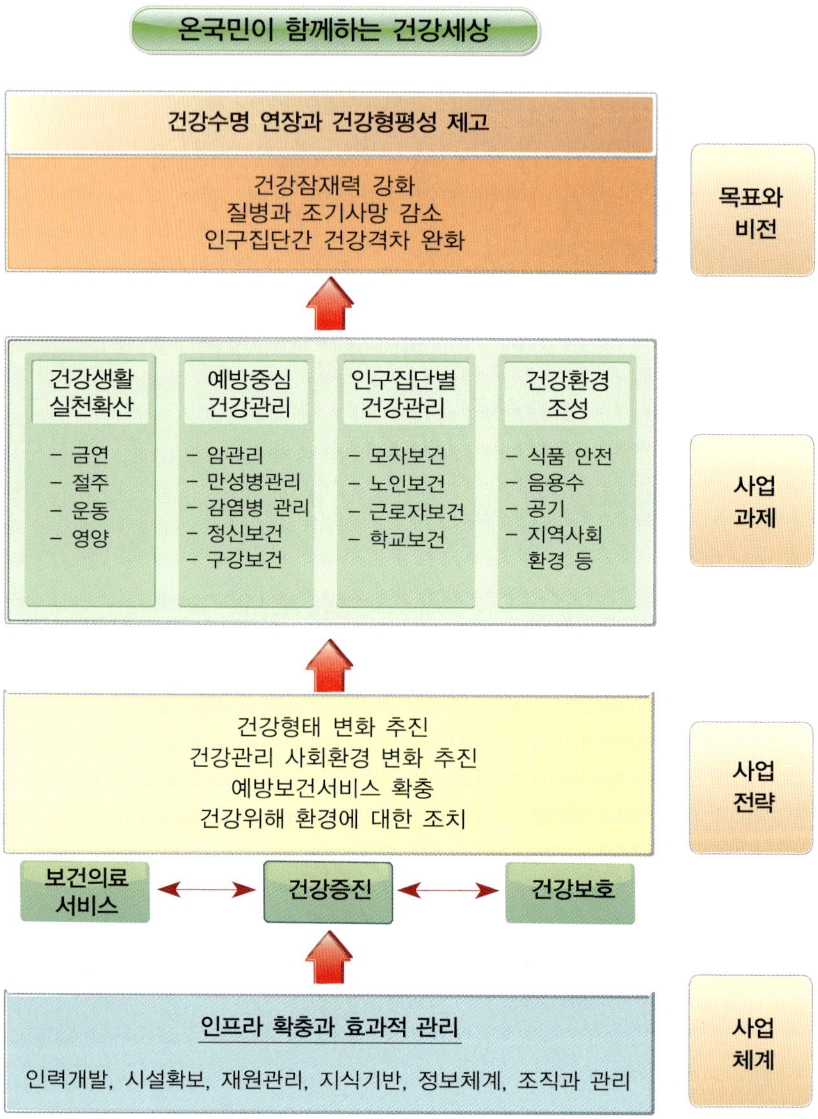

그림 12-3 제2차 국민건강증진종합계획 개념도

표 12-1 제1차 국민건강증진 종합계획(2002)과 제2차 국민건강증진 종합계획(2005)의 비교

	제1차 HP (2002년)			제2차 HP (2005년)		
분야	영역	목표	단위사업	중점과제	목표	세부사업
총계	6	40	39	24	169	108
예산						
건강 생활 실천 확산	금연	4	2	금연	10	5
	절주	2	1	절주	7	4
	운동	1	2	운동	5	5
	영양	2	3	영양	17	5
예방 중심의 건강관리	암관리	11	5	암관리	8	4
	고혈압	2		고혈압	4	4
	당뇨	1		당뇨병	4	2
	–			과체중과 비만	4	3
	허혈성심질환	2	2	심 · 뇌혈관질환	6	3
	뇌혈관질환	2		관절염	5	2
	관절염	2		예방접종 대상 감염병관리	8	5
	–			에이즈 · 성병 및 혈액매개 감염병관리	10	4
	–			매개체 감염병관리	5	3
	–			식품매개 감염병관리	3	4
	–			신종 감염병관리	6	5
	–			결핵 · 호흡기질환 및 약제내성관리	11	4
	정신보건	4	5	정신보건	15	6
	구강보건	3	7	구강보건	13	8
인구 집단별 건강관리	모자보건	4	3	모성보건	5	3
	생애주기별 건강증진		1	영유아보건	6	4
				노인보건	3	4
				근로자건강증진	6	6
				학교보건	6	10
건강형평성 확보	저소득층, 취약계층 건강증진		5	형평성확보	2	5

(3) 제3차 국민건강증진종합계획(2011~2020)

① HP 2020(제3차 국민건강증진종합계획)구성의 기본방향

HP 2020 구성에 대한 기본방향은 첫째, WHO의 건강증진의 개념, 둘째, HP 2010에 대한 개괄적 평가, 셋째, 건강문제와 관련된 우리나라의 환경변화에 대한 전망을 통해 설정하는 것이다.

㉠ WHO의 건강 및 건강증진의 정의에 근거한 기본방향 설정 : 근거중심으로수립된오타와헌장, 방콕헌장등에서건강증진의개념및실천방향을 정함. HP 2020에서는 WHO의 건강증진에 대한 시각을존중하여 이를 근거로 계획을 수립함

㉡ HP 2010의 평가 및 시사점에 근거한 방향의 수립 :
HP 2020의 선행연구인「국민건강증진종합계획 2020 총괄전략 수립에 관한 연구」에서 HP 2010에 대해 개괄적으로 평가

㉢ 건강문제와 관련된 우리나라의 환경변화에 대한 전망을 통한 방향 설정

- 고령화, 노인인구증가, 만성질환으로 인한 증가하는 의료비 대책 필요
- 저출산 경향이 지속되는 가운데 향후인구의자질향상을 위해 지속적인 모성 및 영유아 건강에 대한 정책 강화
- 경제성장 전망 하에 심화되는 양극화 현상에 대한 대책(형평성 제고)
- 현대생활 특성상 운동부족으로 인한 비만, 대사성질환 등에 대한 대책

② HP 2020의 기본 틀

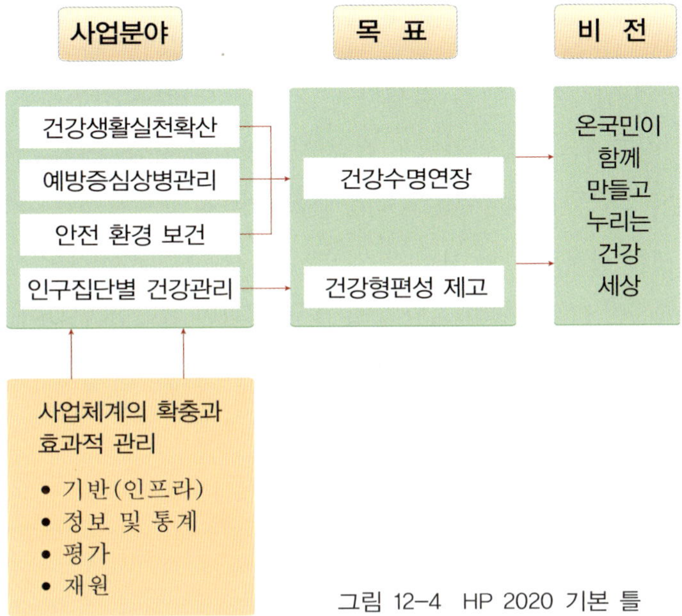

그림 12-4 HP 2020 기본 틀

㉠ HP 2020의 **비전** : "온 국민이 함께 만들고 누리는 건강세상"

- 건강의 포괄적인 개념인 신체, 정신, 사회적, 영적 건강개념을 추구하며,
- 건강증진의 정의에서 중시하는 각 구성원의 적극적인 자기건강관리 참여와 기본권으로서 평등하게 건강을 누릴 수 있다는 개념 적용

㉡ HP 2020의 **목표** : 건강수명의 연장과 건강형평성을 제고한다.

- 포괄적 건강의 정의와, 건강증진의 기본이념인 스스로 건강 관리이념 및 기본권으로서의 건강개념을 적용하여,
- 국민 모두가 활기찬 건강과 장수를 누리는 사회의 구축을 지향 : 외국의 건강증 진종합계획의 목표로 일본(건강일본21)은 "건강수명의 연장 및 삶의 질 향상", 미국(Healthy people 2010) "건강의 증진과 형평성 제고", 미국(Healthy people 2020) "질환 · 장애 · 사고 · 조기사망예방을 통한 삶의 질 제고 및 수명연장, 건강형평성 제고, 건강환경 조성, 생애주기별 건강증진", 캐나다 "건강의 증진, 형평성 제고" 등임

③ HP 2020의 사업 분야

HP 2020의 목표 달성을 위한 주된 사업분야는 사업의 목표 달성을 직접 겨냥하는 건강관리사업에 관한 과제와 이들 사업의 효과적 추진을 위한 수단과 사업체계에 관한 과제의 두 가지로 대별된다. 건강관리사업 과제는 건강결정요인에 근거하여 건강생활 실천의 확산, 예방 중심의 상병관리, 안전 환경 보건, 인구집단별 건강관리 등이 포함된다.

㉠ 건강생활 실천의 확산 분야 :

- 생활습관이 만성퇴행성 질환의 발병 및 경과와 밀접한 연관이 있으므로 오늘날에는 건강의 가장 중요한 근원적 결정요인임
- 건강생활습관 중에서 만성질환과 관련성이 높은 금연, 절주, 운동 및 영양 등이 중점 과제임.

㉡ 예방 중심의 상병 관리 분야 :

- 현재 유병률이 높거나, 조기사망의 원인이면서 예방관리를 통하여 유병률을 낮추고 조기사망을 낮출 수 있는 질환에 대한 예방적 관리 분야임.
- 만성질환 관련 중점과제로 암, 뇌혈관 질환, 심혈관질환, 고혈압, 고지혈증, 당뇨, 비만, 정신보건, 구강보건 등이 있음.
- 또한 신종감염병이 새로이 발생하므로, 감염질환과 관련하여 예방접종, 방역대책 등의 체제를 갖추는 것이 필요하며, 지속적으로 유병률이 높으면서 전염이 우려되는 결핵과 에이즈도 중점과제로 선정

㉢ 환경 보건 관리 :

- 보건의료와 관련된 사회적 · 물리적 환경 관리 분야로서 식중독 등 식품안전, 손상 예방, 그리고 건강영향평가 등이 중점과제로 선정

㉣ 인구집단별 건강관리

- 생애주기별 구분에 따라 모성, 영유아, 노인인구 집단이 중점과제로 포함되는 한편, setting별 구분에 따라 비교적 공통적 건강문제를 갖고 있으며, 접근이 용이한 대상 집단(근로자, 학생 등)이 포함
- 한편, 총괄적 목표인 "형평성 제고"를 위해서 다문화가정, 취약가정을 주 대상으로 하는 방문보건, 장애인 등 취약계층이 포함

㉤ 사업체계의 확충 및 효과적 관리

- 여러 가지 건강관리사업의 추진을 위한 수단의 효과적 시행을 위한 계획으로서 사업 운영체계, 정보통계, 평가, 재정 등을 포함

2. 국민건강증진종합계획의 목표와 사업

(1) 총괄목표

총괄목표는 "건강수명연장과 건강형평성 제고"임.

① **건강수명지표**는 국제적으로 비교 가능한 WHO의 건강수명지표를 사용함. 건강수명의 추계는 선진국의 건강수명동향과 우리나라의 건강수명 추세를 감안하여 추정하였음.

② **건강형평성**은 각 분과의 주제별 특성에 따라 건강형평성제고의 적용대상과 범위가 다양하다는 점을 감안하여 각 분과에서 건강형평성의 지표를 선정하도록 하였음. 건강 형평성의 요소인 사회경제적 지표들은 건강생활실천, 질병예방(만성 및 감염성 질병) 분야에서 다양한 유형으로 나타나기 때문에 총괄에서 구체적 지표를 세우지 않고 각 분과의 중점과제에서 반영하되, 특히 공통적으로 건강형평성 문제가 제기되는 취약계층은 인구집단별 건강관리분과에서 별도의 중점과제로 추가하였음(예 : 장애인, 다문화가족, 방문가정건강관리 등).

표 12-2 건강수명 목표

구 분	건강수명				
	2002년[1)]	2005년[2)]	2007년[3)]	HP2010[4)]	HP2020 (목표)
전체	66.0	67.8	71	72.0	75.0
남자	63.2	64.8	68	69.7	73.2
여자	68.8	70.8	74	76.6	76.6

구 분	평균수명[5)]			
	2001년	2005년	2007년	2008년
전체	76.5	78.6	79.6	80.1
남자	72.8	75.1	76.1	76.5
여자	80.0	81.9	82.7	83.3

1) The World Health Report 2001 : 2000년 추정치
2) The World Health Report 2003 : 2002년 추정치
3) World Health Statistics 2009 : 2007년 추정치
4) 보건복지부, 한국보건사회연구원, 새 국민건강증진종합계획수립, 2005.
5) 통계청 생명표 : 각 년도.

③ HP 2020의 목표인 "건강수명연장과 건강형평성 제고"의 국제적 비교와 합의

㉠ WHO를 중심으로 정의된 건강과 건강증진의 개념, 목표 달성 측정을 위해 개량화 가능 여부, 그리고 주요 외국의 추세를 감안하고 있음.

㉡ 상당수 유럽 국가에서는 건강 형평성과 관련한 목표를 설정하고 있고, 물론 일부 국가에서는 특정 지표에서의 불평등 감축 목표(예를 들어, 영국의 경우 사회계층별 영아사망률과 지역별 총 사망률 차이를 10% 줄인다는 목표를 설정)를 세우고 있음.

- 일본 '건강일본 21': 건강수명의 연장 및 삶의 질 향상
- 미국 'Healthy people 2010': 건강수명 및 삶의 질 향상, 건강불평등 제거1)
- 캐나다 : 건강증진, 형평성 제고

(2) 분야별 중점과제 목표 및 사업의 개요

		HP 2020			HP 2010		
분야명		중점과제명	목표	세부사업	중점과제명	목표	세부사업
총 계		32	151	140	24	169	108
건강 생활 실천 확산		금연	8	4	금연	10	5
		절주	5	6	절주	7	4
		신체활동	3	5	운동	5	5
		영양	5	7	영양	17	5
예방 중심 의 상병 관리	만성 퇴행성 질환과 발병 위험요인관리	암	8	3	암관리	8	4
		건강검진	3	3	–		
		관절염	3	2	관절염	5	2
		심뇌혈관질환	9	6	심뇌혈관질환	6	3
		–			고혈압	4	4
		–			당뇨병	4	2
		비만	4	6	과체중비만	4	3
		정신보건	5	4	정신보건	15	6
		구강보건	12	9	구강보건	13	8
	감염 질환 관리	예방접종	6	6	예방접종 대상 감염병 관리	8	5
		비상방역체계	10	3	–		
		의료관련감염	5	5	–		
		–			매개체 감염병	5	3
		결핵	4	8	결핵 · 호흡기질환 및 약제내성관리	11	4
		에이즈	4	4	에이즈 · 성병 및 혈액매개 감염병 관리	10	4
		–			신종감염병 관리	6	5
안전 환경보건		식품정책	4	5	식품매개 감염병 관리	3	4
		손상예방	3	2			
		건강영향평가	3	3			

(계속)

	HP 2020			HP 2010		
분야명	중점과제명	목표	세부사업	중점과제명	목표	세부사업
인구집단 건강관리	모성건강	4	5	모성보건	5	3
	영유아건강	4	5	영유아보건	6	4
	노인건강	5	3	노인보건	3	4
	근로자건강증진	2	2	근로자건강증진	6	6
	군인건강증진	2	2			
	학교보건	8	8	학교보건	6	10
	다문화가족건강	1	2	–		
	취약가정방문건강	4	1	–		
	장애인건강	7	7	–		
	–			형평성확보	2	5

(3) 분야별 대표지표 개요

영역		대표지표	지표추이		2020년 목표치
			2008년	2009년	
1	금연	성인남자흡연	47.7%	46.9%	29.0%
2	절주	성인 고위험음주율	남자 28.3% 여자 8.5%	남자 24.6% 여자 7.3%	남자 18.0% 여자 5.0%
3	신체활동	중등도 신체활동 실천율 – 성인 (걷기 제외)	14.5%	13.4%	20.0%
4	영양	건강식생활실천율 (지방, 나트륨, 과일/채소, 영양표시 4개 지표 중 2개 이상을 만족하는 인구 비율)	28.9%	–	35.0%
5	암관리	전 국민 암검진 수검률	50.7%	53.3%	80.0%
6	건강검진	일반건강검진 수검률	65.3%	65.8%	80.0%
7	심뇌혈관질환	고혈압 유병률(30세 이상)	26.9%	30.3%	23.0%
8	비만	성인비만유병률	남자 35.3% 여자 25.2%	남자 35.8% 여자 26.0%	남자≤35.0% 여자≤25.0%
9	정신보건	자살사망률 감소(인구 10만 명당)	26명	31명	18명
10	구강보건	아동청소년 치아우식 경험률(영구치)	61.1%('06)	–	7명

(계속)

	영역	대표지표	지표추이		2020년 목표치
			2008년	2009년	
11	예방접종	영유아 필수예방접종률	59.5%	–	95.0%
12	결핵	도말 양성 결핵 발생률(인구 10만 명당)	22.7명	23.2명	10명
13	손상예방	교통사고 사망률(인구 10만 명당)	16.1명 ('06)	–	7명
14	모성건강	모성사망비(출생 10만 명당)	12명	–	9명
15	영유아건강	영아사망률(출생아 천 명당)	3.4명	–	2.8명
16	노인건강	노인 활동제한율 –일상생활수행능력(ADL) 장애율	11.4%	–	11.4%

(4) 중점과제별 주요 목표와 사업

생활습관이 만성퇴행성 질환의 발병 및 경과와 밀접한 연관이 있으므로 오늘날에는 건강의 가장 중요한 근원적 결정요인이라 할 수 있다.

건강생활습관 중에서 만성질환과 관련성이 높은 금연, 절주, 신체활동 및 영양 등 4개 중점과제로 구성된다.

[중점과제 1] 금연

흡연의 예방과 흡연자의 금연, 그리고 이를 지지하는 금연 환경을 실현함으로써 흡연율을 낮추고 비흡연자를 보호하는 데 주요 목표를 두고 있고, 이러한 모든 과정에서 형평성을 제고하는 방향으로 정책과 사업추진을 지향한다.

[중점과제 2] 절주

국민으로 하여금 절주를 실천할 수 있도록 지식, 정보, 기술을 제공할 뿐 아니라 건전한 음주문화를 형성할 수 있는 다양한 수준의 전략을 수립하여 위험한 음주행동을 예방하며, 알코올소비를 적절히 통제할 수 있는 법적, 제도적 장치를 마련하여 알코올로 인한 폐해를 감소시켜 궁극적으로 국민의 건강증진에 기여한다.

[중점과제 3] 신체활동

신체활동을 통해 심혈관계 질환과 암을 예방하고 관리하며 정신심리와 근골격계에 좋은 영향을 미쳐 삶의 질과 건강 수명 향상에 기여한다.

[중점과제 4] 영양

2010년 3월 공포된 국민영양관리법의 2010년 9월 시행에 즈음하여, 같은 맥락의 체계적 영양관리 및 영양교육에 초점을 맞춘 종합계획의 마련과 시행을 통해 우리 국민의 건강한 식생활 실천을 유도하고 관련 만성질환을 예방하여 건강수명 연장에 기여한다.

목표

① 건강식생활실천 인구비율(%)을 증가시킨다.

- 건강식생활실천 인구비율(지방, 나트륨, 과일/채소, 영양표시 4개 지표 중 2개 이상을 만족하는 인구 비율)을 2008년 28.9%에서 2020년 350%로 증가.
- 나트륨을 1일 2,000mg 이하로 섭취하는 인구비율 (만 6세 이상)을 2008년 13.4%에서 2020년 15.0%로 증가

② 건강 체중 유지/관리 인구비율을 증가시킨다.

- 적정체중(18.5≤BMI<25) 성인 인구비율을 2008년 64.0%에서 2020년 67.0%로 증가

③ 생애주기별 영양관리를 확대강화한다.

- 영양관리(교육 및 상담)를 받는 인구비율을 2008년 8.3%에서 2020년 20%로 증가

④ 미량영양소 적정섭취 인구비율을 증가시킨다.

- 칼슘을 적정수준으로 섭취하는 인구비율을 2008년 16.2%에서 2020년 30.0%로 증가

⑤ 식품안정성 확보 및 영양서비스 수혜 인구비율을 증가시킨다.
- 식품안정성이 확보된 가구 비율을 2008년 88.1%에서 2020년 95.0%로 확대

사업

① 식생활 지침의 주기적 개정 및 교육자료 개발 · 보급
- 대상별 식생활 지침의 개정 및 국민의 실천 독려를 위한 효율적 교육자료 및 도구개발

② 가공식품 및 외식 음식 중 나트륨 함량 감량 사업
- 외식업계와의 컨소시엄 구성, 교육, 캠페인, 인센티브 제공

③ 영양표시 적용 범위 확대 및 인식 제고 : 점진적 자율표시 확대 및 의무화
- 외식의 영양표시 지속적 확대(식약청)/ 캠페인과 교육

④ 건강 체중 인식 확산을 위한 교육 및 홍보 사업
- 지속적 캠페인 실시 및 role model 활용

⑤ 노인 급식의 질 관리 및 제고 사업(경로식당, 밑반찬/도시락 배달, 노인정 등)
- 복지관 경로식당의 급식내용에 대한 영양관리 기준 마련 / 노인급식 지원

⑥ 영양관리서비스의 산업기반 정비 및 건강/질환관리 상품으로 육성
- 만성질환 고위험군에 대한 민간 영양관리서비스 정립

⑦ 취약계층을 위한 영양관리사업 개발 및 확대
- 취약계층 아동을 위한 과일 제공 사업 개발 및 운영/ 다문화 가정 영양사 전담운영

표 12-3 영양

<table>
<tr><th>지표명</th><th>2005</th><th>2008</th><th>2020</th><th>관련사업코드</th><th>사업명</th></tr>
<tr><td colspan="4">4-1. 건강 식생활 실천 인구비율을 증가시킨다.</td><td rowspan="7">4-가, 나, 다</td><td rowspan="16">가. 식생활지침의 주기적 개정 및 다양한 교육자료 개발 보급
나. 가공식품 및 외식음식 중 나트륨 함량 감량 사업
다. 영양표시 적용 범위 확대 및 인식제고 : 점진적 자율표시 확대 및 의무화
라. 건강 체중 인식 확산을 위한 교육 및 홍보 사업
마. 노인 급식의 질 관리 및 제고 사업
바. 영양관리서비스의 산업기반 정비 및 건강/질환 관리 상품으로 육성
사. 취약계층을 위한 영양관리 사업 개발 및 확대</td></tr>
<tr><td>지방을 적정수준으로 섭취하는 인구비율</td><td>47.0%</td><td>44.1%</td><td>50.0%</td></tr>
<tr><td>나트륨을 1일 2,000mg 이하로 섭취하는 인구비율 (만 6세 이상)</td><td>7.7%</td><td>13.4%</td><td>15.0%</td></tr>
<tr><td>당을 적정수준으로 섭취하는 인구비율(만 6세 이상)</td><td>-</td><td>86.5%
(2007년)</td><td>90.0%</td></tr>
<tr><td>과일과 채소를 1일 500g 이상 섭취하는 인구비율 (만 6세 이상)</td><td>29.9%</td><td>35.7%</td><td>50.0%</td></tr>
<tr><td>식품선택에 영양표시를 활용하는 인구비율</td><td>21.4%</td><td>22.7%</td><td>30.0%</td></tr>
<tr><td>건강식생활 실천 인구 비율 (만 6세 이상)</td><td>-</td><td>28.9%</td><td>35.0%</td></tr>
<tr><td colspan="4">4-2. 건강 체중 유지/관리 인구비율을 증가시킨다.</td><td rowspan="3">4-가, 다, 라</td></tr>
<tr><td>적정체중(18.5≤BMI<25) 성인 인구비율 증가</td><td>63.5%</td><td>64.0%</td><td>67.0%</td></tr>
<tr><td>저체중 성인 인구비율 감소</td><td>4.7%</td><td>5.0%</td><td>3.0%</td></tr>
<tr><td colspan="4">4-3. 생애주기별 영양관리를 강화한다.</td><td rowspan="6">4-가, 마, 바, 사</td></tr>
<tr><td>완전 모유수유 영아(생후 6개월) 인구비율 증가</td><td>36.0%</td><td>50.2%</td><td>60.0%</td></tr>
<tr><td>잘못된 식습관에 의한 아침 결식률 감소</td><td>21.4%</td><td>21.5%</td><td>15.0%</td></tr>
<tr><td>영양소 섭취 부족인 노인 인구비율 감소</td><td>14.7%</td><td>22.6%</td><td>15.0%</td></tr>
<tr><td>빈혈인 가임기 여성(10~49세) 인구비율 감소</td><td>14.5%</td><td>13.7%</td><td>10.0%</td></tr>
<tr><td>영양관리(교육 및 상담)를 받는 인구비율 증가</td><td>9.6%</td><td>8.3%</td><td>20.0%</td></tr>
</table>

(계속)

지표명	2005	2008	2020	관련사업코드	사업명
4-4. 미량영양소 적정섭취 인구비율을 증가시킨다.				4-가, 마, 바	
칼슘을 적정수준으로 섭취하는 인구비율	21.9%	16.2%	30.0%		
철을 적정수준으로 섭취하는 인구비율	49.4%	46.8%	50.0%		
비타민 A를 적정수준으로 섭취하는 인구비율	42.2%	37.0%	50.0%		
리보플라빈을 적정수준으로 섭취하는 인구비율	37.6%	31.0%	50.0%		
4-5. 식품안정성 확보 및 영양서비스 수혜 인구비율을 증가시킨다.				4-사	
식품안정성이 확보된 가구 비율	88.7%	88.1%	95.0%		
식생활 지원/관리 프로그램 (영양플러스) 수혜 인구비율 (2008년까지는 운영보건소수)	3개 보건소	153개 보건소, 2010년까지 250개 보건소	15.0%		

목적

2010년 3월 공포된 국민영양관리법의 2010년 9월 시행에 즈음하여, 같은 맥락의 체계적 영양관리 및 영양교육에 초점을 맞춘 종합계획의 마련과 시행을 통해 우리 국민의 건강한 식생활 실천을 유도하고 관련 만성질환을 예방하여 건강수명 연장에 기여하고자 한다.

추진배경과 방향

① 현황과 환경변화

2005년 개정 · 제시된 새 국민건강증진종합계획 2010의 영양부문 목표 17개 중 2010년 4월 현재 달성된 목표는 식생활 지원프로그램(영양플러스) 수혜비율 및 모유수유율 2개에 불과한 실정이다(보건복지부/한국보건사회연구원, 2005; 보건복지가족부/한국보건산업진흥원, 2009). 미량영양소 적정섭취 및 영양관리, 영양 서비스 등의 목표 관련 변화 경향은 목표의 방향성과 일치되나, 만성질환 예방 및 체중관리 등의 목표 4개 관련 변화는 역방향으로 진행되어 왔다.

성인 비만 유병률은 2005년 이후 2008년까지 큰 변화가 없었으나, 저체중 성인 비율은 오히려 증가되어 2008년 현재 19~29세 여자 성인의 저체중 비율은 14.4%에 달했으며, 2009년 말 전국의 중고등학생 7,000명을 대상으로 조사한 결과, 여자 청소년의 체중감량 관련 식사장애 고위험군 비율은 14.8%에 달했다(식품의약품안전평가원/한국보건산업진흥원, 2009).

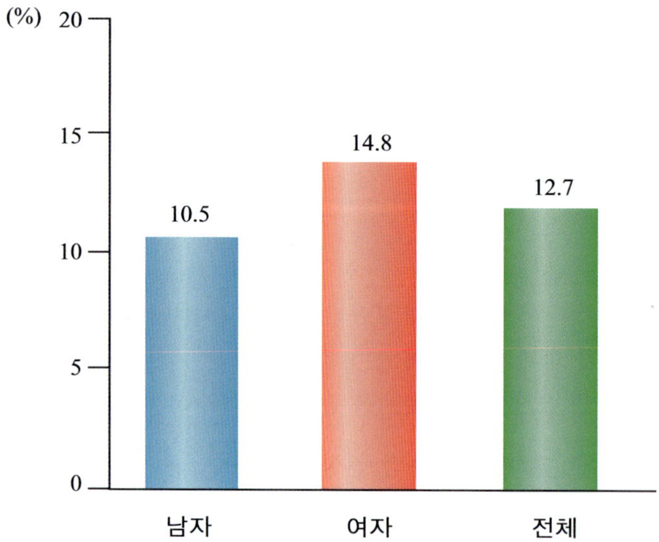

자료 : 2009년 청소년의 비만에 대한 인식과 체중조절 실태조사

그림 12-5 식사장애 고위험군 현황

영양과잉 및 영양부족이 공존하는 양극화된 영양 불균형 문제가 1998년 이후 지속되고 있다. 소득수준이 낮을수록 영양섭취 부족자 비율이 높고, 소득수준이 높을수록 에너지 지방과잉 섭취자 비율이 높은 것으로 나타났다.

상당한 규모의 부족과 과잉 문제가 지속되고 있다.

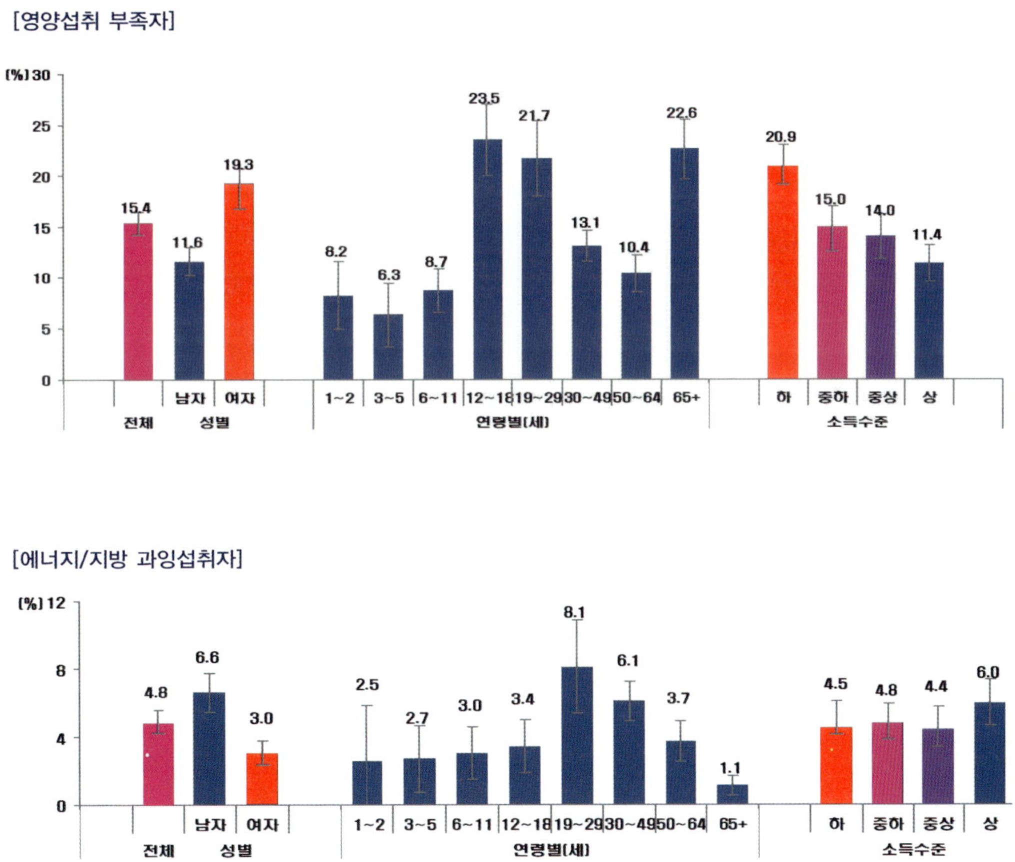

그림 12-6 영양섭취 부족자 및 에너지/지방 과잉섭취자 현황

목 표

① HP 2010 영양부문의 목표 17개를 성격과 분야에 따라 재분류하고 이들 각각을 지표로 포괄하는 분야별 목표 5개로 수정 · 제시하였다.

② 2010년 한국인 영양섭취기준의 개정 방향에 맞추어, 건강식생활실천 인구비율 증가 목표와 관련된 지표 중 하나로서 당 섭취 수준 관련 지표를 추가하였다.

③ 영양부문의 leading indicator로써 '건강식생활실천 인구비율'을 새로이 정의하여 2008년 현재 수준을 산출하고 지표로 추가하였다.

목표 4-1 건강식생활실천 인구비율을 증가시킨다.							
지표 현황 및 목표치		2005	2007	2008	2011	2015	2020
	지방을 적정수준으로 섭취하는 인구비율	47.0%	44.3%	44.1%	45.6%	47.5%	50.0%
	나트륨을 1일 2,000mg 이하로 섭취하는 인구비율 (만 6세 이상)	7.7%	14.1%	13.4%	13.8%	14.3%	15.0%
	당을 적정수준으로 섭취하는 인구비율 (만 6세 이상)	–	86.5%	–	87.6%	88.7%	90.0%
	과일과 채소를 1일 500g 이상 섭취하는 인구비율 (만 6세 이상)	29.9%	37.1%	35.7%	39.3%	44.0%	50.0%
	식품선택에 영양표시를 활용하는 인구비율	21.4%	24.5%	22.7%	24.5%	27.0%	30.0%
	건강 식생활 실천 인구비율(만 6세 이상)	–	–	28.9%	30.4%	32.5%	35.0%
지표 정의	• AMDR (Acceptable Macro-nutrient Distribution Ranges)에 부합되는 수준의 지방 섭취 인구 비율(AMDR: 1~2세 20~35%, 3~19세 15~30%, 20세 이상 15~25%) • 당 섭취량이 에너지 섭취량의 20% 이하인 인구 비율 • WHO의 과일/채소 1일 섭취 권장수준(400g)과 우리 국민의 연평균 김치 섭취량(약 115g/일)을 감안한 과일/채소 500g/일 이상 섭취 인구비율 • 식품 구매 시 영양표시를 읽는 인구비율 • 지방, 나트륨, 과일/채소, 영양표시 4개 지표 중 2개 이상을 만족하는 인구 비율						
관련 세부사업	가. 대상별 식생활지침의 주기적 개정 및 다양한 교육자료 개발과 보급 나. 가공식품 및 외식 음식 중 나트륨 함량 감량 사업 다. 영양표시 적용 범위 확대 및 인식 제고: 점진적 자율표시 확대 및 의무화						

목표 4-2 건강체중 유지/관리 인구비율을 증가시킨다.

구분	지표	2005	2007	2008	2011	2015	2020
지표 현황 및 목표치	적정체중 (18.5≤BMI<25) 성인 인구비율 증가	63.5%	63.2%	64.0%	64.8%	65.8%	67.0%
	저체중 성인 인구비율 감소	4.7%	4.7%	5.0%	5.0%	4.0%	3.0%
지표 정의	– BMI가 18.5 이상 25.0 미만인 19세 이상 성인 인구비율('05년 20세 이상) – BMI가 18.5 미만인 19세 이상 성인 인구비율('05년 20세 이상)						
관련 세부사업	가. 대상별 식생활지침의 주기적 개정 및 다양한 교육자료 개발과 보급 다. 영양표시 적용 범위 확대 및 인식 제고: 점진적 자율표시 확대 및 의무화 라. 건강 체중 인식 확산을 위한 교육 및 홍보 사업						

목표 4-3 생애주기별 영양관리를 강화한다.

구분	지표	2005	2007	2008	2011	2015	2020
지표 현황 및 목표치	완전 모유수유 영아(생후 6개월) 인구비율 증가	36.0%	42.2%	50.2%	52.6%	56.0%	60.0%
	잘못된 식습관에 의한 아침 결식률 감소	21.4%	21.8%	21.5%	19.9%	17.7%	15.0%
	영양소 섭취 부족인 노인 인구비율 감소	14.7%	28.5%	22.6%	20.7%	18.2%	15.0%
	빈혈인 가임기 여성 (10~49세) 인구비율 감소	14.5%	17.6%	13.7%	12.8%	11.5%	10.0%
	영양관리(교육 및 상담)를 받는 인구비율 증가	9.6%	7.8%	8.3%	12.2%	15.1%	20.0%
지표 정의	• 생후 6개월 시점의 수유형태가 완전 모유수유인 4세 미만 유아 비율 • 아침 결식률: 국민건강영양조사 직전 2일간의 1세 이상 모든 대상의 아침식사 결식률 • 영양소 섭취부족 노인 인구비율: 에너지 섭취량이 EER의 75% 미만이면서 칼슘, 철, 비타민 A, 리보플라빈 섭취량이 모두 EAR 미만인 65세 이상 노인 인구비율 • 혈중 헤모글로빈 및 헤마토크리트 수치가 WHO의 대상별 빈혈 판정 기준 미만인 가임기 여성 인구비율 • 영양관리를 받는 인구 비율: 최근 1년 이내 영양교육이나 상담을 받아 본 경험이 있는 초등학생 이상 인구비율						
관련 세부사업	가. 대상별 식생활지침의 주기적 개정 및 다양한 교육자료 개발과 보급 마. 노인 급식의 질 관리/제고 사업(복지관 경로식당, 도시락 배달, 노인정 등) 바. 영양관리서비스의 산업 기반 정비 및 건강/질환 관리 상품으로 육성 사. 취약계층을 위한 영양관리 사업 개발 및 확대						

목표 4-4 미량영양소 적정섭취 인구비율을 증가시킨다.							
지표 현황 및 목표치		2005	2007	2008	2011	2015	2020
	칼슘을 적정수준으로 섭취하는 인구비율	21.9%	14.5%	16.2%	20.0%	24.0%	30.0%
	철을 적정수준으로 섭취하는 인구비율	49.1%	44.5%	46.8%	47.5%	48.7%	50.0%
	비타민 A를 적정수준으로 섭취하는 인구비율	42.2%	33.3%	37.0%	40.0%	45.0%	50.0%
	리보플라빈을 적정수준으로 섭취하는 인구비율	37.6%	28.7%	31.0%	36.0%	42.0%	50.0%
지표 정의	영양소별 RI 이상 UL 미만을 섭취하는 인구비율						
관련 세부사업	가. 대상별 식생활지침의 주기적 개정 및 다양한 교육자료 개발과 보급 마. 노인 급식의 질 관리/제고 사업(복지관 경로식당, 도시락 배달, 노인정 등) 바. 영양관리서비스의 산업 기반 정비 및 건강/질환 관리 상품으로 육성						

목표 4-5 식품안정성 확보 및 영양서비스 수혜 인구비율을 증가시킨다.							
지표 현황 및 목표치		2005	2007	2008	2011	2015	2020
	식품 안정성이 확보된 가구 비율	88.7%	89.0%	88.1%	89.8%	92.1%	95.0%
	식생활 지원/관리 프로그램(영양플러스) 수혜 인구비율	3개 보건소	20개 보건소	153개 보건소, 2010년 250개	8.4%	11.4%	15.0%
지표 정의	• 지난 1년간 가구원이 충분한 양의 음식을 먹은 가구 비율 • 영양플러스 사업 참여자격 보유자 중 사업 수혜자 비율 (2008년까지는 사업운영 보건소 수)						
관련 세부사업	사. 취약계층을 위한 영양관리 사업 개발 및 확대						

[세부 추진계획]

식생활 지침의 주기적 개정 및 교육자료 개발 · 보급

(1) 사업배경

① 2010년 3월 제정 · 공포된 국민영양관리법 제 14조 제 2항에서는 '보건복지부 장관은 국민건강증진과 삶의 질 향상을 위하여 질병별 · 생애주기별 특성 등을 고려한 식생활 지침을 제정하고 정기적으로 개정 · 보급하여야 한다.'라고 규정하고 있다.

② 건강한 식생활 실천을 위한 가장 기본적인 가이드로서 국민의 식생활 및 건강상태 변화에 따른식생활지침의개정과적극적보급에의한 교육은 필수적이며, 동시에 이 지침은 국민의 식생활과 관련된 모든 정책의 근간이 되어야 한다.

③ 따라서, 학교급식을 비롯하여 노인급식, 직장급식, 유아 보육시설의 급식 등 일정 수준 이상의 영양학적 관리가 필요한 모든 급식 관리의 기본으로서 식생활 지침이 활용될 수 있어야 한다.

④ 또한, 건강한 식생활 실천을 통한 만성질환 예방을 기대하려면 일관성이 확보된 지속 가능한 형태의 장기적 사업의 개발과 운영이 필요하다.

(2) 사업의 내용

① 국민영양관리법에 근거한 식생활 조사를 통해 일반 국민과 문제(관심) 집단의 식생활 평가 및 개선 방향/방안 도출

② 대상별 식생활 지침의 개정 및 국민의 실천 독려를 위한 효율적 교육자료 · 도구 개발과 적극적 보급: 지침 활용 모니터링 포함

(3) 사업의 주체와 참여기관 단체

① 사업 주체: 보건복지부(국민영양관리법에 근거)

② 참여 기관/단체: 교육과학기술부, 정부출연기관, 관련 학계, 지방자치단체 등

가공식품 및 외식음식 중 나트륨함량 감량 사업

(1) 사업배경

① 우리 국민 중 19세 이상 성인의 평균 나트륨 섭취량은 2008년 현재 4,906.8mg/day로서 1998년 이후 계속 WHO 권장 상한치인 2,000mg의 2.5배 수준을 유지하고 있으며 남자성인의 경우엔 5,821.8mg/day에 달해 거의 3배에 이르는 상황이다.

② 또한 2008년 국민건강영양조사 검진부문의 결과에 의하면 30세 이상 성인의 51.3%가 고혈압 또는 고혈압 전 단계 상태인 것으로 나타나, 나트륨 함량이 낮은 식품/음식의 선택을 가능케 하는 식생활 환경조성을 위한 국가 차원의 적극적인 정책/사업의 개발과 시행 및 식품/외식 업계 종사자의 의식 함양이 시급히 필요한 상황이다.

(2) 사업의 내용

① 외식업계와의 컨소시엄 구성, 교육, 캠페인, 인센티브 제공(예: 세제 혜택) 등을 통한 외식 음식 중 나트륨 함량 감소

② 식품생산 업계와의 협의체 구성, R&D 지원, 인센티브 제공(예: 세제 혜택) 등을 통한 가공식품 중 나트륨 함량 감소

(3) 사업의 주체와 참여기관 단체

① 사업 주체: 보건복지부 및 식품의약품안전처

② 참여기관/단체: 정부출연기관, 식품 생산/외식업계, 관련 학계, 관련 협회

영양표시 적용범위 확대 및 인식 제고 : 점진적 자율표시확대 및 의무화

(1) 사업배경

① 1994년에 처음으로 우리나라에 영양표시가 도입되었고 2006년 의무표시 영양성분 확대에 이어 2009년에는 앞면표시제도도 시행되었으나, 2008년 국민건강영양조사 영양조사부문 결과에 의하면 현재 영

양표시 활용 인구 비율은 20% 내외에 불과한 실정으로 사실상 최근 몇 년간 큰 변화가 없었다.

② 따라서 건강식생활실천과 비만예방 및 체중관리 등을 위한 개인의 식생활 및 에너지 섭취량 관리 도구로서 영양표시에 대한 국민과 관련 업계의 인식을 제고하고 그 활용을 독려할 필요성이 부각된다.

③ 또한 2009년부터 시행된 어린이 식생활 안전관리 특별법에 근거해 확대하고 있는 외식의 영양표시 제도를 보다 적극적으로 확대하고 추진할 필요가 있다.

(2) 사업의 내용

① 외식의 영양표시 지속적 확대(식약청): 참여 업체에 대한 인센티브 제공 고려

② 캠페인과 교육을 통한 영양표시 관련 인식 및 이해도 제고

(3) 사업의 주체와 참여기관 단체

① 사업 주체 : 보건복지부 및 식품의약품안전청

② 참여기관/단체 : 농림축산식품부, 정부출연기관, 식품 및 외식업계, 관련학계, 관련협회

건강체중 인식 확산을 위한 교육 및 홍보사업

(1) 사업배경

① 2008년 국민건강영양조사 및 관련 조사들의 결과에 의하면, 건강 체중에 대한 잘못된 인식과 정보로 인해 청소년층 및 20대 여성의 저체중 유병률이 15% 수준에서 감소되지 않고 있다.

② 체중 감소를 위한 무리한 다이어트의 실시와 함께 여자 청소년의 식사장애 고위험군 비율이 2009년 말 14.8%에 달해, 건강 체중의 개념을 확립하고 인식을 확산시켜 미래 인구의 건강을 확보하는 것이 중요한 보건정책 이슈로 부각되는 상황이다.

③ 또한 이러한 인식 확산사업은 1회성이 아닌 지속 가능한 형태의 사업으로 부단히 진행되어야 한다.

(2) 사업의 내용

① 건강체중 개념 확립 및 인식 확산: 지속적 캠페인 실시 및 role model 활용 등

② 청소년 및 젊은 성인을 겨냥한 건강 체중 인식 함양: 식사장애 고위험군에 대한 중재/관리 방안 개발과 보급, 학교 및 직장에서의 교육/인센티브 제공

(3) 사업의 주체와 참여기관 단체

① 사업 주체 : 보건복지부, 질병관리본부, 교육과학기술부, 여성가족부

② 참여 기관/단체 : 정부출연기관, 관련 학계, 지방자치단체, 학교/직장, 관련 협회

노인급식의 질 관리 및 제고사업(경로식당, 밑반찬/도시락 배달, 노인정 등)

(1) 사업배경

① 2008년 국민건강영양조사 영양조사부문의 결과에 의하면, 노인의 영양섭취 부족자 비율은 22.6%로서 국민 전 연령층의 부족자 비율인 15.4%에 비해 1.5배에 달하나, 에너지/지방 과잉 섭취자 비율은 1.1%로서 국민 전체 비율 4.9%의 1/4에 불과하여 60세 이상 노인의 1/3 이상이 비만인 현상과 상반되는 양극형의 영양불균형이 상존하고 있다.

② 2010년 우리나라의 노인 인구가 총 인구의 11%를 넘어섰으며, 2008년 국민건강보험 적용 인구 중 노인의 비율이 9.6%이었으나 노인이 사용한 진료비는 30.8%에 달해 이처럼 과다한 의료비용의 억제 및 감소 대책이 시급히 필요한 상황이다. 즉, 노인층의 질병 예방 및 관리를 위한 맞춤형 영양관리가 시급히 필요하며, 장기적으로 지속 가능한 형태의 사업이 개발 운영되어야 한다.

(2) 사업의 내용

① 복지관 경로식당의 급식내용에 대한 영양관리 기준 마련 및 시행

② 밑반찬 배달사업을 도시락 배달사업으로 전환 및 확대 관리

③ 지역 특성에 맞춘 노인정 급식지원 방안 도출 및 시행

(3) 사업의 주체와 참여기관 단체

① 사업 주체: 보건복지부(국민영양관리법, 노인복지법 등에 근거)

② 참여기관/단체 : 식품의약품안전처, 지방자치단체, 정부출연기관, 관련 학계, 관련 협회

영양관리서비스의 산업기반정비 및 건강/질환관리 상품으로 육성

(1) 사업배경

① 국민영양관리법 제 11조에서는 '국가 및 지방자치단체는 다음 각 호의 영양관리사업을 실시할 수 있다.'고 규정하면서 그 3호에 '생활습관 질병 등 질병예방을 위한 영양관리사업'을 명시하였다.

② 영양관리 서비스는 우리 사회의 급속한 고령화 및 만성질환 증가 등으로 인해 건강수명 연장을 위한 필수 요소로 새롭게 니즈가 부각된, 급속한 성장이 가능한 신개념의 건강/질환 관리 서비스 분야이다.

③ 한편, 대상의 영양관리 특성을 고려하여 실시하는 교육 · 상담 등의 영양관리사업 내용과 연계되는 질환 예방/예후관리용 질환/영양 관리식 제조/제공 산업은 1인 가구 증가 및 체중관리 수요 등 새로운 식생활 니즈의 출현으로 인해 성장 가능성이 추가되는 신개념의 산업분야이다.

④ 따라서 영양관리 전문 인력을 활용한 영양관리서비스의 산업기반 정비와 체계적 육성을 통해 국민의 실질적 건강관리에 기여하도록 하는 조치가 요구된다.

(2) 사업의 내용

① 만성질환 고위험군에 대한 영양관리서비스 정립: 시장조사, 모형개발, 협의체 운영, R&D지원 등

② 질환/영양 관리식 생산가능 환경조성

③ 식품산업의 분야 간 연계 및 인프라확충

④ 전문 인력의 차별화 된 양성 및 관리

⑤ 영양관리서비스 선도기업 육성

⑥ 고객 맞춤형 상품개발

(3) 사업의 주체와 참여기관 단체

① 사업 주체 : 보건복지부(국민영양관리법에 근거)

② 참여기관/단체 : 식품의약품안전처, 지방자치단체, 정부출연기관, 관련 학계/협회, 기업, 의료기관 등

취약계층을 위한 영양관리사업개발 및 확대

(1) 사업배경

① 국민영양관리법 제 11조에서는 '국가 및 지방자치단체는 다음 각 호의 영양관리사업을 실시할 수 있다.'고 규정하면서 그 1호에 '영유아, 임산부, 아동, 노인, 노숙인 및 사회 복지시설 수용자 등 영양취약계층을 위한 영양관리사업'을 명시하였다.

② 또한, 저출산 현상의 심화로 인해 미래 국민의 규모 감소로 인한 국가 경쟁력/위상 변화에 대한 우려가 커지면서 이들의 건강 확보를 담보할 수 있는 정책 마련의 필요성이 지적 되었다.

③ 2007~2009년 영유아, 어린이 및 청소년 식품섭취량 실태 특별조사 결과를 재분석한 바에 의하면, 1~6세, 7~12세, 13~19세 연령층 별로 다소비식품 상위 30위 내에 포함되는 과일의 종류와 섭취량 측면에서 취약계층 아동의 상황이 상당히 열악한 것으로 나타났다(식품의약품안전평가원/한국보건산업진흥원, 2010).

④ 한편, 2008년 국민건강영양조사 영양조사 부문의 결과에 의하면, 식

생활 안정성이 확보되지 못한 가구의 비율이 저소득층과 농어촌(읍 · 면) 지역에서 높으며, 최근 다문화 가정의 증가가 두드러지고 있어 경제적으로 취약한 계층에 대한 영양관리의 시급성이 부각되고 있다.

⑤ 따라서 미래 국민의 건강 확보를 위해 이들 취약계층에 대한 지속 가능한 형태의 장기적 안목의 영양관리가 필요하며 이를 위한 즉각적인 조치가 요구된다.

(2) 사업의 내용

① 영양플러스사업의 대상 규모 확대 : 예산확보 및 기업의 사회공헌프로그램 활용방안 강구

② 취약계층 아동을 위한 과일 제공사업 개발 및 운영

③ 다문화 가정에 대한 식생활 조사 및 이들의 영양관리를 위한 전담 영양사 제도 개발/운영

(3) 사업의 주체와 참여기관 단체

① 사업 주체 : 보건복지부(국민영양관리법에 근거)

② 참여기관/단체 : 지방자치단체, 정부출연기관, 관련 학계/협회, 기업 등

2. 보건소

(1) 2011년 보건소의 찾아가는 보건소 건강관리 서비스

① (북한이탈주민) 집단거주지역(임대아파트 등) 보건소에 북한이탈주민 출신의 전담 상담사 배치 (2011년 3월, 전국 10개소, 신규)

※ 보건소를 통해 결핵, B형 간염 등에 대한 상담 서비스 제공 (2011년 6월)

② (결혼이민여성) 보건소 이용시 통역, 병원동행 서비스를 제공하고(2010년 22개소 2011년 25개소) 다문화가족지원센터에 출장 건강교육 실시

③ (임산부 · 취약 아동) 임산부에 대한 영양플러스 사업(2011년 7만명)을 지속 추진하면서, 지역아동센터, 가정위탁 아동 등에게 과일 제공 및 방문 영양교육 실시(20개 센터, 600명, 2011년 하반기)

⑵ 국민공감 식품안전 프로젝트

① 계산대에서 바코드 스캔시 판매를 자동 차단하는『위해식품판매 자동차단 시스템』확대 · 보급을 통한 안심 쇼핑 환경 조성

※ 2010년 대형유통판매업체 10개 적용 → 2011년 상공회의소에 가입된 대형유통업체에 100% 적용하고 중소유통업체 및 소규모 판매업소까지 확대

② 국민불안 해소를 위해 식품 위해정보 공표시에 행정기관 간의 사전협의 절차를 마련

③ 국민 식습관과 유해물질 잔류수준을 고려한 식품안전기준을 마련하고 모니터링해 주기별 재평가 시스템 도입 (식약청)

※ 낙지머리 논란 사례 등 실질적인 섭취한계량을 고려한 체계적 관리 필요

④ 과자류나 음료수 등 어린이 기호식품 신호등 표시제를 시행(2011년 상반기)하고 고열량, 저영양식품을 판매하지 않는 판매업소에 인센티브 부여 검토

그 외에도 건강관리 서비스 제도화로 병 · 의원, 건강관리 서비스 기관 등의 상담, 영양지도 등 건강관리 서비스 제공인력을 확충하고 있다.

3. 식품의약품안전처

식품의약품안전처는 국민건강의 보호증진과 식의약 안전확보를 위한 예방, 대응, 지원을 목적으로하는 국가기관이다.

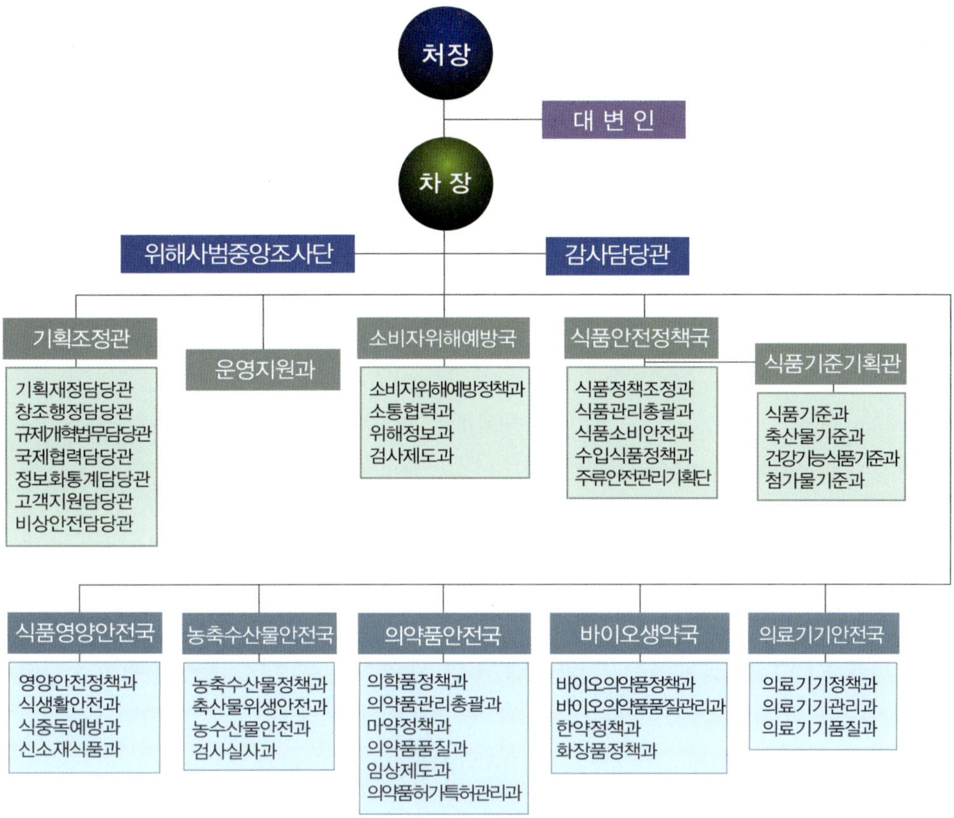

그림 12-7 식품의약품안전처 본처 조직도

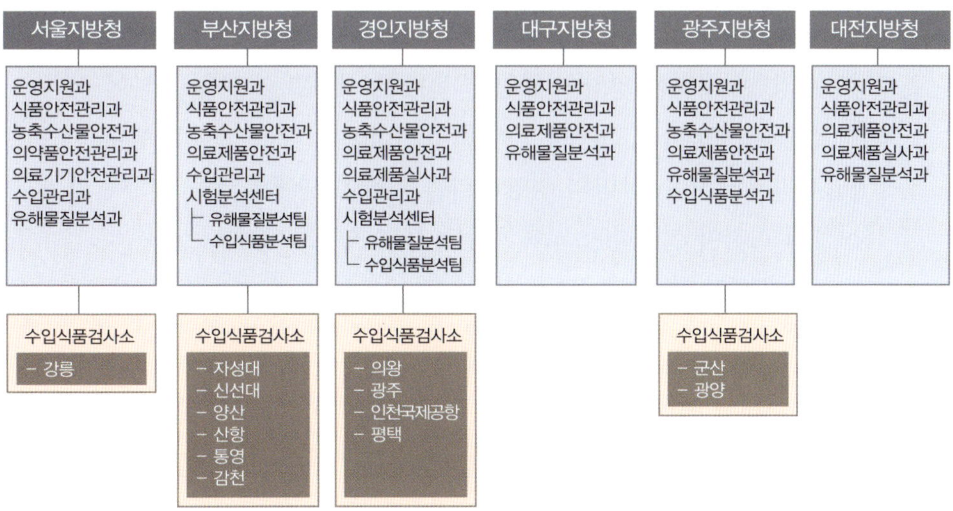

그림 12-8 지방 식품의약품안전청 조직도

SECTION 2 관련 법령

1. 국민영양관리법/시행령/시행규칙

1. 국민영양관리법	공포	2010. 3. 26	법 률	제10191호
	일부개정	2012. 5. 13	법 률	제11440호
				(시행일 2015. 5. 24)
2. 국민영양관리법 시행령	공포	2010. 9. 27	대 통 령 령	제22407호
	타법개정	2013. 3. 23	대 통 령 령	제24454호
3. 국민영양관리법 시행규칙	공포	2010. 9. 27	보건복지부령	제 22 호
	타법개정	2013. 4. 17	보건복지부령	제 193 호

제1장 총 칙

제1조 (목적) 이 법은 국민의 식생활에 대한 과학적인 조사 · 연구를 바탕으로 체계적인 국가영양정책을 수립 · 시행함으로써 국민의 영양 및 건강 증진을 도모하고 삶의 질 향상에 이바지하는 것을 목적으로 한다.

제2조 (정의) 이 법에서 사용하는 용어의 정의는 다음과 같다.

1. "식생활"이란 식문화, 식습관, 식품의 선택 및 소비 등 식품의 섭취와 관련된 모든 양식화된 행위를 말한다.
2. "영양관리"란 적절한 영양의 공급과 올바른 식생활 개선을 통하여 국민이 질병을 예방하고 건강한 상태를 유지하도록 하는 것을 말한다.
3. "영양관리사업"이란 국민의 영양관리를 위하여 생애주기 등 영양관리 특성을 고려하여 실시하는 교육 · 상담 등의 사업을 말한다.

제3조 (국가 및 지방자치단체의 의무)

① 국가 및 지방자치단체는 올바른 식생활 및 영양관리에 관한 정보를 국민에게 제공하여야 한다.

② 국가 및 지방자치단체는 국민의 영양관리를 위하여 필요한 대책을 수립하고 시행하여야 한다.

③ 지방자치단체는 영양관리사업을 시행하기 위한 공무원을 둘 수 있다.

제4조 (영양사 등의 책임)

① 영양사는 지속적으로 영양지식과 기술의 습득으로 전문능력을 향상시켜 국민영양개선 및 건강증진을 위하여 노력하여야 한다.

② 식품 · 영양 및 식생활 관련 단체와 그 종사자, 영양관리사업 참여자는 자발적 참여와 연대를 통하여 국민의 건강증진을 위하여 노력하여야 한다.

제5조 (국민의 권리 등)

① 누구든지 영양관리사업을 통하여 건강을 증진할 권리를 가지며 성별, 연령, 종교, 사회적 신분 또는 경제적 사정 등을 이유로 이에 대한 권리를 침해받지 아니한다.

② 모든 국민은 올바른 영양관리를 통하여 자신과 가족의 건강을 보호 · 증진하기 위하여 노력하여야 한다.

제6조 (다른 법률과의 관계) 국민의 영양관리에 대하여 다른 법률에 특별한 규정이 있는 경우를 제외하고는 이 법에서 정하는 바에 따른다.

제2장 국민영양관리 기본계획 등

제7조 (국민영양관리기본계획)

① 보건복지부장관은 관계 중앙행정기관의 장과 협의하고 「국민건강증진법」 제5조에 따른 국민건강증진정책심의위원회(이하 "위원회"라 한다)의 심의를 거쳐 국민영양관리기본계획(이하 "기본계획"이라 한다)을 5년마다 수립하여야 한다.

② 기본계획에는 다음 각 호의 사항이 포함되어야 한다.

1. 기본계획의 중장기적 목표와 추진방향
2. 다음 각 목의 영양관리사업 추진계획

가. 제10조에 따른 영양 · 식생활 교육사업
나. 제11조에 따른 영양취약계층 등의 영양관리사업
다. 제13조에 따른 영양관리를 위한 영양 및 식생활 조사
라. 그 밖에 대통령령으로 정하는 영양관리사업

3. 연도별 주요 추진과제와 그 추진방법
4. 필요한 재원의 규모와 조달 및 관리 방안
5. 그 밖에 영양관리정책수립에 필요한 사항

③ 보건복지부장관은 제1항에 따라 기본계획을 수립한 경우에는 관계 중앙행정기관의 장, 특별시장 · 광역시장 · 도지사 · 특별자치도지사(이하 "시 · 도지사"라 한다) 및 시장 · 군수 · 구청장(자치구의 구청장을 말한다. 이하 같다)에게 통보하여야 한다.

④ 제1항의 기본계획 수립에 따른 협의절차, 제3항의 통보방법 등에 관하여 필요한 사항은 보건복지부령으로 정한다.

제8조 (국민영양관리시행계획)

① 시장 · 군수 · 구청장은 기본계획에 따라 매년 국민영양관리시행계획(이하 "시행계획"이라 한다)을 수립 · 시행하여야하며 그 시행계획 및 추진실적을 시 · 도지사를 거쳐 보건복지부장관에게 제출하여야 한다.

② 보건복지부장관은 시 · 도지사로부터 제출된 시행계획 및 추진실적에 관하여 보건복지부령으로 정하는 방법에 따라 평가하여야 한다.

③ 시행계획의 수립 및 추진 등에 필요한 사항은 보건복지부령으로 정하는 기준에 따라 해당 지방자치단체의 조례로 정한다.

제9조 (국민영양정책 등의 심의) 위원회는 국민의 영양관리를 위하여 다음 각 호의 사항을 심의한다.

1. 국민영양정책의 목표와 추진방향에 관한 사항
2. 기본계획의 수립에 관한 사항
3. 그 밖에 영양관리를 위하여 위원장이 필요하다고 인정한 사항

제3장 영양관리사업

제10조 (영양 · 식생활 교육사업)

① 국가 및 지방자치단체는 국민의 건강을 위하여 영양 · 식생활 교육을 실시하여야 하며 영양 · 식생활 교육에 필요한 프로그램 및 자료를 개발하여 보급하여야 한다.

② 제1항에 따른 영양 · 식생활 교육의 대상 · 내용 · 방법 등에 필요한 사항은 보건복지부령으로 정한다.

제11조 (영양취약계층 등의 영양관리사업) 국가 및 지방자치단체는 다음 각 호의 영양관리사업을 실시할 수 있다.

1. 영유아, 임산부, 아동, 노인, 노숙인 및 사회복지시설 수용자 등 영양취약계층을 위한 영양관리사업
2. 어린이집, 유치원, 학교, 집단급식소, 의료기관 및 사회복지시설 등 시설 및 단체에 대한 영양관리사업
3. 생활습관질병 등 질병예방을 위한 영양관리사업

제12조 (통계 · 정보)

① 보건복지부장관은 영양정책 및 영양관리사업 등에 활용할 수 있도록 식품 및 영양에 관한 통계 및 정보를 수집 · 관리하여야 한다.

② 보건복지부장관은 제1항에 따른 통계 및 정보를 수집 · 관리하기 위하여 필요한 경우 관련 기관 또는 단체에 자료를 요청할 수 있다.

③ 제2항에 따라 자료를 요청받은 기관 또는 단체는 이에 성실히 응하여야 한다.

제13조 (영양관리를 위한 영양 및 식생활 조사)

① 국가 및 지방자치단체는 지역사회의 영양문제에 관한 연구를 위하여 다음 각 호의 조사를 실시할 수 있다.

1. 식품 및 영양소 섭취조사
2. 식생활 행태 조사
3. 영양상태 조사
4. 그 밖에 영양문제에 필요한 조사로서 대통령령으로 정하는 사항

② 보건복지부장관은 국민의 식품섭취 · 식생활 등에 관한 국민 영양 및 식생활조사를 정기적으로 실시하여야 한다.

③ 제1항 및 제2항에 따른 조사 시기와 방법, 그 밖에 필요한 사항은 대통령령으로 정한다.

제14조 (영양소 섭취기준 및 식생활지침의 제정 및 보급)

① 보건복지부장관은 국민건강증진에 필요한 영양소 섭취기준을 제정하고 정기적으로 개정하여 학계 · 산업계 및 관련 기관 등에 체계적으로 보급하여야 한다.

② 보건복지부장관은 국민건강증진과 삶의 질 향상을 위하여 질병별 · 생애주기별 특성 등을 고려한 식생활지침을 제정하고 정기적으로 개정 · 보급하여야 한다.

③ 제1항에 따른 영양소 섭취기준 및 제2항에 따른 식생활 지침의 주요 내용 및 발간 주기 등 세부적인 사항은 보건복지부령으로 정한다.

제4장 영양사의 면허 및 교육 등

제15조 (영양사의 면허)

① 영양사가 되고자 하는 사람은 다음 각 호의 어느 하나에 해당하는 사람으로서 영양사 국가시험에 합격한 후 보건복지부장관의 면허를 받아야 한다.

제17조 (영양사의 업무) 영양사는 다음 각 호의 업무를 수행한다.

1. 건강증진 및 환자를 위한 영양 · 식생활 교육 및 상담
2. 식품영양정보의 제공
3. 식단작성, 검식(檢食) 및 배식관리

4. 구매식품의 검수 및 관리
5. 급식시설의 위생적 관리
6. 집단급식소의 운영일지 작성
7. 종업원에 대한 영양지도 및 위생교육

제5장 보 칙

제23조 (임상영양사)

① 보건복지부장관은 건강관리를 위하여 영양판정, 영양상담, 영양소 모니터링 및 평가 등의 업무를 수행하는 영양사에게 영양사 면허 외에 임상영양사 자격을 인정할 수 있다.

국민영양관리법 시행령

제1조 (목적) 이 영은 「국민영양관리법」에서 위임된 사항과 그 시행에 필요한 사항을 규정함을 목적으로 한다.

제2조 (영양관리사업의 유형) 「국민영양관리법」(이하 "법"이라 한다) 제7조제2항제2호라목에 따른 영양관리사업은 다음 각 호와 같다.

1. 법 제14조에 따른 영양소 섭취기준 및 식생활 지침의 제정 · 개정 · 보급 사업
2. 영양취약계층을 조기에 발견하여 관리할 수 있는 국가영양관리감시체계 구축 사업
3. 국민의 영양 및 식생활 관리를 위한 홍보 사업
4. 고위험군 · 만성질환자 등에게 영양관리식 등을 제공하는 영양관리서비스산업의 육성을 위한 사업
5. 그 밖에 국민의 영양관리를 위하여 보건복지부장관이 필요하다고 인정하는 사업

제3조 (영양 및 식생활 조사의 유형) 법 제13조제1항제4호에 따른 영양문제에 필요한 조사는 다음 각 호와 같다.

1. 식품의 영양성분 실태조사
2. 당 · 나트륨 · 트랜스지방 등 건강 위해가능 영양성분의 실태조사
3. 음식별 식품재료량 조사
4. 그 밖에 국민의 영양관리와 관련하여 보건복지부장관 또는 지방자치단체의장이 필요하다고 인정하는 조사

제4조 (영양 및 식생활 조사의 시기와 방법 등)

① 보건복지부장관은 법 제13조제1항제1호부터 제3호까지 및 같은 조 제2항에 따른 조사를 「국민건강증진법」 제16조에 따른 국민영양조사에 포함하여 실시한다.

② 보건복지부장관은 제3조제1호 및 제2호에 따른 실태조사를 가공식품과 식품접객업소 · 집단급식소 등에서 조리 · 판매 · 제공하는 식품 등에 대하여 보건복지부장관이 정한 기준에 따라 매년 실시한다.
〈개정 2013. 3. 23〉

③ 보건복지부장관은 제3조제3호에 따른 조사를 식품접객업소 및 집단급식소 등의 음식별 식품재료에 대하여 보건복지부장관이 정한 기준에 따라 매년 실시한다.

제9조 (협회의 지부 및 분회) 협회는 특별시 · 광역시 · 도와 특별자치도에 지부를 설치할 수 있으며, 시 · 군 · 구(자치구를 말한다)에 분회를 설치할 수 있다.

제10조 (업무의 위탁)

① 보건복지부장관은 법 제25조제2항에 따라 법 제20조에 따른 보수교육 업무를 협회에 위탁한다.

② 보건복지부장관은 법 제25조제2항에 따라 다음 각 호의 업무를 관계 전문기관에 위탁한다.

1. 법 제10조에 따른 영양 · 식생활 교육사업
2. 법 제11조에 따른 영양취약계층 등의 영양관리사업
3. 법 제12조에 따른 통계 · 정보의 수집 · 관리
4. 법 제13조에 따른 영양 및 식생활 조사
5. 법 제14조에 따른 영양소 섭취기준 및 식생활 지침의 제정 · 개정 · 보급
6. 법 제23조에 따른 임상영양사의 자격시험 관리

③ 제2항에서 "관계 전문기관"이란 다음 각 호의 어느 하나에 해당하는 기관 중에서 보건복지부장관이 지정하는 기관을 말한다.

1. 「고등교육법」에 따른 학교로서 식품학 또는 영양학 전공이 개설된 전문대학 이상의 학교
2. 협회
3. 정부가 설립하거나 정부가 운영비용의 전부 또는 일부를 지원하는 영양관리업무 관련 비영리법인
4. 그 밖에 영양관리업무에 관한 전문 인력과 능력을 갖춘 비영리법인

국민영양관리법 시행규칙

제1조 (목적) 이 규칙은「국민영양관리법」및「국민영양관리법 시행령」에서 위임된 사항과 그 시행에 필요한 사항을 규정함을 목적으로 한다.

제2조 (국민영양관리기본계획 협의절차 등)

① 보건복지부장관은「국민영양관리법」(이하 "법"이라 한다) 제7조에 따른 국민영양관리기본계획(이하 "기본계획"이라 한다) 수립 시 기본계획안을 작성하여 관계 중앙행정기관의 장에게 통보하여야 한다.

제5조 (영양 · 식생활 교육의 대상 · 내용 · 방법 등)

① 보건복지부장관, 시 · 도지사 및 시장 · 군수 · 구청장은 국민 또는 지역주민에게 영양 · 식생활 교육을 실시하여야 하며, 이 경우 생애주기 등 영양관리 특성을 고려하여야 한다.

② 영양 · 식생활 교육의 내용은 다음 각 호와 같다.

1. 생애주기별 올바른 식습관 형성 · 실천에 관한 사항
2. 식생활지침 및 영양소 섭취기준
3. 질병 예방 및 관리
4. 비만 및 저체중 예방 · 관리
5. 바람직한 식생활문화 정립
6. 식품의 영양과 안전
7. 영양 및 건강을 고려한 음식만들기
8. 그 밖에 보건복지부장관, 시 · 도지사 및 시장 · 군수 · 구청장이 국민 또는 지역 주민의 영양관리 및 영양개선을 위하여 필요하다고 인정하는 사항

제6조 (영양소 섭취기준과 식생활지침의 주요 내용 및 발간 주기 등)

① 법 제14조제1항에 따른 영양소 섭취기준에는 다음 각 호의 내용이 포함되어야 한다.

1. 국민의 생애주기별 영양소 요구량(평균필요량, 권장섭취량, 충분섭취량 등) 및 상한섭취량
2. 영양소 섭취기준 활용을 위한 식사 모형
3. 국민의 생애주기별 1일 식사구성안
4. 그 밖에 보건복지부장관이 영양소 섭취기준에 포함되어야 한다고 인정하는 내용

② 법 제14조제2항에 따른 식생활지침에는 다음 각 호의 내용이 포함되어야 한다.

1. 건강증진을 위한 올바른 식생활 및 영양관리의 실천
2. 생애주기별 특성에 따른 식생활 및 영양관리
3. 질병의 예방 · 관리를 위한 식생활 및 영양관리
4. 비만과 저체중의 예방 · 관리
5. 영양취약계층, 시설 및 단체에 대한 식생활 및 영양관리
6. 바람직한 식생활문화 정립
7. 식품의 영양과 안전
8. 영양 및 건강을 고려한 음식 만들기
9. 그 밖에 올바른 식생활 및 영양관리에 필요한 사항

③ 영양소 섭취기준 및 식생활지침의 발간 주기는 5년으로 하되, 필요한 경우 그 주기를 조정할 수 있다.

제22조 (임상영양사의 업무) 법 제23조에 따른 임상영양사(이하 "임상영양사"라 한다)는 질병의 예방과 관리를 위하여 질병별로 전문화된 다음 각 호의 업무를 수행한다.

1. 영양문제 수집 · 분석 및 영양요구량 산정 등의 영양판정
2. 영양상담 및 교육
3. 영양관리상태 점검을 위한 영양모니터링 및 평가
4. 영양불량상태 개선을 위한 영양관리
5. 임상영양 자문 및 연구
6. 그 밖에 임상영양과 관련된 업무

2. 식품위생법

공포 1962. 1. 20 법 률 제 1007 호
일부개정 2014. 1. 28 법 률 제12390호
(시행일 2015. 1. 29)

제1조 (목적) 이 법은 식품으로 인하여 생기는 위생상의 위해(危害)를 방지하고 식품영양의 질적 향상을 도모하며 식품에 관한 올바른 정보를 제공하여 국민보건의 증진에 이바지함을 목적으로 한다.

제2조 (정의) 이 법에서 사용하는 용어의 뜻은 다음과 같다.
〈개정 2013.7.30〉

8. "영양표시"란 식품에 들어있는 영양소의 양(量) 등 영양에 관한 정보를 표시하는 것을 말한다.

제11조 (식품의 영양표시 등)

① 식품의약품안전처장은 총리령으로 정하는 식품의 영양표시에 관하여 필요한 기준을 정하여 고시할 수 있다.〈개정 2010.1.18, 2013.3.23〉

② 식품을 제조 · 가공 · 소분 또는 수입하는 영업자가 식품을 판매하거나 판매할 목적으로 수입 · 진열 · 운반하거나 영업에 사용하는 경우에는 제1항에 따라 정하여진 영양표시 기준을 지켜야 한다.

③ 식품의약품안전처장은 국민들이 제1항에 따른 영양표시를 식생활에서 활용할 수 있도록 교육과 홍보를 하여야 한다.〈개정 2013.3.23〉

제13조 (허위표시 등의 금지)

① 누구든지 식품 등의 명칭 · 제조방법, 품질 · 영양 표시, 유전자 재조합식품 등 및 식품이력추적관리 표시에 관하여는 다음 각 호에 해당하는 허위 · 과대 · 비방의 표시 · 광고를 하여서는 아니 되고, 포장에 있어서는 과대포장을 하지 못한다. 식품 또는 식품첨가물의 영양가 · 원재료 · 성분 · 용도에 관하여도 또한 같다.〈개정 2011. 8. 4〉

1. 질병의 예방 및 치료에 효능 · 효과가 있거나 의약품 또는 건강기능식품으로 오인 · 혼동할 우려가 있는 내용의 표시 · 광고

2. 사실과 다르거나 과장된 표시 · 광고
3. 소비자를 기만하거나 오인 · 혼동시킬 우려가 있는 표시 · 광고
4. 다른 업체 또는 그 제품을 비방하는 광고
5. 제12조의3제1항에 따라 심의를 받지 아니하거나 심의받은 내용과 다른 내용의 표시 · 광고

② 제1항에 따른 허위표시, 과대광고, 비방광고 및 과대포장의 범위와 그 밖에 필요한 사항은 총리령으로 정한다.〈개정 2013.3.23〉

제41조 (식품위생교육)

① 대통령령으로 정하는 영업자 및 유흥종사자를 둘 수 있는 식품접객업 영업자의 종업원은 매년 식품위생에 관한 교육(이하 "식품위생교육"이라 한다)을 받아야 한다.

② 제36조제1항 각 호에 따른 영업을 하려는 자는 미리 식품위생교육을 받아야 한다. 다만, 부득이한 사유로 미리 식품위생교육을 받을 수 없는 경우에는 영업을 시작한 뒤에 식품의약품안전처장이 정하는 바에 따라 식품위생교육을 받을 수 있다.〈개정 2013.3.23〉

③ 제1항 및 제2항에 따라 교육을 받아야 하는 자가 영업에 직접 종사하지 아니하거나 두 곳 이상의 장소에서 영업을 하는 경우에는 종업원 중에서 식품위생에 관한 책임자를 지정하여 영업자 대신 교육을 받게 할 수 있다. 다만, 집단급식소에 종사하는 조리사 및 영양사(「국민영양관리법」 제15조에 따라 영양사 면허를 받은 사람을 말한다. 이하 같다)가 식품위생에 관한 책임자로 지정되어 제56조제1항 단서에 따라 교육을 받은 경우에는 제1항 및 제2항에 따른 해당 연도의 식품위생교육을 받은 것으로 본다. 〈개정 2010.3.26〉

④ 제2항에도 불구하고 조리사 또는 영양사의 면허를 받은 자가 제36조제1항제3호에 따른 식품접객업을 하려는 경우에는 식품위생교육을 받지 아니하여도 된다.

⑤ 영업자는 특별한 사유가 없는 한 식품위생교육을 받지 아니한 자를 그 영업에 종사하게 하여서는 아니 된다.

⑥ 제1항 및 제2항에 따른 교육의 내용, 교육비 및 교육 실시기관 등에 관하여 필요한 사항은 총리령으로 정한다.〈개정 2013.3.23〉

제52조 (영양사)

① 집단급식소 운영자는 영양사(營養士)를 두어야 한다. 다만, 다음 각 호의 어느 하나에 해당하는 경우에는 영양사를 두지 아니하여도 된다.
〈개정 2011.6.7, 2013.5.22〉

1. 집단급식소 운영자 자신이 영양사로서 직접 영양지도를 하는 경우
2. 1회 급식인원 100명 미만의 산업체인 경우
3. 제51조제1항에 따른 조리사가 영양사의 면허를 받은 경우

② 집단급식소에 근무하는 영양사는 다음 각 호의 직무를 수행한다.
〈신설 2011.6.7〉

1. 집단급식소에서의 식단 작성, 검식(檢食) 및 배식관리
2. 구매식품의 검수(檢受) 및 관리
3. 급식시설의 위생적 관리
4. 집단급식소의 운영일지 작성
5. 종업원에 대한 영양지도 및 식품위생교육

3. 국민건강증진법

공포 1995. 1. 5 법 률 제4914호
일부개정 2013. 7. 30 법 률 제11973호
(시행일 2014. 7. 29)

제1조 (목적) 이 법은 국민에게 건강에 대한 가치와 책임의식을 함양하도록 건강에 관한 바른 지식을 보급하고 스스로 건강생활을 실천할 수 있는 여건을 조성함으로써 국민의 건강을 증진함을 목적으로 한다.

제2조 (정의) 이 법에서 사용하는 용어의 정의는 다음과 같다.

1. "국민건강증진사업"이라 함은 보건교육, 질병예방, 영양개선 및 건강생활의 실천 등을 통하여 국민의 건강을 증진시키는 사업을 말한다.

2. "보건교육"이라 함은 개인 또는 집단으로 하여금 건강에 유익한 행위를 자발적으로 수행하도록 하는 교육을 말한다.
3. "영양개선"이라 함은 개인 또는 집단이 균형된 식생활을 통하여 건강을 개선시키는 것을 말한다.

제5조 (국민건강증진정책심의위원회)

① 국민건강증진에 관한 주요사항을 심의하기 위하여 보건복지부에 국민건강증진정책심의위원회(이하 "위원회"라 한다)를 둔다. 〈개정 2010.1.18〉
② 위원회는 다음 각 호의 사항을 심의한다. 〈개정 2010.3.26〉

1. 종합계획
2. 제22조의 규정에 따른 국민건강증진기금의 연도별 운용계획안 · 결산 및 평가
3. 2 이상의 중앙행정기관이 관련되는 주요 국민건강증진시책에 관한 사항으로서 관계중앙행정기관의 장이 심의를 요청하는 사항
4. 「국민영양관리법」 제9조에 따른 심의사항
5. 그 밖에 위원장이 심의에 부치는 사항 [전문개정 2006.9.27]

제15조 (영양개선)

① 국가 및 지방자치단체는 국민의 영양상태를 조사하여 국민의 영양개선방안을 강구하고 영양에 관한 지도를 실시하여야 한다.
② 국가 및 지방자치단체는 국민의 영양개선을 위하여 다음 각 호의 사업을 행한다. 〈개정 2010.1.18〉

1. 영양교육사업
2. 영양개선에 관한 조사 · 연구사업
3. 기타 영양개선에 관하여 보건복지부령이 정하는 사업

제16조 (국민영양조사 등)

① 보건복지부장관은 국민의 건강상태 · 식품섭취 · 식생활조사 등 국민의

영양에 관한 조사(이하 "국민영양조사" 라 한다)를 정기적으로 실시한다.〈개정 2010.1.18〉

② 특별시 · 광역시 및 도에는 국민영양조사와 영양에 관한 지도업무를 행하게 하기 위한 공무원을 두어야 한다.

③ 국민영양조사를 행하는 공무원은 그 권한을 나타내는 증표를 관계인에게 내보여야 한다.

④ 국민영양조사의 내용 및 방법 기타 국민영양조사와 영양에 관한 지도에 관하여 필요한 사항은 대통령령으로 정한다.

제19조 (건강증진사업 등)

① 국가 및 지방자치단체는 국민건강증진사업에 필요한 요원 및 시설을 확보하고, 그 시설의 이용에 필요한 시책을 강구하여야 한다.

② 시장 · 군수 · 구청장은 지역주민의 건강증진을 위하여 보건복지부령이 정하는 바에 의하여 보건소장으로 하여금 다음 각 호의 사업을 하게 할 수 있다.〈개정 2010.1.18〉

1. 보건교육 및 건강상담
2. 영양관리
3. 구강건강의 관리
4. 질병의 조기발견을 위한 검진 및 처방
5. 지역사회의 보건문제에 관한 조사 · 연구
6. 기타 건강교실의 운영 등 건강증진사업에 관한 사항

③ 보건소장이 제2항의 규정에 의하여 제2항제1호 내지 제4호의 업무를 행한 때에는 이용자의 개인별 건강상태를 기록하여 유지 · 관리하여야 한다.

④ 건강증진사업에 필요한 시설 · 운영에 관하여는 보건복지부령으로 정한다.〈개정 2010.1.18〉

제27조 (지도 · 훈련)

① 보건복지부장관은 보건교육을 담당하거나 국민영양조사 및 영양에 관

한 지도를 담당하는 공무원 또는 보건복지부령이 정하는 단체 및 공공기관에 종사하는 담당자의 자질향상을 위하여 필요한 지도와 훈련을 할 수 있다.〈개정 2010.1.18〉

② 제1항의 규정에 의한 훈련에 관하여 필요한 사항은 보건복지부령으로 정한다.〈개정 2010.1.18〉

4. 지역보건법 / 시행령

공포 1956. 12. 13 법 률 제406호
타법개정 2009. 12. 29 법 률 제9847호
시행령 2013. 3. 23 대통령령 제24454호

제9조 (보건소의 업무) 보건소는 당해 지방자치단체의 관할구역안에서 행하여지는 다음 각 호의 사항을 관장한다.〈개정 2010.3.26〉

1. 국민건강증진 · 보건교육 · 구강건강 및 영양관리사업
2. 감염병의 예방 · 관리 및 진료
3. 모자보건 및 가족계획사업
4. 노인보건사업
5. 공중위생 및 식품위생
6. 의료인 및 의료기관에 대한 지도 등에 관한 사항
7. 의료기사 · 의무기록사 및 안경사에 대한 지도 등에 관한 사항
8. 응급의료에 관한 사항
9. 「농어촌등보건의료를위한특별조치법」에 의한 공중보건의사 · 보건진료원 및 보건진료소에 대한 지도 등에 관한 사항
10. 약사에 관한 사항과 마약 · 향정신성의약품의 관리에 관한 사항
11. 정신보건에 관한 사항
12. 가정 · 사회복지시설 등을 방문하여 행하는 보건의료사업
13. 지역주민에 대한 진료, 건강진단 및 만성퇴행성질환 등의 질병관리에 관한 사항

14. 보건에 관한 실험 또는 검사에 관한 사항
15. 장애인의 재활사업 기타 보건복지부령이 정하는 사회복지사업
16. 기타 지역주민의 보건의료의 향상 · 증진 및 이를 위한 연구 등에 관한 사업

5. 아동복지법

공포 1961. 12. 30 법 률 제 912 호
일부개정 2014. 1. 28 법 률 제12361호
(시행일 2014. 9. 29)

제35조 (건강한 심신의 보존)

① 아동의 보호자는 아동의 건강 유지와 향상을 위하여 최선의 주의와 노력을 하여야 한다.

② 국가와 지방자치단체는 아동의 건강 증진과 체력 향상을 위하여 다음 각 호에 해당하는 사항을 지원하여야 한다.

1. 신체적 건강증진에 관한 사항
2. 자살 및 각종 중독의 예방 등 정신적 건강증진에 관한 사항
3. 급식지원 등을 통한 결식예방 및 영양개선에 관한 사항
4. 비만 방지 등 체력 및 여가증진에 관한 사항

③ 국가와 지방자치단체는 아동의 신체적 · 정신적 문제를 미리 발견하여 아동이 제때에 상담과 치료를 받을 수 있는 기반을 마련하여야 한다.

④ 제2항 및 제3항에 따른 지원서비스의 구체적인 내용은 대통령령으로 정한다. 다만, 제2항제3호에 따른 급식지원의 지원 기준 · 방법 및 절차 등에 필요한 사항은 대통령령으로 정하는 기준에 따라 해당 지방자치단체의 조례로 정한다.

제36조 (보건소) 보건소는 이 법에 따라 다음 각 호의 업무를 행한다.

1. 아동의 전염병 예방조치
2. 아동의 건강상담, 신체검사와 보건위생에 관한 지도
3. 아동의 영양개선

6. 어린이 식생활안전관리 특별법/시행령

어린이 식생활안전관리 특별법	공포	2008. 3. 21	법 률	제 8943 호
	일부개정	2013. 7. 30	법 률	제11988호
어린이 식생활안전관리 특별법 시행령	공포	2009. 3. 20	대 통 령 령	제21359호
	일부개정	2014. 1. 28	대 통 령 령	제25131호

제1장 총 칙

제1조 (목적) 이 법은 어린이들이 올바른 식생활 습관을 갖도록 하기 위하여 안전하고 영양을 고루 갖춘 식품을 제공하는 데 필요한 사항을 규정함으로써 어린이 건강증진에 기여함을 목적으로 한다.

제2조 (정의) 이 법에서 사용하는 용어의 정의는 다음과 같다.
〈개정 2013.7.30〉

1. "어린이"란 제3호에 따른 학교의 학생 또는 「아동복지법」에 따른 아동에해당되는 자를 말한다.
2. "어린이 기호식품"이란 「식품위생법」 또는 「축산물위생관리법」에 따른 식품 중 주로 어린이들이 선호하거나 자주 먹는 음식물로서 대통령령으로 정하는 식품을 말한다.
3. "학교"란 「초 · 중등교육법」 제2조에 따른 초등학교, 중학교, 고등학교 및 특수학교를 말한다.

4. “어린이식생활안전지수”란 어린이를 위하여 식품안전 및 영양관리에 관한 정책을 수행하고 어린이 기호식품 및 단체급식 등을 제조 · 판매 또는 공급하는 환경을 개선하는 정도를 평가하여 도출한 수치(이하 “식생활 안전지수”라 한다)를 말한다.
5. “고열량 · 저영양식품”이란 식품의약품안전처장이 정한 기준보다 열량이높고 영양가(營養價)가 낮은 식품으로서 비만이나 영양불균형을 초래할 우려가 있는 어린이 기호식품을 말한다.
6. “고카페인 함유 식품”이란 「식품위생법」 제10조의 표시기준에 따라 고카페인 함유로 표시된 식품을 말한다.

제3조 (국가 등의 책무)

① 국가는 어린이가 건강하게 성장할 수 있도록 어린이에게 제공되는 식품의 안전과 영양수준을 개선하기 위한 정책을 수립하고 이를 시행할 책무를 진다.

② 국가 및 지방자치단체는 어린이에게 제공되는 식품의 안전과 영양수준의 개선을 위한 정책을 수립 · 시행할 때 과학적 합리성, 일관성, 투명성, 신속성 및 사전예방의 원칙이 유지되도록 하여야 한다.

③ 어린이 기호식품을 제조 · 가공, 조리 또는 진열 · 판매하는 자와 단체급식을 제공하는 자는 관계 법령으로 정하는 바에 따라 안전하고 영양가 있는 식품을 공급하도록 노력하여야 한다.

제4조 (다른 법률과의 관계) 식품의 위생적 취급방법 및 식품의 안전관리 등에 관하여 이 법에 규정이 있는 경우를 제외하고는 「식품위생법」, 「학교급식법」 및 「축산물위생관리법」에 따른다. 〈개정 2010.5.25〉

제2장 어린이 식품안전보호구역 지정관리

제5조 (어린이 식품안전보호구역 지정)

① 시장 · 군수 또는 구청장(자치구의 구청장을 말한다. 이하 같다)은 안전

하고 위생적인 식품판매 환경의 조성으로 어린이를 보호하기 위하여 학교와 해당학교의 경계선으로부터 직선거리 200미터의 범위 안의 구역을 어린이 식품안전보호구역(이하 "어린이 식품안전보호구역"이라 한다)으로 지정 · 관리할 수 있다.

② 어린이 식품안전보호구역 지정에 관한 세부사항은 대통령령으로 정한다.

제6조 (어린이 기호식품 조리 · 판매업소 관리)

① 시장 · 군수 또는 구청장은 어린이 식품안전보호구역에서 어린이 기호식품을 조리 또는 진열 · 판매하는 업소 중 대통령령으로 정하는 업소를 어린이 기호식품 조리 · 판매업소(이하 "조리 · 판매업소"라 한다)로 관리하여야 한다.

② 시장 · 군수 또는 구청장은 조리 · 판매업소에 대하여 위생적이고 안전한 식품을 조리 또는 진열 · 판매하도록 계도하기 위하여 「식품위생법」 제33조제1항에 따른 소비자식품위생감시원의 자격을 갖춘 자를 어린이 기호식품 전담 관리원(이하 "전담 관리원"이라 한다)으로 지정할 수 있다.

③ 전담 관리원을 지정 · 운영하는 데 사용되는 경비에 대하여 「식품위생법」 제89조에 따른 식품진흥기금을 사용할 수 있다. 〈개정 2009.2.6〉

④ 조리 · 판매업소의 관리방법, 전담 관리원의 지정 및 업무범위 등에 관한 세부사항은 보건복지부장관과 협의하여 총리령으로 정한다.
〈개정 2013.3.23〉

제7조 (우수판매업소 지정 등)

① 시장 · 군수 또는 구청장은 어린이 식품안전보호구역에서 보건복지부장관과 협의하여 총리령으로 정하는 안전하고 위생적인 시설기준을 갖추고 고열량 · 저영양 식품과 고카페인 함유 식품을 판매하지 아니하는 업소를 어린이 기호식품 우수판매업소(이하 "우수판매업소"라 한다)로 지정하여 보건복지부장관과 협의하여 총리령으로 정한 로고 등을 표시하거나 광고에 사용하게 할 수 있다. 〈개정 2013.7.30〉

② 우수판매업소로 지정을 받고자 하는 자는 보건복지부장관과 협의하여 총리령으로 정하는 방법 및 절차 등에 따라 업소의 소재지 관할 시장 · 군수 또는 구청장에게 신청하여야 한다. 〈개정 2013.3.23〉

③ 우수판매업소로 지정받고자 하는 자에 대하여 조리기구 · 시설 및 진열 · 판매시설의 개 · 보수를 위한 비용의 일부를 대통령령으로 정하는 바에 따라 국고보조 또는 「식품위생법」 제89조에 따른 식품진흥기금에서 지원할 수 있다. 다만, 지원을 받은 자가 우수판매업소로 지정을 받지 못한 경우 지원받은 금액을 반환하여야 한다.

제3장 어린이 기호식품 관리 등

제8조 (고열량 · 저영양 식품 등의 판매금지 등)

① 식품의약품안전처장은 고열량 · 저영양 식품의 영양성분 기준을 정하여 고시할 수 있다. 〈개정 2013.3.23〉

② 식품의약품안전처장은 다음 각 호의 어느 하나에 해당하는 장소에서는 고열량 · 저영양 식품과 고카페인 함유 식품의 판매를 대통령령으로 정하는 바에 따라 제한하거나 금지할 수 있다. 〈개정 2013.7.30〉

1. 학교
2. 우수판매업소

[제목개정 2013.7.30]

제9조 (정서저해 식품 등의 판매금지 등)

① 식품의약품안전처장은 어린이 기호식품 중 다음 각 호와 같이 사행심을 조장하거나 성적인 호기심을 유발하는 등 어린이의 건전한 정서를 해할 우려가 있는 식품이나 그러한 도안이나 문구가 들어있는 식품에 대하여 판매나 판매 목적의 제조 · 가공 · 수입 · 조리 · 저장 · 운반 및 진열을 금지할 수 있다. 〈개정 2013.3.23〉

1. 돈 · 화투 · 담배 또는 술병의 형태로 만든 식품
2. 인체의 특정부위 모양으로 성적 호기심을 유발하는 식품

3. 게임기 등을 이용하여 판매하는 식품
4. 그 밖에 제1호부터 제3호까지에 준하는 사항으로 식품의약품안전처장이 정하는 식품

② 제1항에 따라 금지할 수 있는 식품의 모양, 도안 또는 문구 등은 식품의약품안전처장이 제25조에 따른 어린이식생활안전관리위원회의 심의를 거쳐 고시하여야 한다. 〈개정 2013.3.23〉

제10조 (광고의 제한 · 금지 등)

① 어린이 기호식품을 제조 · 가공 · 수입 · 유통 · 판매하는 자는 방송, 라디오 및 인터넷을 이용하여 식품이 아닌 장난감이나 그 밖에 어린이의 구매를 부추길 수 있는 물건을 무료로 제공한다는 내용이 담긴 광고를 하여서는 아니된다.

② 식품의약품안전처장은 어린이 기호식품을 제조 · 가공 · 수입 · 유통 · 판매하는 자가 「방송법」 제2조제1호가목의 텔레비전방송을 이용하여 고열량 · 저영양 식품과 고카페인 함유 식품을 광고하는 경우 그 광고시간의 일부를 제한하거나 광고를 금지하게 할 수 있다. 〈개정 2013.7.30〉

③ 식품의약품안전처장은 제2항에 따라 광고시간의 일부를 제한하거나 광고를 금지하고자 하는 경우 그 대상이 되는 고열량 · 저영양 식품과 고카페인 함유 식품을 정하여 고시하여야 한다. 〈개정 2013.7.30〉

④ 제2항에 따라 광고가 제한되는 시간, 그 밖에 제한 및 금지와 관련된 필요한 세부사항은 대통령령으로 정한다.

제4장 올바른 식생활정보 제공 등

제11조 (영양성분 표시)

① 「식품위생법」 제36조제1항제3호에 따른 식품접객영업자 중 주로 어린이 기호식품을 조리 · 판매하는 업소로서 대통령령으로 정하는 영업자가 조리 · 판매하는 식품은 그 영양성분을 표시하여야 한다.

② 식품의약품안전처장은 제1항에 따른 영양성분 표시를 위한 표시기준 및 방법 등을 정하여 고시하여야 한다. 〈개정 2013.3.23〉

제12조 (영양성분의 함량 색상 · 모양 표시)

① 식품의약품안전처장은 어린이 기호식품 중 총리령으로 정하는 식품에 들어 있는 총지방, 포화지방, 당(糖), 나트륨 등 영양성분의 함량에 따라 높음, 보통, 낮음 등의 등급을 정하여 그 등급에 따라 어린이들이 알아보기 쉽게 녹색, 황색, 적색 등의 색상과 원형 등의 모양으로 표시(이하 "색상 · 모양 표시"라 한다)하도록 식품 제조 · 가공 · 수입업자에게 권고할 수 있다. 〈개정 2013.3.23〉

② 제1항에 따라 식품의약품안전처장이 색상 · 모양 표시를 하게 하는 경우 원형 등의 모양에 어린이 기호식품이 함유하고 있는 각각의 해당 영양성분이 하루 권장섭취량에서 차지하는 비율을 명기하도록 하여야 한다. 〈개정 2013.3.23〉

③ 식품의약품안전처장은 색상 · 모양 표시를 위하여 표시방법 등을 정하여 고시하여야 한다. 〈개정 2013.3.23〉[전문개정 2009.5.21]

제13조 (어린이 식품안전 · 영양교육 및 홍보 등)

① 식품의약품안전처장, 특별시장 · 광역시장 · 도지사 · 특별자치도지사(이하 "시 · 도지사"라 한다), 시장 · 군수 · 구청장 또는 시 · 도 교육청장은 모든 어린이들이 건강하고 바른 식생활을 실천할 수 있도록 개인 또는 집단의 특성, 건강상태 및 건강의식 수준에 따라 어린이 기호식품에 대한 안전과 영양공급 등에 대한 교육 및 홍보를 실시하여야 한다. 〈개정 2013.3.23〉

② 학교 중 초등학교의 장은 어린이 식생활 관리에 필요한 안전 및 영양교육을 정기적으로 실시하여야 한다.

제14조 (품질인증기준 및 표시)

① 식품의약품안전처장은 안전하고 영양을 고루 갖춘 어린이 기호식품의 제조 · 가공 · 유통 · 판매를 권장하기 위하여 식품의약품안전처장이 고시

한 품질인증기준(이하 "품질인증식품" 이라 한다)에 적합한 어린이 기호식품에 대하여 품질인증을 할 수 있다. 〈개정 2013.3.23〉

② 제1항에 따라 품질인증을 받은 어린이 기호식품(이하 "품질인증식품" 이라 한다)은 용기 · 포장 등에 보건복지부장관과 협의하여 총리령으로 정하는 바에 따라 도형 또는 문자의 표시(이하 "품질인증식품 표시" 라 한다)를 할 수 있다. 〈개정 2013.3.23〉

③ 식품의약품안전처장은 제1항에 따른 품질인증 업무를 식품 관련 정부출연기관 또는 단체로서 대통령령으로 정하는 기관 또는 단체에 위탁할 수 있다. 이 경우 제15조제1항 후단에 따른 수수료 외에 인증업무에 사용되는 비용은 국가가 지원하여야 한다. 〈개정 2013.3.23〉

제19조 (어린이 건강친화기업 지정 등)

① 식품의약품안전처장은 어린이 기호식품과 단체급식의 안전을 확보하고 영양수준을 향상하기 위하여 모범적인 활동을 하는 식품 영업자를 어린이 건강친화기업(이하 "건강친화기업" 이라 한다)으로 지정할 수 있다. 〈개정 2013.3.23〉

② 건강친화기업으로 지정받고자 하는 식품 영업자는 총리령으로 정하는 바에 따라 식품의약품안전처장에게 신청하여야 한다. 〈개정 2013.3.23〉

③ 건강친화기업으로 지정받은 영업자는 다음 각 호와 같은 표시 · 광고를 할 수 있다.

1. 어린이 기호식품을 제조 · 가공 · 수입하는 자는 해당 식품의 용기 · 포장 등에 건강친화기업의 로고를 표시하거나 광고에 사용
2. 어린이 기호식품을 조리 · 판매하는 업소는 간판 등에 건강친화기업의 로고를 부착하거나 광고에 사용

④ 제17조 및 제18조는 건강친화기업에 대하여 준용한다.

⑤ 건강친화기업의 로고 및 표시방법 등에 관하여 필요한 사항은 총리령으로 정한다. 〈개정 2013.3.23〉

제20조 (어린이 건강친화기업 지정업무 위탁) 식품의약품안전처장은 어린이 건강친화기업 지정 업무를 식품 관련 정부출연기관 또는 단체로서 대

통령령으로 정하는 기관 또는 단체에 위탁할 수 있다. 이 경우 지정업무에 사용되는 비용은 국가가 지원하여야 한다. 〈개정 2013.3.23〉

제5장 어린이급식관리지원센터

제21조 (어린이급식관리지원센터 설치 · 운영)

① 시 · 도지사 또는 시장 · 군수 · 구청장은 어린이에게 단체급식을 제공하는 다음 각 호의 집단급식소에 대한 위생 및 영양관리를 지원하기 위하여 어린이급식관리지원센터를 설치 · 운영할 수 있다. 이 경우 시장 · 군수 · 구청장은 연합하여 공동으로 어린이급식관리지원센터를 설치 · 운영할 수 있다.〈개정 2011.6.7〉

1. 「영유아보육법」에 따라 보호자의 위탁을 받아 영유아를 보육하는 어린이집의 집단급식소
2. 「유아교육법」에 따라 유아의 교육을 위하여 설립 · 운영하는 유치원에 대한 집단급식소
3. 「학교급식법」에 따라 학교급식 대상이 되는 학교의 집단급식소
4. 그 밖에 어린이에게 단체급식을 제공하는 급식소 중 대통령령으로 정한 집단급식소

② 제1항에 따라 설립되는 어린이급식관리지원센터는 법인으로 하거나 대통령령으로 정하는 식품관련 기관 또는 단체에 운영을 위탁할 수 있고, 「학교급식법」 제5조제4항에 따른 학교급식지원센터와 통합 · 운영할 수 있다.〈개정 2011.3.30〉

③ 제1항에 따라 어린이급식관리지원센터에 근무하는 영양사와 위생 업무 담당자의 수, 그 직무범위 및 그 밖의 설치 · 운영에 관한 필요한 사항은 대통령령으로 정한다.

④ 국가 또는 지방자치단체는 제1항에 따라 어린이급식관리지원센터의 설치 · 운영 등에 필요한 비용의 일부를 대통령령으로 정하는 바에 따라 보조하거나 「식품위생법」 제89조에 따른 식품진흥기금에서 지원할 수 있다.

제22조 (영양사 고용 등의 특례)

① 「식품위생법」 제52조에도 불구하고 어린이급식관리지원센터에 등록하여 관리되는 집단급식소 중 상시 1회 100명 미만에게 식사를 제공하는 급식소는 영양사를 두지 아니할 수 있다. 다만, 제21조제1항제3호에 따른 학교의 집단급식소는 영양사를 두어야 한다.〈개정 2009.2.6〉

② 제1항에 따른 등록관리 및 절차 등에 관하여 필요한 사항은 보건복지부령으로 정한다.〈개정 2010.1.18〉

제6장 식생활 안전관리체계 구축

제23조 (식생활 안전지수조사 등)

① 식품의약품안전처장은 어린이 식생활의 안전과 영양수준을 객관적으로 확인 · 평가하기 위하여 식생활 안전지수를 대통령령으로 정하는 바에 따라 정기적으로 조사하여 공표하여야 한다. 〈개정 2013.3.23〉

② 식품의약품안전처장은 제1항에 따른 식생활 안전지수의 조사업무를 대통령령으로 정하는 단체 또는 기관에 위탁할 수 있다. 이 경우 조사에 사용되는 비용은 국가가 지원하여야 한다. 〈개정 2013.3.23〉

③ 제1항에 따른 식생활 안전지수의 조사항목 및 방법 등에 관하여 필요한 사항은 식품의약품안전처장이 정하여 고시한다. 〈개정 2013.3.23〉

제24조 (시 · 군 · 구의 식생활 안전 · 영양수준평가 등)

① 식품의약품안전처장은 제23조제1항에 따른 식생활 안전지수를 이용하여 시 · 군 · 구(자치구를 말한다. 이하 같다)별로 식생활 안전 · 영양수준을 조사 · 평가하여 그 결과를 공표할 수 있다. 〈개정 2013.3.23〉

② 제1항에 따른 식생활 안전 · 평가수준의 조사절차, 평가방법 등에 관하여 필요한 사항은 보건복지부장관과 협의하여 총리령으로 정한다.
〈개정 2013.3.23〉

제25조 (어린이식생활안전관리위원회)

① 식품의약품안전처장의 자문에 응하여 어린이 기호식품과 단체급식 등

의 안전과 영양관리 등 어린이 식생활의 안전관리에 필요한 사항을 심의하기 위하여 식품의약품안전처에 어린이식생활안전관리위원회(이하 "위원회"라 한다)를 둔다. 〈개정 2013.3.23〉

② 위원회의 업무는 다음 각 호와 같다. 〈개정 2013.3.23〉

1. 어린이 식생활 안전관리에 관한 종합계획의 수립에 관한 사항
2. 어린이 기호식품 및 단체급식의 안전과 영양관리에 필요한 제도개선사항
3. 어린이 기호식품 및 단체급식의 안전과 영양성분의 기준 관리에 관한 사항
4. 어린이 기호식품 및 단체급식의 안전과 영양에 관한 실태조사 및 연구사업 등에 관한 사항
5. 어린이 식생활 안전관리를 위한 교육 · 홍보에 관한 사항
6. 그 밖에 어린이 기호식품의 안전과 영양관리에 관련된 사항으로 식품의약품안전처장 또는 위원장이 심의 요청하는 사항

③ 위원회는 직무수행을 위하여 필요한 때에는 전문적인 지식과 경험이 있는 관계공무원 또는 전문가를 참석하게 하여 의견을 듣거나 관계기관 및 단체 등에 대하여 필요한 자료 또는 의견의 제출 등 협조를 요청할 수 있다.

④ 위원회의 구성 · 조직, 그 밖의 운영 등에 관하여 필요한 사항은 대통령령으로 정한다.

제26조 (어린이 식생활 안전관리종합계획 수립)

① 식품의약품안전처장은 3년마다 어린이 기호식품과 단체급식 등의 안전 및 영양관리 등에 관한 어린이 식생활 안전관리종합계획을 위원회의 심의를 거쳐 수립하여야 한다. 〈개정 2013.3.23〉

② 제1항에 따른 어린이 식생활 안전관리종합계획(이하 "종합계획"이라 한다)은 다음 각 호의 사항이 포함되어야 한다.

1. 어린이 기호식품 등의 안전정책의 목표 및 기본방향
2. 어린이 기호식품 등의 변화와 전망
3. 어린이 기호식품 등의 제도개선에 관한 사항

4. 어린이 기호식품 등에 관련한 연구 및 기술개발에 관한 사항
5. 어린이 기호식품 등의 안전을 위한 국제협력에 관한 사항
6. 어린이 기호식품 등을 제조 · 가공 · 수입 · 조리하여 판매하는 자에 대한 지원과 안전성 확보를 위한 지원방법에 관한 사항
7. 그 밖에 어린이 기호식품 등의 안전성 확보를 위하여 필요한 사항

③ 지방자치단체의 장은 종합계획을 기초로 하여 매년 어린이 식생활 안전관리시행계획(이하 "시행계획" 이라 한다)을 수립 · 시행하여야 한다.

④ 그 밖에 종합계획 및 시행계획의 수립 · 시행에 관하여 필요한 사항은 대통령령으로 정한다.

어린이 식생활안전관리 특별법 시행령

제1조 (목적) 이 영은 「어린이 식생활안전관리 특별법」에서 위임된 사항과 그 시행에 필요한 사항을 규정함을 목적으로 한다.

제2조 (어린이 기호식품) 「어린이 식생활안전관리 특별법」(이하 "법" 이라 한다) 제2조제2호에 따른 어린이 기호식품은 별표 1과 같다.

제3조 (어린이 식품안전보호구역의 지정 등)

① 시장 · 군수 또는 구청장(자치구의 구청장을 말한다. 이하 같다)은 법 제5조제1항에 따른 어린이 식품안전보호구역(이하 "어린이 식품안전보호구역" 이라 한다)을 지정하려면 「지방교육자치에 관한 법률」 제34조제3항에 따른 관할 교육장과 협의하여야 한다.

② 시장 · 군수 또는 구청장은 어린이 식품안전보호구역을 지정하려면 미리 다음 각 호의 사항을 조사하여야 한다.

1. 학교 및 학교 주변에 설치된 식품자동판매기의 개수 및 종류
2. 학교 안에서 판매하고 있는 주요식품의 종류 등
3. 통학하는 학생 수

4. 학교 주변에서 어린이 기호식품을 조리 또는 진열 · 판매하는 영업소의 수 및 종류

③ 시장 · 군수 또는 구청장은 어린이 식품안전보호구역을 지정하였을 때에는 총리령으로 정하는 바에 따라 식품의약품안전처장에게 통보하고 관리하여야 한다. 〈개정 2013.3.23〉

④ 시장 · 군수 또는 구청장은 해당 학교가 폐교하거나 주변의 환경 변화 등이 있는 경우에는 제1항에 따른 관할 교육장과 협의하여 어린이 식품안전보호 구역의 지정을 해제하거나 지정구역을 변경할 수 있다.

제4조 (어린이 식품안전보호구역 표지판 등 설치 · 관리) 시장 · 군수 또는 구청장은 어린이 식품안전보호구역을 지정한 경우 총리령으로 정하는 바에 따라 표지판 등을 설치하고 관리하여야 한다. 〈개정 2013.3.23〉

제5조 (어린이 기호식품 조리 · 판매업소) 법 제6조제1항에서 "대통령령으로 정하는 업소"란 다음 각 호의 업소를 말한다.〈개정 2010.1.26〉

1. 「식품위생법시행령」 제21조제2호에 따른 즉석판매제조 · 가공업, 같은조제5호나목2)에 따른 식품자동판매기영업 및 같은 목 6)에 따른 기타 식품판매업, 같은 조 제8호가목에 따른 휴게음식점영업, 같은 호 나목에 따른 일반음식점영업 및 같은 호 바목에 따른 제과점영업을 하는 업소
2. 제1호 외에 학교 매점, 슈퍼마켓, 편의점, 문방구, 식품자동판매기가 설치된 곳 등 어린이가 주로 이용하는 장소에서 어린이 기호식품을 진열 · 판매하는 업소

제6조 (우수판매업소의 시설 개 · 보수비용지원 등) 법 제7조제3항에 따라 우수판매업소로 지정을 받으려는 자에게 다음 각 호의 어느 하나에 해당하는 비용을 국고에서 보조하거나 「식품위생법」 제89조에 따른 식품진흥기금(이하 "식품진흥기금" 이라 한다)으로 보조 또는 융자할 수 있다.〈개정 2011.4.22〉

1. 냉장 · 냉동시설의 설치 비용
2. 식기 등 소독설비의 설치 비용
3. 위생 덮개의 구입 비용
4. 화장실의 개수(改修) · 보수 비용
5. 상하수도 요금
6. 지하수 수질검사 비용
7. 공동찬통 및 소형복합찬기의 구입 비용
8. 음식물 쓰레기 처리기기의 설치 비용
9. 폐기물 종량제 봉투의 구입 비용
10. 그 밖에 조리기구 · 시설 및 진열 · 판매시설의 개수 · 보수를 위하여 필요한 비용

제7조의2 (광고시간의 제한 등)

① 법 제10조제2항에 따라 어린이 기호식품을 제조 · 가공 · 수입 · 유통 · 판매하는 자에게 고열량 · 저영양 식품과 고카페인 함유 식품에 대한 텔레비전방송광고를 제한하는 시간은 오후 5시부터 오후 7시까지로 한다. 〈개정 2014.1.28〉

② 식품의약품안전처장은 제1항에 따른 텔레비전방송광고 제한시간 외에도 어린이 기호식품을 제조 · 가공 · 수입 · 유통 · 판매하는 자에게 어린이를 주 시청대상으로 하는 방송프로그램의 중간광고(「방송법」 제73조제2항제2호에 따른 중간광고를 말한다. 이하 같다)에 고열량 · 저영양 식품과 고카페인 함유 식품의 광고 금지를 명할 수 있다. 〈개정 2014.1.28〉

③ 제2항에 따른 어린이를 주 시청대상으로 하는 방송프로그램의 범위 등에 관하여는 식품의약품안전처장이 미래창조과학부 및 방송통신위원회와 협의하여 정한다. 〈개정 2013.3.23〉

④ 식품의약품안전처장은 제2항에 따라 중간광고를 금지하려는 때에는 법 제25조에 따른 어린이식생활안전관리위원회(이하 "위원회" 라 한다)의 심의를 거쳐야 한다. 〈개정 2013.3.23〉

⑤ 제1항부터 제4항까지의 규정은 어린이 기호식품을 제조 · 가공 · 수입 · 유통 · 판매하는 자가 고열량 · 저영양 식품과 고카페인 함유 식품의 광고를 하거나 하려고 하는 경우에 대하여 2015년 1월 26일까지 적용한다. 〈개정 2014.1.28〉[전문개정 2013.2.5]

제13조 (어린이급식관리지원센터의 운영 등)

① 법 제21조제3항에 따라 어린이급식관리지원센터에 두는 영양사와 위생 업무 담당자의 수는 다음 각 호와 같다.

1. 영양사: 집단급식소 5개당 1명 이상
2. 위생업무 담당자: 집단급식소 10개당 1명 이상

Question

1. 다음 중 영양행정기관으로 구성된 것은?

(가) 보건복지부	(나) 식품위약품안전처
(다) 한국보건사회연구원	(라) 농림축산식품부

① (가), (나), (다) ② (가), (다) ③ (나), (라)
④ (라) ⑤ (가), (나), (다), (라)

2. 영양관리의 정의로 가장 알맞은 것은?

① "영양관리"란 적절한 식품의 공급을 통하여 국민이 질병을 예방하고 건강한 상태를 유지하도록 하는 것을 말한다.
② "영양관리"란 올바른 식생활 개선을 통하여 국민이 질병을 예방하고 건강한 상태를 유지하도록 하는 것을 말한다.
③ "영양관리"란 적절한 식품의 공급을 통하여 국민이 질병을 치료하는 것을 말한다.
④ "영양관리"란 적절한 영양의 공급과 올바른 식생활 개선을 통하여 국민이 질병을 예방하고 건강한 상태를 유지하도록 하는 것을 말한다.
⑤ "영양관리"란 올바른 식생활 개선을 통하여 국민이 질병을 치료하고 건강한상태를 유지하도록 하는 것을 말한다.

3. 다음 중 영양취약계층이 아닌 것은?

① 영유아 ② 임산부 ③ 청소년
④ 노인 ⑤ 노숙인

4. 국민건강증진과 삶의 질 향상을 위하여 질병별 · 생애주기별 특성 등을 고려한 식생활지침을 제정하고 정기적으로 개정 · 보급하여야 하는 이는?

① 대통령 ② 보건복지부장관
③ 보건소장 ④ 식품의약품안전처장
⑤ 교육부장관

5. 다음 중 국민영양관리법에 따른 영양관리사업에 해당하는 사업으로만 구성된 것은?

> (가) 영양소 섭취기준 및 식생활지침의 제정 · 개정 · 보급 사업
> (나) 영양취약계층을 조기에 발견하여 관리할 수 있는 국가영양관리 감시체계 구축사업
> (다) 국민의 영양 및 식생활 관리를 위한 홍보사업
> (라) 고위험군 · 만성질환자 등에게 영양관리식 등을 제공하는 영양관리서비스산업의 육성을 위한 사업

① (가), (나), (다) ② (가), (다) ③ (나), (라)
④ (라) ⑤ (가), (나), (다), (라)

6. 영양 · 식생활 교육의 내용으로 알맞지 않은 것은?

① 식생활지침 및 영양소 섭취기준
② 질병별 치료식사
③ 비만 및 저체중 예방 · 관리
④ 식품의 영양과 안전
⑤ 영양 및 건강을 고려한 음식만들기

7. 국민건강증진법의 보건교육에 관한 정의로 알맞은 것은?

① "보건교육"이라 함은 개인 또는 집단으로 하여금 건강에 유익한 행위를 자발적으로 수행하도록 하는 교육을 말한다.
② "보건교육"이라 함은 개인으로 하여금 건강에 유익한 행위를 자발적으로 수행하도록 하는 교육을 말한다.
③ "보건교육"이라 함은 집단으로 하여금 건강에 유익한 행위를 자발적으로 수행하도록 하는 교육을 말한다.
④ "보건교육"이라 함은 개인 또는 집단으로 하여금 건강에 유익한 행위를 강제로 수행하도록 하는 교육을 말한다.
⑤ "보건교육"이라 함은 개인으로 하여금 건강을 증진시키는 행위를 하도록 하는 교육을 말한다.

8. "고열량 · 저영양 식품"이란 식품의약품안전처장이 정한 기준보다 열량이 높고 영양가(營養價)가 낮은 식품으로서 어떤 문제를 초래할 우려가 있는 어린이 기호식품을 말하는가?

① 저체중이나 고혈압
② 빈혈이나 성장부진
③ 고지혈증이나 당뇨병
④ 비만이나 영양불균형
⑤ 성조숙증이나 과체중

9. 어린이 식품안전보호구역은 시장 · 군수 또는 구청장이 안전하고 위생적인 식품판매 환경의 조성으로 어린이를 보호하기 위하여 학교와 해당 학교의 경계선으로부터 직선거리 몇 미터의 범위 안의 구역을 지정 · 관리할 수 있는가?

① 100 미터　② 200 미터
③ 300 미터　④ 400 미터
⑤ 500 미터

10. 식품의약품안전처장은 다음 중 어느 장소에서 고열량 · 저영양 식품의 판매를 대통령령으로 정하는 바에 따라 제한하거나 금지할 수 있는가?

① 식품매장　② 어린이집
③ 유치원　④ 학원
⑤ 학교

[해답] 1. ⑤ 2. ④ 3. ③ 4. ② 5. ⑤ 6. ② 7. ① 8. ④ 9. ② 10. ⑤

PART V

국제 보건영양

Chapter 13. 저영양

14. 미량영양소 결핍

Chapter 13.

저영양

- 영양응급상황과 기아 등 국제보건영양 이슈에 대해 이해한다.
- 저영양에 대하여 이해하고 설명할 수 있다.

세상 모든 사람들, 특히 지구상의 아이에게는 적절한 성장을 이룰 수 있을 만큼의 먹을 음식이 공급되어야 하며, 일반적인 건강을 유지할 수 있도록 돌봄이 필요하다. 이런 조건들이 충족되지 않는다면 영양결핍에 이르게 된다.

저영양이란 일반적으로 개발도상국의 저소득층이나 가난한 계층에서 발생하는 영양 부족의 문제를 말한다. 저영양이 국제적으로 밀도있게 다루어져야 하는 가장 큰 이유는 저영양과 사망률 간의 연관관계 때문이다.

영양상태가 저하될수록 감염에 노출되기 쉬울 뿐 아니라 감염시 회복속도가 더뎌 이로 인한 질병 유병과 사망률 또한 함께 증가하는 경향을 보인다. 따라서 영양결핍 상태와 질병이 한 개인에게 동시에 나타날 때 사망으로 이어질 확률이 높아지며 특히 말라리아, 설사, 홍역, 급성 호흡기 감염과 에이즈 등의 질병으로 인한 사망률이 더 높아지게 된다.

아동기 질병에 따른 사망률 그림은 아동기의 질병과 사망률을 보여주고 있다. 폐렴으로 인한 사망이 30%, 설사로 인한 사망이 27%로 가장 높게 나타나고 있다.

중등도, 심각도의 영양결핍뿐만 아니라, 미약한 영양결핍이라도 가진 아동은 아래 그림에 나타난 질병에 걸릴 확률이 더 높아진다. 이 장을 통하여 국제적인 보건 문제 중 하나인 저영양의 위험성과 문제점을 파악하고 영양 비상 상황에 대해 논하고자 한다.

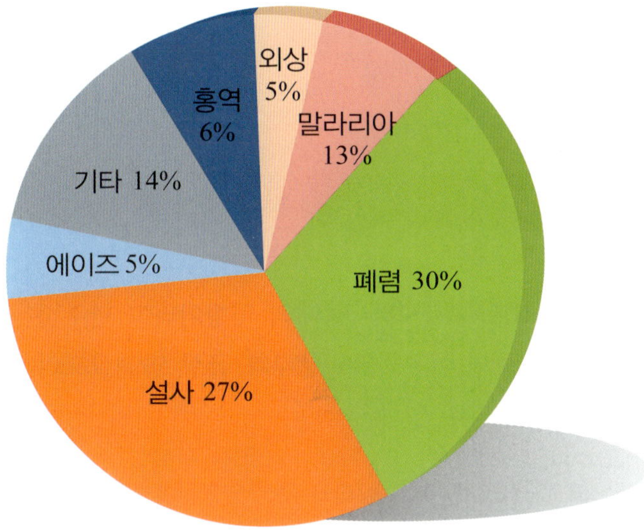

그림 13-1 아동기 질병에 따른 사망률

SECTION 1 저영양의 정의와 종류

1. 저영양의 정의

저영양은 성장 지연, 미량영양소 결핍 등 장기적이고 전반적인 영양부족 상태를 아우른다. 저영양 상태는 크게 급성 영양실조와 만성 영양실조로 나눌 수 있다.

급성 영양실조는 체력저하(wasting)를 초래하며 만성 영양실조는 급성 영양실조보다 영양실조가 심각해진 상황으로 발육부진(stunting)으로 이어진다.

이번 장에서는 성장 지연과 관련된 급성, 만성 영양실조를 비롯한 저영양 상태에 대해 다루고, 미량영양소 부족과 관련된 저영양 상태에 대한 내용은 다음 장에서 다루고자 한다.

2. 분 류

(1) 급성 영양실조

1) 급성 영양실조의 특징

급성 영양실조를 흔히 아주 깡마른 형태의 체형이라고 간주하는 경우가 있다. 하지만, 아래 표를 보면 아주 마른 상태와 급성 영양실조의 상태에는 특징적 차이점들이 있음을 알 수 있다.

표 13-1 아주 마른 상태와 급성 영양실조의 차이점

아주 마른 상태	급성 영양실조 상태(콰시오커)
전신이 매우 마른 상태를 보임	하반신 부종이 나타나기 시작함. 콰시오커가 중증으로 진행됨에 따라 부종이 다리와 발부터 시작되어 팔과 손, 얼굴까지 부종이 나타나는 특징을 보임
체지방과 근육이 줄어듦	체지방과 근육이 줄어든 상태이나 부종으로 인하여 정확한 판별이 어려울 수 있음
매우 얇은 피부층이 늘어진 형태를 보임	피부 조직의 궤양, 괴사가 보이며 피부염을 수반하는 경우가 많음
머리카락의 상태는 일반적으로 정상임	머리카락이 노란색 혹은 붉은색으로 바뀌며 건조해지면서 모발이 매우 약해짐
감염에 노출되기 쉬우나 심각한 상황으로 지속되지는 않음 (발열을 동반하는 경우는 흔치 않음)	감염에 자주 노출되며 특히 피부 손상으로 인한 감염 횟수가 잦음
탈수 증상을 보임	탈수 증상을 보이나 부종으로 인해 판별이 어려울 수 있음
신경질적임	무기력하고 매사에 무관심함

2) 급성 영양실조의 판정기준

세계보건기구와 유니세프의 기준에 따라 급성 영양실조는 중등도(Moderate Acute Malnutrition : MAM)와 심각도 (Severe Acute Malnutrition : SAM) 급성 영양실조의 두 가지로 분류된다. 중등도 급성 영양실조는 신장대비 체중 Z 스코어가 −3에서 −2사이일 때 해당된다. 심각도 급성 영양실조는 상완위 둘레가 11.5cm이하, 신장대비 체중 Z 스코어가 −3 이하, 체지방/ 근육량 저하와 함께 부종이 나타나는 경우이다.

> **Z 스코어란?**
>
> 검사의 결과를 해석할 때 측정 단위가 다른 것을 환산하여 직접 비교가 가능하세 하는 방법으로 신장대비 체중 Z 스코어가 낮을수록 동일 신장 그룹에 비하여 체중이 낮은 것으로 본다.

3) 증상에 따른 급성 영양실조의 종류

가장 흔히 알려져 있는 급성 영양실조 상태로는 마라스무스(marasmus), 콰시오커(kwashiorkor), 마라스무스−콰시오커 복합(marasmic−kwashiorkor)의 세 종류가 있다.

마라스무스는 심각한 체중 감소를 동반한 열량 · 단백질 부족상태로 규정지을 수 있으며, 콰시오커는 단백질 부족으로 인한 부종을 동반하는 특징이 있다. 마라스무스−콰시오커 복합성은 심각한 체중 감소와 단백질 부족으로 인한 부종이 함께 나타난다.

① 마라스무스

단기간에 영양상태가 악화되면 마라스무스가 나타나기 쉽다. 마라스무스는 가장 흔한 급성 영양불량 형태로 조치를 취하지 않으면 사망으로 이어질 수 있다. 체지방과 체근육이 급격히 빠지면서 갈비뼈가 피부 밖으로 드러날 만큼의 깡마른 체형을 보이게 된다.

이렇게 체지방과 체근육이 줄어든 아동은 성장과 육체적 활동, 감염에 대응하는데 필요한 에너지를 최소화하면서 가급적 체내에 에너지를 저장하고자 하는 경향을 보이게 된다. 따라서, 간, 신장, 심장 등 필수 기관의 기능이 제한적으로 작동되며 저혈당, 저체온증, 심장 이상, 감염 등의 증상을 보이게 된다. 마라스무스 증상을 나타내는 아동은 중간-위팔둘레(mid-upper arm circumference)와 신장 대비 체중 Z 스코어 등의 지표에 근거하여 중등도 저영양과 급성 심각도 저영양 등으로 분류된다.

② 콰시오커

콰시오커 초기에는 양쪽 발의 부종이 나타나며, 중등도 시기에는 다리를 포함한 하지, 손과 팔에 나타나는 부종, 중증기에는 얼굴에까지 부종이 나타나는 특징을 보인다. 콰시오커의 주요 증상인 부종은 심한 단백질 결핍의 결과 나타나는 신체 조직의 과도한 액체 축적에서 비롯된다. 콰시오커 아동은 식욕이 저하되고 무기력하며 머리카락의 색깔이 옅어지면서 피부질환이 나타난다. 흔히 나타나는 피부질환으로는 비정상적으로 밝거나 어둡게 변한 피부색. 혹은 피부 궤양이나 궤사 등이다.

콰시오커를 가진 아동은 부종으로 인해 체내 액체 축적으로 인하여 체중이 심각하게 저하되지 않는 경우가 있으므로 중증 영양실조 진단 기준을 이용했을 때는 중증 영양실조로 분류되지 못하는 경우가 있기 때문에 주의를 요한다.

③ 마라스무스-콰시오커

복합형태인 마라스무스-콰시오커는 마라스무스의 특징인 체지방 및 근육의 감소와 콰시오커의 특징인 부종이 동시에 나타나는 영양실조이다. 보통의 경우 상반신은 마라스무스와 같이 갈비뼈가 드러나는 깡마른 상태이며 하반신은 콰시오커의 특징인 부종이 나타난다.

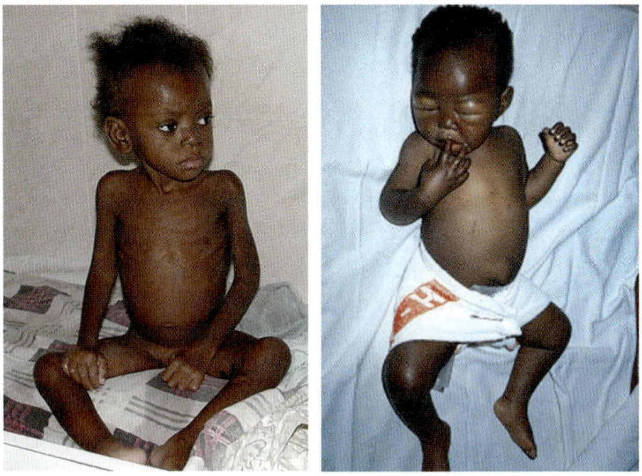

마라스무스 콰시오커

그림 13-2 콰시오커와 마라스무스

4) 급성 영양실조의 세계적 추이

심각도 급성 영양실조는 영양 응급 상황임과 동시에 영양실조의 문제가 만성으로 진행될 수 있음을 시사한다. 전 세계적으로 약 이천만 명의 아동이 5세 미만 어느 시점에서는 심각도 급성 영양실조를 경험하는 것으로 보고되었다. 또한 매년 50만 명에서 200만 명의 아동들이 심각도 급성 영양실조로 인하여 사망하고 있다.

심각도 급성 영양실조의 전조로 중등도 급성 영양실조 또한 세계적으로 큰 문제이다. 매년 410만 명 가량의 아동이 중등도 급성 영양실조를 경험하는 것으로 추산되며 대부분은 남아시아 혹은 사하라사막 이남의 아프리카 지역에 거주하는 아동들이다.

급성 영양실조를 겪는 아동들의 60%는 지구상 열 개 정도의 나라에서 거주하고 있는 것으로 조사되었다. 아래 표에서 가장 심각한 열 개의 나라와 급성 영양실조를 겪는 아이들의 숫자를 볼 수 있다.

표 13-2 급성 영양실조가 가장 심각한 나라

나 라	급성 영양실조(중등도 · 심각도 모두 포함)	
	명 (단위: 천 명)	유병율 (%)
인도	25,075	20
나이지리아	3,478	14
파키스탄	3,376	14
방글라데시	2,908	17
인도네시아	2,841	14
에티오피아	1,625	12
콩고	1,183	10
수단	945	16
이집트	680	7
필리핀	642	6

(2) 만성 영양실조

① 특 징

만성 영양실조는 발육부진을 동반하는 성장장애 저영양의 또 다른 형태이다. 만성 영양실조는 급성 영양실조와 달리 시간이 지나면서 서서히 나타나게 된다. 만성 영양실조의 종착점인 발육부진은 출생 전부터 시작될 수 있으므로 산모의 영양 상태가 저하되어 있거나, 충분한 수유가 실시되지 못한 경우, 섭취한 식품의 질이 저하된 경우 등 여러 가지 잠재적 원인을 가지고 있다는 특징이 있다.

② 만성 영양실조의 세계적 추이

유니세프에 의하면 세계적으로 8억 명이 만성 영양실조의 영향을 받는 것으로 추정된다. 약 2억 명의 5세 미만 미취학 연령 아동이 만성 영양실조로 인한 발육 부진을 겪고 있다. 만성 영양실조를 겪는 아동의 85%는 20여 국가에 집중되어 있다.

발육 부진은 특정 연령이 지나면 되돌릴 수 없는 평생의 문제가 되므로 특정 연령대가 아닌 임신부부터 18개월 미만의 유아를 대상으로 발육부진 개선을 위한 중재 방안이 수립되어야 할 것이다.

guide

2006년 월드뱅크 (World Bank)에서 발표한 바에 따르면, 아동의 성장과 발달에 가장 중요한 시기는 태중에서부터 생후 18개월까지이다. 이러한 결과는 이 기간 동안 모체와 아이의 영양 상태를 개선하는 영양 지원이 만성 영양 실조를 해결하는데 매우 실질적인 도움이 될 수 있음을 시사한다. 아래의 그래프는 각 지역별 5세 미만 어린이의 평균 영양 상태를 나타낸 것으로 영양 상태가 급격히 안 좋아지는 현상은 지역을 막론하고 생후 18개월 이내에 발생함을 보여준다.

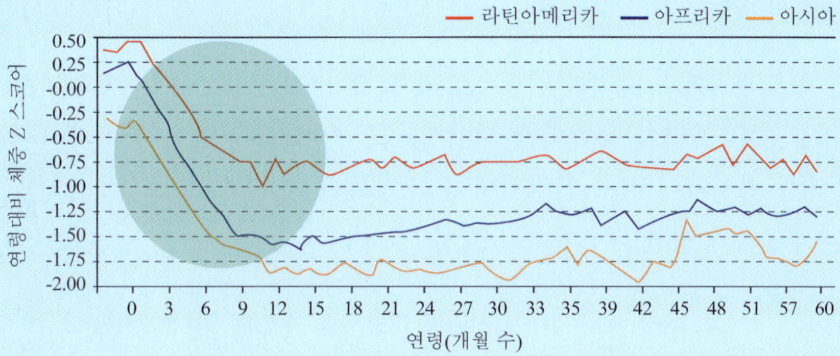

그림 13-2 세계 각 지역의 연령대비 체중 Z 스코어

3. 저영양의 원인

전 세계적으로 매년 350만 명 정도의 임산부와 아이들이 영양실조에 의해 사망한다. 저영양은 단순한 식량 부족문제뿐 아니라 복잡한 정치적 국제적 상황, 자연재해 등 총체적인 영양결핍 위험요인에 의해 발생한다. 적절한 개입과 영양 지원은 영양 결핍 위험군의 생존과 직결되는 것으로 이를 위해 위험군의 영양 상태가 악화된 정확한 이유 파악이 선행되어야 한다.

유니세프 컨셉 프레임 워크(UNICEF Conceptual Framework)에 근거한 저영양의 원인은 아래와 같다.

(1) 즉각적 원인

영양실조의 즉각적 원인은 개인의 영양실조를 유발하는 원인으로서 식이 섭취의 부족과 질병, 그리고 이 두 가지 요인의 복합적 작용이 포함된다.

특히 감염에 의한 질병과 저영양은 직접적인 연관성이 있다. 불충분한 식이 섭취는 체중 감소를 유발하고 성장을 지연시키며 면역능을 약화시킨다. 이는 감염에 더 잘 노출되도록 하며 질병에 걸렸을 시 치료 기간이 길어지게 하는 원인이 된다.

질병에 오래도록 노출되면 감염으로 인한 영양 요구량은 증가하나, 식욕이 감퇴하고 흡수 불량이 동반되게 되어 증가한 영양 요구량이 충족되지 못한다. 이러한 요소들이 서로 연결되어 순환 체계를 이루고 있으므로 감염과 저영양은 밀접하게 연관되어 있다고 할 수 있다.

표 13-3 영양상태가 저영양 관련 주요 질병에 미치는 영향

질 병	저영양이 미치는 영향	영양 관련 요소가 해당 질병에 미치는 영향
설사	지속 기간을 길게 한다. 설사의 정도를 심각하게 한다. 심할 경우 사망으로 이어진다.	흡수불량 식욕감퇴 설사로 인한 영양 손실
급성 호흡기 감염	감염의 정도를 심각하게 한다. 사망률이 높아질 수 있다.	식욕감퇴 근육 분해로 이어지는 대사 유발
홍역	지속 기간을 길게 한다. 설사의 정도를 심각하게 한다. 심할 경우 사망으로 이어진다.	식욕감퇴 비타민 A의 생체내 활용도 저하 면역능 감퇴 열 근육 분해로 이어지는 대사 유발
말라리아	비타민 A와 아연 결핍의 경우 정도가 심각하게 된다.	철분 결핍시 빈혈로 발전 태아 발달 저해, 저체중아, 성장 지연

(2) 근본적 원인

영양 실조의 근본적 원인은 가정과 지역사회에 영향을 미칠 수 있는 세 가지 요소, 즉 1.가정의 식품 불안정, 2.사회제반시스템, 3.위생적이지 않은 가정환경과 공중보건으로 분류할 수 있다.

① 가정의 식품 불안정

가정의 식품 안정이란 가족 구성원 모두의 건강한 생활이 보장될 만큼의 양과 질을 가진 식품이 지속적으로 공급될 수 있는 상황으로 정의할 수 있다. 이는 식품을 자유롭게 구매 혹은 획득할 수 있어야 할 뿐 아니라, 획득한 식품을 활용하는데 제한이 따르지 않아야 한다. 나아가 더욱 건강한 생활을 위해, 충분한 양의 음식뿐 아니라, 지방, 단백질, 탄수화물 등의 열량영양소와 다양한 미량영양소의 균형 또한 고려되어야 한다. 하지만, 비상 상황에서는 충분한 음식조차 획득할 수 없는 경우가 많다.

예를 들면 지진이나 홍수 등의 자연 재해로 인하여 거주지를 떠나는 경우, 정치적 국제적 이유로 식품 공급이 중단되는 경우, 또는 자연재해로 인하여 경작하던 작물이나 식품류의 수확에 지장이 있는 경우 등이 이에 해당한다.

아이러니하게도 지구상에서 발생하는 기근의 상당수는 식품이 있음에도 불구하고 구입하지 못하는 상황 때문에 초래되는 경우가 많다. 즉, 식품의 가격이 가정의 식량 안정화에 직접적인 영향을 미치는 것이다. 그 예로, 2002년 말라위의 옥수수 가격 폭등을 들 수 있다. 정부 규제 정책으로 하룻밤 새 두 배로 상승한 옥수수 가격은 심지어 불법 유통을 통해 네 배의 가격으로 시중에 유통되었다. 이렇게 폭등한 가격으로 인하여 충분한 음식을 먹지 못하고 고구마 등의 대체 작물로 연명하는 사람들이 많아졌고, 이는 짧은 기간에 급성 영양실조 비율을 상승시키는 직접적인 요인이 되었다.

② 사회제반시스템

보건위생, 의료설비 등의 사회제반사항도 좋은 영양 상태를 유지하는데 필수적이다. 이러한 제반시스템이 응급상황으로 인하여 붕괴될 시 식이 섭취 불량과 감염 증가 등으로 이어지게 되는 경우가 많다.

③ 비위생적인 공중보건

영양실조의 세 번째 근본적 원인으로는 비위생적인 공중보건을 들 수 있다. 가장 기본적으로 깨끗한 식수를 얻을 수 있는가의 여부에서부터 시작하여 거주지의 위생상태, 스트레스, 주거 인구밀도 등의 다양한 요인이 복합적으로 작용하는 요소이다.

응급상황에서 공중보건환경이 제대로 유지되는 것은 거의 불가능하며 특히 깨끗한 식수를 공급받지 못하여 고통을 겪는 경우가 많다. 임시보호소 등에 사는 경우 일인당 매우 좁은 면적에서 지내며 한 보호소에 많은 인원이 함께 지내다보니 전염성 질병이 매우 빠른 속도로 퍼져나간다.

이러한 즉각적 원인과 근본적 원인과 함께 불충분한 가계 수입과 정치적, 사회적 불안정으로 인해 인간다운 삶에 대한 보장이 되지 않는다는 밑바탕 문제점 또한 최종적으로 저영양을 초래하는 원인이 된다.

4. 저영양 위험군

개개인이 처해있는 환경이나 상황, 건강 상태에 따라 영양 실조에 대한 위험 정도를 다를 수 있으나, 일반적으로 24개월 미만의 영아, 임산부와 수유부, 노인과 장애인, 만성질환이나 에이즈를 가진 사람들이 가장 높은 위험도를 보인다. 이러한 생애주기나 건강상태에 따른 일반적 위험군 외에 정치적 소수성을 갖거나 국제적으로 고립 지역에 있는 사람들도 영양실조의 위험군이 된다.

(1) 영 아

인간이 살아가면서 물리적으로 가장 빠르게 성장하는 시기는 생후 6개월에서 24개월까지이다. 이러한 시기에 충분한 모유 또는 분유를 통한 영양을 제대로 공급받지 못한다면 질병이나 감염에 노출되었을 때 저항할 수 있는 면역력이 저하되게 된다. 뿐만 아니라, 모체의 건강 상태가 양호하지 못하거나 경제적인 문제로 분유 등 유아식을 획득하지 못할 경우에는 영아가 일반 음식이나 식수로 연명하는 경우가 발생한다.

이런 경우 식수는 대부분 깨끗하지 못하며 음식도 오염되어 있는 경우가 많아 영아들의 건강을 해치는 요인이 된다. 생후 24개월까지 영양이 제대로 공급되지 못할 시 추후 보충한다 해도 완벽한 성장 발육을 기대하기 힘들다.

(2) 임산부 및 수유부

임신 중에는 영양 요구량이 증가하게 된다. 임신 중 불충분한 영양 공급은 저체중아 등 영양 부족 상태의 신생아 출산으로 이어진다. 또한, 모유수유 시 충분한 영양이 공급되지 못하면, 영아의 건강뿐 아니라 모체의 건강 상태까지 저하된다. 이렇게 모체의 불충분한 에너지와 영양 공급은 태아 및 영아의 건강 상태와도 직결된다.

(3) 노인, 장애인 및 만성질환 환자

성인이라고 해도 나이가 들어감에 따라 혹은 질병에 노출되었을 때 나타나는 식욕 감퇴로 인해 영양 섭취량이 부족한 경우가 생긴다. 장기간 만성 질환을 갖고 있던 사람들일수록 식욕 감퇴와 음식 섭취에 어려움을 호소한다. 또한, 스스로 움직이는 것에 한계가 있는 사람의 경우 음식을 가지러 가거나 비타민 D 합성을 위해 양지에 나가는 등 자발적 영양 보충이 어렵기 때문에 이러한 사람들이 가족과 떨어져 살거나 자연재해로 응급상황에 처하게 되면 영양실조가 더욱 심각해 질 수 있다.

(4) 에이즈 환자

HIV에 감염된 사람들은 육체적으로 쇠약해지는 경우가 많다. 이는 식욕 감퇴로 인한 식이 섭취량 저하, 연하 저작 작용의 어려움, 만성 설사 등으로 인한 영양소 흡수 불량, 장 세포의 기생충 감염이나 손상, 대사 변형, 만성 감염 등 많은 요소들로부터 기인한다. HIV감염과 영양실조가 동시에 발생하면 면역계의 약화에 크게 영향을 미치며 일반 성인에서 영양실조가 나타날 때보다 훨씬 심각한 문제를 보이는 경우가 많다.

SECTION 2 영양 응급상황

1. 영양 응급상황의 정의

사회적으로 응급상황이란, 건물, 사회 구조의 붕괴, 건강서비스와 관련된 필수적인 서비스의 중단, 물공급 중단, 위생 시설의 마비, 이로 인한 대규모 집단 이주 등을 포함한다. 이러한 응급상황에서는 각 가정이나 개인이 식품을 구입하거나 섭취할 수 있는 가능성이 낮아지게 마련이며 다른 사람들과 함께 집단생활을 하거나 혼란 중 가족이 나누어지게 되는 등의 문제가 나타나게 된다.

하지만, 이러한 응급상황에서도 인간의 영양 상태가 유지되는 것은 매우 중요하며 이는 인권과도 직결되는 문제이다. 특히 아동, 임신부 및 수유부, 노인기, 아픈 사람일수록 영양 상태를 유지하는 것이 매우 중요하다.

그렇다면, 어떤 상황이 되었을 때 응급상황이 영양 응급상황으로 규정될 수 있는가 하는 문제를 생각해 볼 필요가 있다. 법적으로 정해진 규범이 있는 것은 아니지만, 식품대란이나 기아가 올 수 있는 심각하고도 급박한 상황을 영양 응급상황으로 볼 수 있다.

이러한 영양 응급상황을 포함한 응급상황은 여러 가지 이유와 배경에 의해 발생하며 때때로 정치적 상황 또한 개입되어 있으므로 특정 시스템에 의해 해결하기 어려운 것이 사실이다.

2. 식품대란과 기아

영양 응급상황에 대한 법적 규범이나 국제적인 기준법이 규정되어 있지는 않으나, 이러한 긴급상황의 심각성을 급성 영양실조의 단계에 맞추어 분류하고자 하는 노력이 지속되어 왔다. 예를 들면 가장 심각한 단계로 분류되는 것은 식품 공급 불안정 상태, 저영양과 사망률로 이어지는 기아 상태 등이다. 통상적으로 "Overseas Development Institute (ODI) level and type of food security 2003"과 "Food Security Assessment Unit for Somalia (FSAU)/Food and Agriculture Organization of the United Nations (FAO) Integrated food security Phase Classification 2006" 등 두 가지의 분류가 일반적으로 사용된다.

ODI는 식품 안정에 대한 분류기준을 응급 상황의 단계를 규정하기 위한 기준으로 제정하였다. 심각성은 사망률과 저영양 등의 지표를 바탕으로 하였다.

표 13-4 ODI의 기준에 따른 영양 응급상황

심각도	사망률, 저영양 관련 지표
만성 (간헐적) 식품 불안정	• 대강의 사망률 : 0.2~1/10,000/day • 급성 영양실조 : 2.3~10% • 만성 영양실조 : 40% 이상
급성 식품 대란	• 대강의 사망률 : 0.2~2/10,000/day • 급성 영양실조 : 2.3~10% 이상
심각한 식품 대란	• 대강의 사망률 : 1~2/10,000/day • 급성 영양실조 : 15~30%
기아	• 대강의 사망률 : 2/10,000/day 이상 • 급성 영양실조 : 25% 이상을 보이면서 가파른 증가율을 보일 때

FSAU/FAO Integrated food security Phase Classification에서는 상황의 심각 정도를 기준으로 삼았다.

표 13-5 FSAU/FAO의 기준에 따른 영양 응급상황

심각도	사망률, 저영양 관련 지표
일반적인 식품 안정상황	• 대강의 사망률 : 0.5/10,000/day 이하 • 급성 영양실조 : 3% 이하 • 만성 영양실조 : 20% 이하
만성적인 식품 불안정 상황	• 대강의 사망률 : 0.5/10,000/day 이하 • 급성 영양실조 : 3% 이상 10% 미만 • 만성 영양실조 : 20% 이상
급성 식품 조달 및 생계수단 대란	• 대강의 사망률 : 0.5~1/10,000/day 이하 • 급성 영양실조 : 10~15% 이하, 서서히 증가하는 경향
인도주의적 측면의 응급상황	• 대강의 사망률 : 1~2/10,000/day 수준, 서서히 증가하는 경향 • 급성 영양실조 : 15% 이상, 서서히 증가하는 경향
아사 및 인도주의적 재해 상황	• 대강의 사망률 : 2/10,000/day 이상 (예: 6,000/1,000,000/30 days) • 급성 영양실조 : 30% 이상

3. 영양 응급상황의 세계적 추이

급성 영양실조가 나타나는 지역 위주로 영양 응급상황이 나타나기 쉽다. 대부분의 영양 응급상황 해당 국가는 세계보건기구의 분류기준에서 가장 심각한 상황으로 분류된 지역에 위치한 경우가 많다. 따라서 국제적인 구호 차원의 영양 공급 프로그램이 반드시 시행되어야만 한다.

예를 들어 남아프리카 지역의 평균 급성 영양실조 발병은 14%이며, 이는 사하라사막 이남 아프리카 지역의 9%와 비교해 높은 수치이다. 이러한 통계 결과를 볼 때 남아프리카 지역의 심각한 식품대란 상황이며 영양 중재 프로그램을 필요로 함을 알 수 있다.

SECTION 3 식량안전보장 (food security)

1. 식량안전보장의 정의

식량안전보장(식량안보)의 기본적인 정의는 각 개인이 영양 요구량과 기호도에 적절한 식량(식품)을 충분히 공급받을 수 있는 상태를 말한다. 작게는 각 가정에서의 식품안전보장이나 가족구성원 간 식품의 분배 또한 개인적 식량안전보장으로 볼 수 있다. 모든 가족 구성원이 필요로 하는 양만큼 음식을 섭취할 수 있는지, 개인의 영양 요구량을 충족시킬 만큼의 식품이 공급되는지의 여부 등이 이에 속한다.

국가적 의미에서의 식량안전보장은 각 국가 내 식량 공급을 비롯하여 국외에서의 식량 공급을 일정 수준으로 보전하는 것을 의미한다. 만약 국외에서의 식량 공급이 정치적, 경제적, 사회적 이유 등으로 중단된다면 특정 식품의 가격이 폭등하면서 식량 자급율이 낮은 국가일수록 국민의 생존에 위협을 받게 된다. 예를 들면, 외국으로부터 특정 식품이나 식품의 자원의 수급이 붕괴된 경우, 식량 생산국이나 공급 루트에 해당하는 국가 등에 전쟁이 발발한 경우, 혹은 식량 생산국이 특정 정치적 이유로 공급을 제한한 경우 등이 이에 속한다.

이러한 상황에서 국내 식량 수급에 문제가 나타나는 현상을 방지하기 위하여 예측할 수 없는 사태에 처하게 될지라도 최소로 필요한 식량을 국내에서 확보할 수 있는 체제를 마련하도록 해야한다. 이렇게 각 국가는 식량의 국내 자급 체제 확보, 비축, 수입처 분산, 장기 수입 협정 등 일련의 식량 확보를 위한 수단을 통하여 식량 안보를 추구한다.

식량 안보는 각 국가가 수립해야 할 정책임과 동시에 국제적인 측면에서 전 세계가 공동으로 해결해야 할 문제이기도 하다. 글로벌 식량안전보장은 주로 세계적인 식량 위기나 개발 도상국의 기아 등에 대한 국제적인 대응을 의미하며 이는 세계적인 저영양이나 보건 영양 정책 흐름과도 밀접한 관련을 갖는다.

2. 식량안전보장과 세계보건영양

세계식량 정상회담(World Food Summit)에서는 세계 식량안전보장에 대하여 "모든 사람이 원하는 때에 충분하고, 안전하며, 영양이 풍부한 음식을 섭취할 수 있도록 보장함으로서 건강한 삶을 영위할 수 있도록 하는 것"이라고 규정하였다. 많은 국가에서 국민의 건강과 관련된 문제가 식품섭취와 관련이 있는 것으로 파악하고 해결책을 모색하고 있다. 예를 들어, 저영양이나 안전하지 않은 식품으로부터 발생하는 설사, 식중독 등의 많은 질환이 실제로 식품 섭취와 연관이 있다.

글로벌 식품안전보장은 다음의 세 가지 기본적인 의미를 내포한다.

식품 확보 (food availability)	충분한 양의 식품이 일정하게 항상 확보되는 것
식품 접근 (food access)	영양적으로 균형 잡힌 식이를 공급받기 위한 충분한 루트가 확보되는 것
식품 사용 (food use)	기본적인 영양 지식과 위생적이고 충분한 물 확보를 바탕으로 하여 식품을 올바르게 활용할 수 있는 것

국제적으로 식품안전보장이 확보되는 것은 저영양과 같은 건강문제의 해결과 직결되어 있을 뿐 아니라, 세계의 경제발전, 환경보전, 무역과 교역의 정당화 등 여러 가지 문제와 연결되어 있다. 글로벌 식품안전보장에 대해서 다음과 같은 이슈들이 쟁점으로 논의되고 있다.

① 전세계적으로 볼 때 지구상의 모든 인구가 충분히 먹을 만큼의 식량이 있다. 그럼에도 불구하고 아직도 기아와 식량 부족으로 어려움을 겪는 사람들이 있는 이유는 바로 식량의 분배가 제대로 이루어지지 않기 때문이다.

② 미래에 세계적으로 필요로 하는 식량의 양이나 종류가 현재와 다를 수 있으며, 정확한 예측은 불가능하다. 또한 현재의 생산이 미래의 수급을 모두 감당하지 못할 가능성이 높다.

③ 국가의 식량 안보는 각 국가별로 해결해야 할 매우 중요한 문제임과 동시에 나라간 교역이 활발해지면서 대처해야 할 구체적 상황이 변화무쌍하게 바뀌고 있다.

④ 국제화가 더욱 활발해지면서 개발도상국을 포함한 영양 응급상황 국가에 대하여 식품안전보장이 확보될 여지가 높아졌다. 하지만 동시에 그러한 국가의 식품안전보장이 더 크게 위협받을 가능성도 높아지고 있음을 부인할 수 없다.

이와 같이 글로벌 식량 안보는 단순히 식량 수급 자체만의 문제가 아니라 정치적, 경제적 문제와 사회적 이슈와도 연관되어 있음을 고려해야 한다. 국제적인 식량 안보가 확보되지 않는 상황에서는 개발도상국이나 현재 영양 응급상황에 처한 국가뿐 아니라, 지구상의 모든 국가가 잠재적으로 보건 영양의 문제를 나타낼 수 있음을 간과해서는 안 될 것이다.

Question

1. 다음 중 저영양에 대한 설명으로 옳은 것을 고르시오.

① 저영양이란 단순히 개발도상국의 영양부족 문제를 말한다.
② 저영양 상태의 아동은 감염에 노출되기 쉽다.
③ 저영양은 말라리아, 설사 등으로 인한 사망률을 높이는 요인이 되나, 에이즈 감염으로 인한 사망률에는 영향을 미치지 않는다.
④ 급성 저영양 상태는 크게 쿼시오커와 매우 마른 상태로 분류할 수 있다.
⑤ 단기간에 영양 상태가 악화되면 쿼시오커 증상을 보이기 쉽다.

2. 급성 영양실조의 하나인 쿼시오커는 매우 마른 상태와는 다르다. 다음 중 쿼시오커에 대한 설명으로 틀린 것을 고르시오.

① 쿼시오커는 부종을 동반한다.
② 체지방과 근육이 줄어든 상태이다.
③ 피부 조직의 궤양과 궤사를 동반한다.
④ 전반적인 영양 결핍 증상이 다양하게 나타나나, 머리카락의 상태는 일반적으로 양호하다.
⑤ 감염에 노출되기 쉽다.

3. 다음 중 쿼시오커와 마라스무스의 차이점으로 가장 적절한 것을 고르시오.

① 마라스무스는 단백질과 에너지 결핍이 함께 일어나는 데 반하여 쿼시오커는 단백질 결핍이 주된 이유이다.
② 단기간 영양 상태가 악화되면 쿼시오커가 나타나기 쉬우며 쿼시오커가 지속되면 마라스무스로 진행될 수 있다.
③ 쿼시오커와 마라스무스 모두 초기에는 하지 부종을 동반하나, 상태가 진행되면서 쿼시오커 환자는 더 심각한 부종 증세를 보인다.
④ 마라스무스는 흔히 피부 질환을 동반하나, 쿼시오커는 정상적인 피부상태와 머리카락 상태를 보인다.
⑤ 마라스무스와 쿼시오커 모두 초기에는 심각한 체중 감소를 동반하다가 상태가 진행되면서 쿼시오커 환자는 부종으로 인해 체중이 회복되는 경향을 보인다.

4. 다음 중 만성 영양실조에 대한 설명으로 적절하지 않은 것을 고르시오.

① 만성 영양실조는 발육부진을 동반하는 성장장애 저영양의 형태이다.
② 만성 영양실조를 예방하기 위해서는 모체의 건강 상태를 양호하게 하는 것이 중요하다.
③ 만성 영양실조 증상은 적절한 조치에 의하여 빠르게 회복될 수 있는 특징을 가진다.
④ 만성 영양실조는 지구상 특정 20여개국에 집중되어 나타나는 경향이 있다.
⑤ 만성 영양실조를 해결하기 위해서는 해당 증상을 보이기 전인 유아단계부터 영양 중재를 실시할 필요가 있다.

5. 영양실조가 나타나는 근본적 원인으로 적절하지 않은 것을 고르시오.

① 가정의 식품 불안정
② 비위생적인 공중보건
③ 정치적 국제적 이유로 인한 갑작스러운 식품 공급 중단
④ 깨끗한 식수
⑤ 높은 주거 인구밀도

6. 노인, 장애인 및 만성질환 환자가 저영양의 위험군으로 분류되는 이유로 적절하지 않은 것을 고르시오.

① 식욕 감퇴
② 질환의 장기화로 인한 음식 섭취 저하
③ 스스로 움직이기 어려움
④ 적절한 간병인이 없음
⑤ 장 세포의 기생충 감염

7. 영양 응급상황을 유발할 수 있는 배경으로 적절하지 않은 것을 고르시오.

① 전쟁
② 물 공급 중단
③ 정치적, 국제적 이유
④ 식품 안정 상황
⑤ 생계 수단 대란

8. 식량안전보장에 대한 설명으로 적절하지 않은 것을 고르시오.

① 각 가족 구성원 및 국가 구성원의 안정된 식품 확보가 기본 목적이다.
② 국제적 분쟁에 적극 참여함으로써 식량 수입 루트의 단절을 방지하도록 한다.
③ 국내 자급 체제를 확보하여 수입이 원활하지 않을 때에도 공급에 차질이 없도록 한다.
④ 특정 식품에 대한 수입처를 분산하는 전략을 마련한다.
⑤ 장기 수입 협정을 체결함으로써 안정적인 공급이 확보되도록 한다.

[해답] 1. ② 2. ④ 3. ① 4. ③ 5. ④ 6. ⑤ 7. ④ 8. ②

Chapter 14.

미량영양소 결핍

- 각 미량영양소의 기능에 대하여 이해하고 설명할 수 있다.
- 각 미량영양소 결핍의 세계동향을 파악한다.
- 국제적 미량영양소 결핍 해결을 위한 방안을 생각해 본다.

미량영양소 결핍은 저영양의 한 종류로 전 세계적인 보건영양 관련 이슈이다. 미량영양소는 적은 양 필요하지만 건강한 삶을 위해 반드시 필요한 비타민과 미네랄을 말한다. 미량영양소를 충분히 섭취하기 위해서는 다채로운 식품을 다양한 식품군에서 섭취하는 것이 중요하다. 하지만, 영양 응급상황에서는 필수 미량영양소가 결핍된 식이를 장기간 지속하게 되며, 이는 미량영양소 결핍으로 이어지게 된다.

미량영양소 결핍으로 인한 질병 발생은 영양 실조 위험국에서 흔하게 찾아볼 수 있다. 미량영양소 결핍은 개인의 질병 유병율을 높힐 뿐 아니라 성장 지연과 두뇌 발달 저해 등의 증상을 동반한다.

모든 미량영양소가 성장 발달 및 건강한 삶을 위해 필요하다. 그 중에서도 세계적으로 가장 심각하게 결핍되고 있는 미량영양소는 비타민 A, 요오드, 철이다. 또한, 비타민 B군, 비타민 C, 비타민 D와 아연 또한 결핍되기 쉬운 미량영양소이다.

본 장에서는 세계적으로 결핍되기 쉬운 미량영양소의 생체 내 기능과 결핍 시 나타나는 증상 및 세계적인 추이를 알아보고자 한다.

SECTION 1 주요 미량영양소 결핍

1. 비타민 A

(1) 비타민 A의 생체 내 역할

활성비타민 A는 시력, 성장 및 발달, 그리고 면역의 기능 등에 영향을 미친다.

① 시 력

안구의 망막에서 빛을 뇌신경 전달신호로 바꿀 때 비타민 A(레티날)가 필요하다. 또한 원추세포와 간상세포 등 눈을 구성하는 세포가 정상적으로 분화될 때에도 비타민 A(레티노인산)가 필요하다.

특히 간상세포는 로돕신을 형성함으로써 정상적인 시력을 유지하는데 중요한 역할을 한다. 간상세포에서 로돕신 함량이 부족하면 어두운 곳에서 적응하여 보는 것이 어렵게 된다.

② 세포의 성장과 분화

비타민 A는 유전자 발현 조절, 피부, 소화기관 등의 세포 합성 및 구조 유지, 점막세포의 형성과 유지에도 필요하다.

③ 면 역

비타민 A는 면역기능에 중요한 역할을 하며, 비타민 A가 부족할 경우 감염에 대한 저항력이 감소된다.

④ 항산화 작용

활성비타민 A의 전구체인 베타카로틴은 활성산소를 제거하는 항산화제로 작용한다.

(2) 비타민 A 결핍 증상

야맹증 (xerophthalmia)

야맹증은 비타민 A 결핍 시 나타나는 대표적인 증상이다. 이 외에도 각종 안질환, 면역계 약화 등의 결핍 증상이 동반되기도 한다.

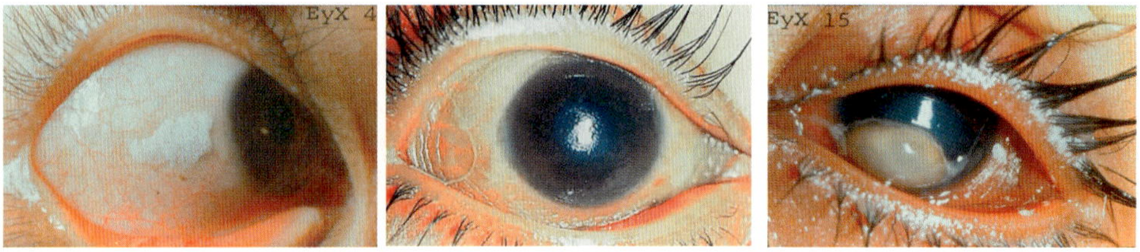

그림 14-1 야맹증

(3) 비타민 A 결핍 위험군 및 세계 동향

비타민 A의 결핍은 주로 5세 미만의 미취학 아동, 학령기 아동, 그리고 임산부에게서 심각하게 나타난다. 세계보건기구와 유니세프는 전세계적으로 2억 8천만 명의 미취학 아동이 임상적 비타민 A 결핍을 보이는 것으로 추산하고 있다.

아래의 지도에서 미취학 아동의 생화학적 비타민 A 결핍의 세계적 추이를 알 수 있다. 비타민 A 결핍은 주로 사하라 사막 이남의 아프리카와 동남 아시아, 라틴 아메리카의 일부 국가에 집중하여 심각하게 나타나고 있음을 알 수 있다.

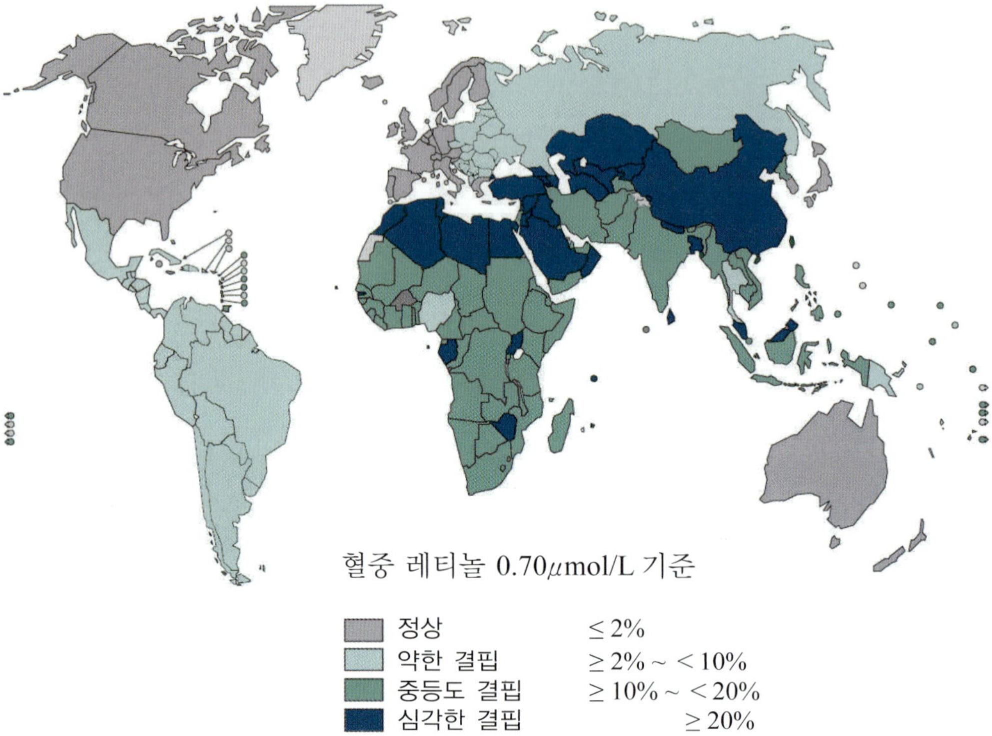

그림 14-2 미취학 아동의 비타민 A 결핍 세계 동향(혈중 레티놀 <0.70μmol/L 기준)

2. 철 (iron)

(1) 철의 생체 내 역할

철분은 면역, 인지 발달, 체온 조절 ,열량 대사, 작업 수행력 등 여러 부분에 중요한 역할을 한다.

① 산소운반

체내에 존재하는 철의 약 70%는 적혈구의 헤모글로빈에 결합되어 있다. 헤모글로빈의 철분은 혈액의 산소를 운반하는 중요한 역할을 한다.

체내 5%의 철분은 근육의 미오글로빈으로 존재하여 골격근과 심장근 세포에 산소를 저장하는 역할을 한다.

② 전자전달계의 구성 요소

철은 미토콘드리아의 전자전달계에 관여하는 효소의 구성 성분이다.

③ 해독 작용에 관여

철은 알코올 대사, 약물 해독, 간에서의 발암물질 배설 등에 관여한다. 백혈구와 혈소판에 존재하는 과산화효소 내의 철은 산소종을 분해함으로써 독성을 감소시키는데 도움을 준다.

④ 신경 전달 물질 합성시 보조인자

철은 콜라겐, 도파민, 에피네프린, 노르에피네프린, 세로토닌 등의 다양한 신경물질, 에이코사노이드(eicoasnoids) 합성에 관련되는 효소들의 보조인자로 작용한다.

(2) 철 결핍 증상

철은 혈액 성분 중 헤모글로빈을 구성하는 필요요소로 철분이 결핍될 시 철분 결핍성 빈혈로 이어지게 된다. 철 결핍성 빈혈의 일반적인 증상으로는 창백함, 피로감 호소, 두통과 호흡곤란 등을 들 수 있다. 혈중 헤모글로빈 수치가 7.0g/dL 이하이면 철 결핍성 빈혈을 의심해 보아야 한다.

(3) 철 결핍 위험군 및 세계 동향

철 결핍은 다른 미량영양소 결핍에 비하여 특이적으로 개발도상국 여부에 관계없이 두루 나타나는 추이를 보인다. 하지만 심각한 철분 결핍성 빈혈은 사하라 사막 이남의 아프리카와 남아시아, 그리고 라틴 아메리카의 일부 국가에 집중하여 나타나는 경향이 있으며, 전세계 인구의 24%가 철 결핍성 빈혈을 겪고 있는 것으로 추산되고 있다. 고위험군은 임산부와 수유부, 생후 6개월 이후부터 2세 미만의 영유아이다.

또한, 말라리아와 병원균 감염률이 높은 지역에 살고 있는 사람들과 노년기에 접어든 사람들 또한 고위험군으로 분류된다.

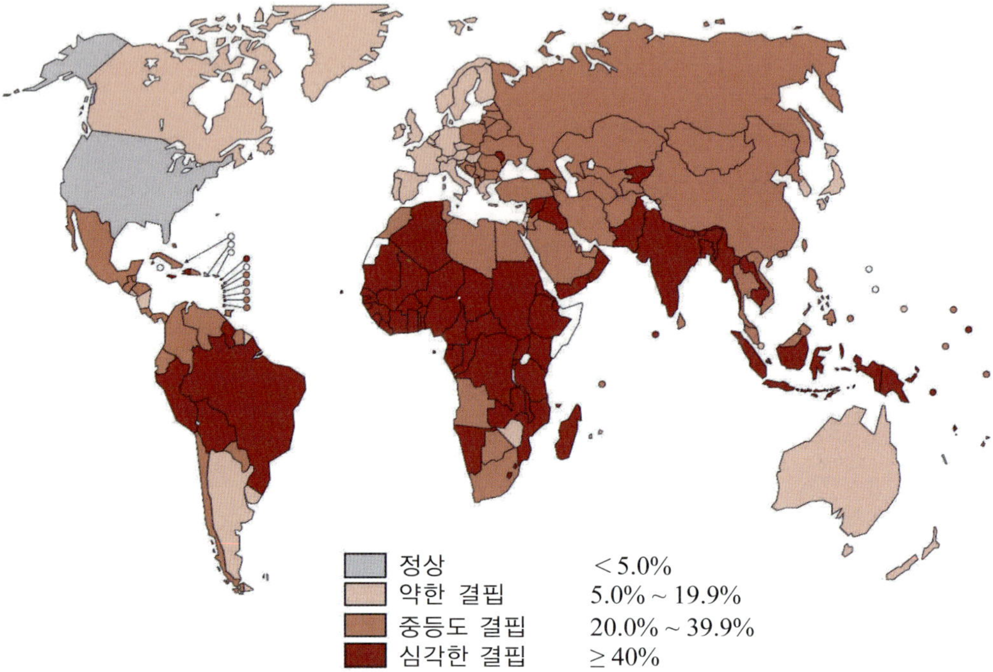

그림 14-3 미취학 아동의 철 결핍 세계동향(빈혈 발생률 기준)

3. 요오드 (iodine)

(1) 요오드의 생체 내 역할

요오드의 대표적인 기능은 갑상선 호르몬의 합성이다. 갑상선 호르몬은 타이로신과 요오드를 구성성분으로 하는 호르몬으로 신진 대사를 촉진하는 역할을 한다. 활성형 갑상선 호르몬은 기초대사율 조절, 단백질 합성 촉진 등의 기능을 수행하며 정상적인 뇌 발달에 필수적이다.

(2) 요오드 결핍 증상

요오드 결핍으로 인한 가장 흔한 임상 증상은 갑상선종이다. 이는 갑상선이 붓는 증상으로, 전세계적으로 7억 6천만 명이 갑상선종으로 고통받고 있다. 갑상선종은 유럽, 아시아, 아메리카, 아프리카 등 해산물 공급이 제한적으로 이루어지는 국가에서 흔히 나타나며, 남성보다는 여성에게서 높은 빈도로 나타난다.

요오드 결핍이 심각해지면 정신과 신체의 이상을 동반하며 크레틴병으로 진단받게 된다. 전세계적으로 1억 천만 명의 크레틴병 환자가 있는 것으로 추정된다. 크레틴병은 주로 심각한 요오드 결핍을 나타내는 모체에서 태어난 아이에게 나타난다.

(3) 요오드 결핍 위험군 및 세계 동향

세계적으로 가장 많이 결핍되는 미량영양소 중 하나가 요오드이다. 세계적으로 110개국 정도가 요오드 결핍으로 인한 임상적 증상에 고통 받고 있다. 개발도상국 인구의 15% 가량은 요오드 결핍으로 인한 갑상선종을 앓고 있는 것으로 추정되고 있다. 아래 지도에서 요오드 결핍이 세계적으로 얼마나 심각한지 알 수 있다.

앞서 살펴본 비타민 A, 철, 요오드에 이어 비타민 B군, 비타민 C, 비타민 D 결핍 또한 심각한 임상 증상을 유발한다.

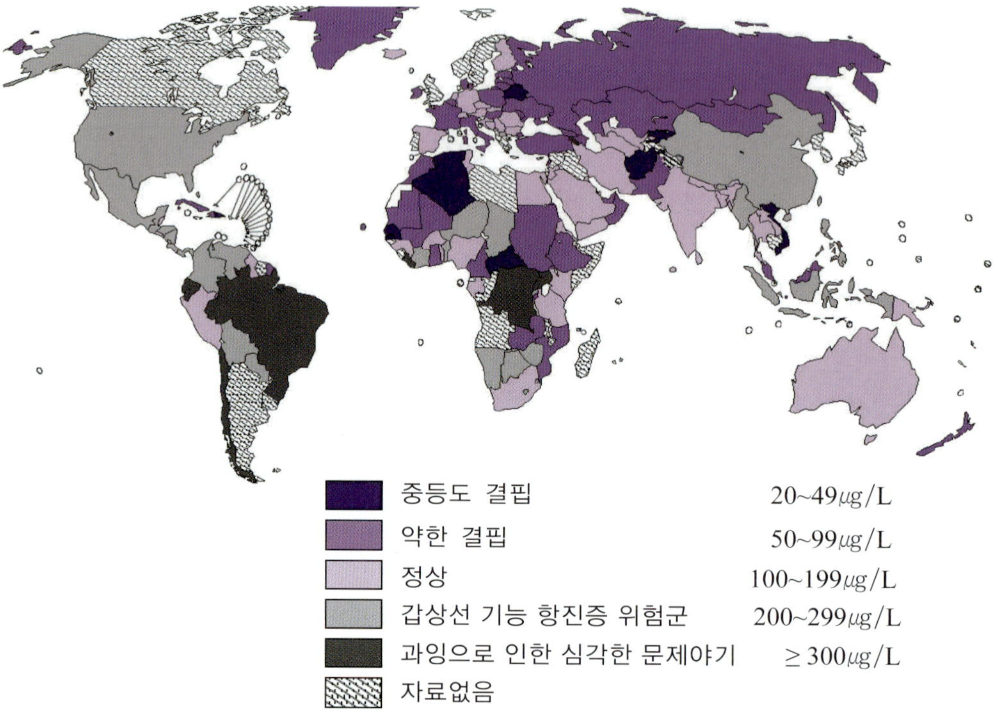

그림 14-4 요오드결핍과 과잉의 세계동향(소변 중 요오드량 기준)

SECTION 2 그 밖의 미량영양소 결핍

앞서 살펴본 비타민 A, 철, 요오드에 이어 비타민 B군, 비타민 C, 비타민 D 결핍 또한 심각한 임상 증상을 유발한다.

1. 비타민 C

(1) 비타민 C의 생체 내 역할

세포 내에서 비타민 C는 항산화제로 활용되며 효소와 관련된 특이적 기능에 관여한다.

① 콜라겐 합성

콜라겐은 피부, 골격조직, 힘줄, 연골 등의 구조 단백질로 작용한다. 이 콜라겐 합성 과정에 비타민 C가 필수적이다.

② 항산화제로서의 작용

비타민 C는 자유 래디컬로부터 세포의 산화적 손상, DNA 손상, 지방 산화, 아미노산 산화 등을 막는 항산화제로 작용 한다.

③ 철분 흡수 촉진

식품 내 존재하는 철의 대부분은 제2철의 형태이며, 소장에서 흡수되기 위해서는 제1철의 형태로 환원되어야 한다. 비타민 C는 Fe^{3+}을 Fe^{2+}로 환원시킴으로써 철의 흡수를 돕는다.

④ 체내 다양한 활성 화합물의 합성

비타민 C는 카르니틴 합성, 노르에피네프린과 에피네프린 생합성, 부신피질 스테로이드 호르몬과 알도스테론 생합성 등 여러 합성 과정에서 전자를 제공하거나 보조 인자로 작용하는 등의 기능을 갖는다. 또한, 콜레스테롤이 담즙산으로 전환될 때에나 티로신 대사 시에도 비타민 C가 필요하다.

⑤ 백혈구 보호

비타민 C는 세포호흡에 따른 산화적 손상으로부터 백혈구를 보호한다. 백혈구는 체내에서 비타민 C 함량이 가장 많은 기관인 것을 보면 백혈구 보호에 비타민 C가 얼마나 중요한 역할을 하는지 알 수 있다.

⑵ 비타민 C 결핍 증상

비타민 C의 결핍은 괴혈병을 유발한다. 괴혈병의 일반적인 증상은 잇몸이 붓고 출혈이 있거나 피부의 괴혈, 더딘 상처 회복 등이다.

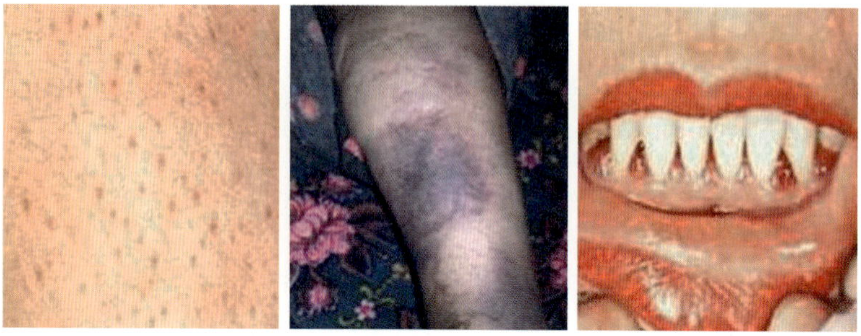

그림 14-5 비타민 C결핍 임상 증상

(3) 비타민 C 결핍 위험군 및 세계 동향

채소와 과일을 섭취하기 어려운 사람들은 전반적으로 비타민 C 결핍 위험군으로 분류된다. 영양 응급 상황에 처하게 되어 채소와 과일을 충분히 섭취할 수 없는 경우도 비타민 C 결핍이 우려된다. 괴혈병은 여성, 특히 임신부에게서 남성보다 높은 위험율을 보이며 나이가 들수록 괴혈병의 발병율은 높아진다.

2. 비타민 B군

(1) 비타민 B군의 생체 내 역할

① 티아민(비타민 B_1)

티아민은 탄수화물과 아미노산 대사에서 중요한 비타민이다. 에너지 형성 시, 오탄당(pentose)과 NADPH 합성 시 조효소로 작용한다.

또한 신경 세포 사이의 신경 자극 전달 물질인 아세틸콜린 합성 과정의 조효소로 작용하여 정상적인 신경 자극 전달이 이루어지도록 한다.

② 리보플라빈(비타민 B_2)

세포 내 산화-환원 반응에서 수소 운반체로 작용하며 에너지 생성 과정에서 기능을 수행한다. 또한, 엽산의 활성화, 부신 피질 호르몬의 합성, 골수에서의 적혈구 형성, 글리코겐 합성과 분해 등에 관여한다.

③ 니아신(비타민 B_3)

니아신의 조효소 형태인 NAD^+와 $NADP^+$는 산화-환원반응에 관여하는 탈수소효소의 조효소로 작용한다. 이 조효소는 특히 ATP 합성 시 필수적이다. 또한 환원된 형태인 니아신 조효소는 지방산 합성 등 새로운 화합물을 만드는데 필요하다.

④ 기타 비타민 B군

판토텐산은 탄수화물, 단백질, 알콜, 지방 대사에 관여하며 ATP 형성 시 필수적이다. 특히 지방산 사슬 길이 증가, 지방산, 콜레스테롤, 스테로이드 호르몬 합성, 신경 전달 물질인 아세틸콜린 합성, 헤모글로빈의 헴구조에서 포르피린 고리 생성 등에 관여한다.

비오틴은 탈탄산반응, 카르복실기 전이반응, 카르복실화 반응의 조효소로 지방과 탄수화물, 아미노산 대사에 관여한다.

비타민 B_6는 탄수화물, 아미노산, 지질 대사에 필수적이며 적혈구 합성, 신경 전달 물질 합성, 비타민 형성, 면역 기능 활성화 등에 관여한다.

엽산은 단일 탄소그룹 대사를 중심으로 아미노산 대사 등 여러 대사반응에 관여한다. 특히 퓨린과 피리미딘 염기의 합성에 필수적으로 엽산이 부족하면 DNA가 정상적으로 합성되지 못해 정상적인 세포분열이 일어나지 못한다.

뿐만 아니라 엽산은 뇌에서 신경물질을 형성하는데 기여한다. 비타민 B_{12}는 엽산과 함께 퓨린과 피리미딘을 합성하는데 관여하며 부족 시 세포 분열 이상으로 적혈구 생성에 장애를 초래한다. 또한 에너지 합성, 단백질의 메틸화, 엽산 기능 수행 활성화 등의 체내 기능에 관여한다.

(2) 비타민 B군 결핍 증상

① 티아민 (비타민 B_1)

티아민 결핍은 베리베리 (beriberi)라는 질환을 유발한다. 베리베리는 아래의 세 가지 분류로 나눌 수 있다.

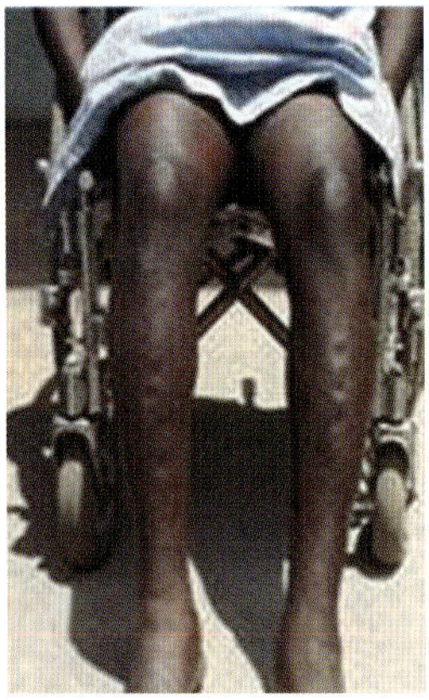

분류	증상	대상
건성 베리베리 (dry beriberi)	발의 촉각 상실을 동반한 신경계의 이상과 촉감의 저하. 근육 상실과 약화로 인하여 걷는 것이 힘들어짐	성인에게 영향 미침
습식 베리베리 (wet beriberi)	심근에 영향을 미쳐 약화되며 부종이 나타남	
유아 베리베리 (infantile beriberi)	약한 부종을 동반하며 민감해 지고 정상적인 울음소리를 내지 못함	유아에게 영향 미침

그림 14-6 비타민 B_1 결핍 임상증상

② 리보플라빈 (비타민 B_2)

리보플라빈 결핍증은 대표적으로 구순구각염을 동반한다. 구각염은 일반적으로 입술 옆 쪽이 갈라지는 증상을 보인다. 이렇게 갈라진 부위는 캔디다 (candida) 등의 감염으로 이어질 수 있으며 설염을 동반하기도 한다.

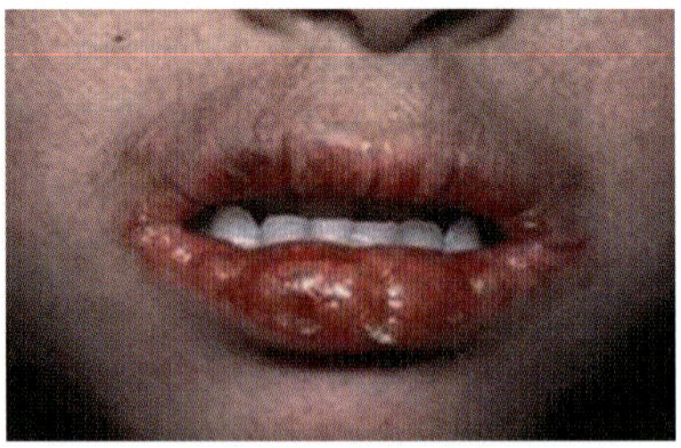

그림 14-7 리보플라빈 결핍 임상증상

③ 니아신 (비타민 B_3)

니아신 결핍은 펠라그라를 유발한다. 펠라그라는 피부와 소화기계, 신경계에 영향을 미치며, 햇빛 노출 부위의 피부염, 시력 장애, 경련, 설사, 정신 장애 등으로 이어진다. 펠라그라는 3D 질병으로도 불리는데, 그 이유는 피부병(dermatitis), 설사(diarrhea), 치매(dementia) 등의 질환을 유발하는 이유가 되기 때문이다.

(3) 비타민 B군 결핍 위험군 및 세계 동향

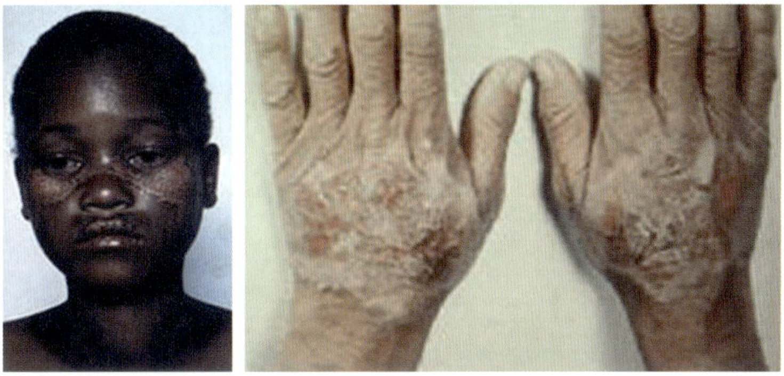

그림 14-8 니아신 결핍 임상 증상

비타민 B_1 결핍으로 인한 베리베리의 발병은 파보일링 (스티밍을 통하여 도정 시 겉껍질에 있는 티아민이 곡물 자체로 들어갈 수 있도록 하는 공법) 하지 않은 도정미를 주식으로 섭취하는 나라에서 흔히 일어난다. 또한 충분한 티아민 섭취를 하지 못하는 모체로부터 모유수유를 하는 영아 또한 비타민 B_1 결핍의 위험군이 될 수 있다. 체내에서 티아민의 흡수를 방해하는 아황산화합물이 많은 식품이나 익히지 않은 어류, 어패류, 빈랑나무 열매 등을 많이 섭취하는 경우도 비타민 B_1 결핍을 겪을 수 있다.

리보플라빈 결핍은 주로 남아시아와 아프리카 일부국가에 집중되어 나타난다. 쌀을 주식으로 하며 다른 음식의 섭취가 극히 제한되어 있는 나라에서 흔히 볼 수 있다.

니아신 결핍은 주식을 메이즈(maize)에 의존하면서 다른 다양한 식품의 섭취가 제한된 사람들에게 흔히 나타난다. 영양 응급상황에 있는 사람들에게 땅콩 등 니아신이 풍부한 식품이 제대로 공급되지 않으면 비타민 B_3의 결핍으로 인한 펠라그라 발병으로 이어질 수 있다. 유아동보다는 성인에게 흔히 나타날 수 있으며 남자보다 여자가 니아신 결핍을 나타낼 확률이 높다.

3. 비타민 D

(1) 비타민 D의 생체 내 역할

비타민 D는 칼슘과 인의 대사에 영향을 미치는 호르몬 기능을 가지고 있다. 또한, 신경 근육 이음부의 기능을 유지하기 위해 칼슘을 적절히 조절하며 뼈의 주요 성분인 인산칼슘을 만들기 위해 칼슘과 인의 사용을 조절한다.

(2) 비타민 D 결핍 증상

비타민 D 결핍은 구루병으로 이어진다. 구루병은 주로 아동에게서 많이 나타나며 다리가 굽는 등 골격의 성장이 지연되고 빈혈을 동반하며 호흡기 감염이 수반되는 경우가 많다. 흔히 손목이나 발목이 부어오르면서 전두골이 부어 머리가 사각 형태가 되는 증상을 보인다. 영아에게서는 정수리의 숨구멍이 닫히는 기간이 길게 걸린다.

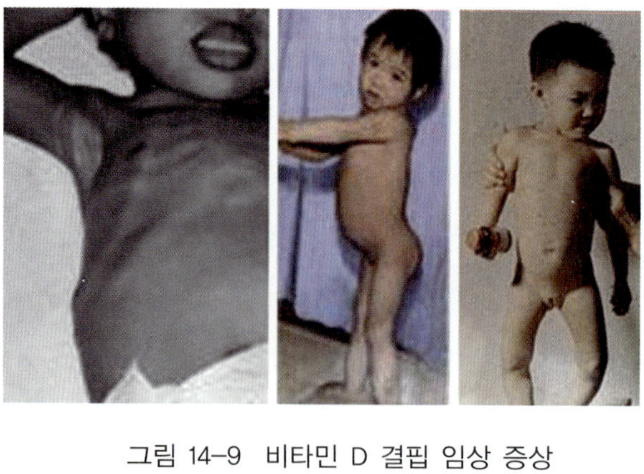

그림 14-9 비타민 D 결핍 임상 증상

(3) 비타민 D 결핍 위험군 및 세계 동향

비타민 D 결핍으로 인한 구루병은 지리학적으로 지구의 중동부 국가에 해당하는 지역에서 흔히 나타난다. 모로코에서 파키스탄을 잇는 띠 주변의 국가를 비롯하여 에티오피아 같은 남부 아프리카 국가에서도 비타민 D 결핍이 나타난다. 또한, 동유럽에서도 비타민 D 결핍을 흔히 볼 수 있는데, 이는 식이를 통한 비타민 D 섭취가 낮은 반면 빵 등을 통한 피틴산의 섭취가 높아 비타민 D 대사에 방해를 일으키기 때문이다.

아울러 햇빛에 자주 노출되지 못하면 비타민 D 보충이 충분하게 되지 않는다. 사막 지역에 사는 사람들 또한 햇빛을 통한 비타민 D 보충에 어려움을 겪는다. 그 이유는 사막에서부터 나오는 대기의 먼지가 자외선을 자연적으로 거르는 필터의 역할을 수행하기 때문이다. 또한, 낮 시간 동안 열기로부터 피하기 위하여 실내에 머무르며 의복을 통하여 자외선 차단을 시도하는 등의 생활습관에서 비타민 D 결핍이 기인하기도 한다.

SECTION 3 미량영양소 결핍 예방 및 관리

질병이나 감염으로 인하여 미량영양소 결핍이 나타나면 이로 인하여 질병이나 감염의 개선이 지연되는 악순환이 나타나기도 한다.

미량영양소 결핍과 이로 인한 질병의 유병을 방지하기 위해서는 미량영양소 결핍을 정확히 측정할 수 있는 방법과 진단이 마련되어야 함과 동시에 충분한 식이 섭취, 건강 관리, 위생적인 환경과 병원 시설 구비 등이 선행되어야 한다.

1. 예방관리 전략

영양 응급상황에서 미량영양소의 결핍을 방지하기 위해 예방과 관리를 동시에 실시할 필요가 있다.

① 미량영양소가 충분히 함유된 구호 식이 배급

영양 응급상황에 있는 사람들에게 배급을 통해 제공되는 식이는 미량영양소를 충분히 함유하지 않은 경우가 많다. 미량영양소가 충분하지 않은 식이가 배급됨으로서 미량영양소의 결핍이 매우 빠르게 번져나가게 된다. 영양소가 충분히 함유된 구호 식이가 배급되는 것은 미량영양소의 결핍을 방지하기 위해 가장 시급히 마련해야 하는 방안이다.

② 신선식품의 공급

미량영양소의 결핍을 예방하기 위해서는 구호 식품 중 신선한 과일이나 채소 등의 아이템이 증가될 필요가 있다.

③ 영양강화 식품 제공

1990년대 중반부터 구호 식이 중 특정 영양 성분이 강화된 식품이 추가되어 미량영양소 결핍을 상당 부분 해결할 수 있었다. 영양 강화 식품 제공 시 개별 영양소 요구량을 고려해야 하는 것도 중요하지만 반대로 섭취 안전 상한선을 넘지 않도록 고려하는 것 또한 중요하다.

또한, 성분 강화로 인하여 맛이나 냄새, 질감에 변형이 생기는 것은 바람직하지 않으며, 유통기한에 영향을 미치지 않는지 면밀히 검토하여야 한다.

④ 구호식품 일회 제공량 증가

구호 식품의 일회 제공량을 증가시키는 방안은 일차적으로 구호 식품을 통한 섭취량을 증가시키기 위해서이다. 또한, 넉넉히 제공되는 구호 식품과 시장에 나와 있는 미량영양소 함량이 높은 타 식품으로의 교환을 용이하게 하고자 하는 목적도 있다.

⑤ 가정용 식품 보충제 제공

식품 보충제는 가정에서 일상 식이 보충제로 활용되거나 혹은 각 가정의 아동들을 위해 활용될 수 있다. 최근 들어 많은 종류의 식품 보충제가 제공되고 있으나, 이들 보충제의 실질적인 활용 방법에 대한 안내는 아직도 부족한 실정이다. 대표적인 가정용 식품 보충제는 미량영양소 파우더, 아동용 고열량 밀도의 지방 보충제, 괴혈병이나 펠라그라를 앓고 있는 성인들을 위한 영양 보충제 등이 있다.

⑥ 미량영양소 보충제 공급

미량영양소 보충제는 주로 캡슐이나 알약의 형태로 미량영양소 결핍을 심각하게 겪고 있는 사람들에게 배분된다. 예를 들면, 아동용 비타민 A 캡슐, 임산부를 위한 철분과 엽산보충제 등이다. 특히 영양 응급상황에 처한 아동을 위한 비타민 A 보충제는 최대한 빠른 시일 내에 공급되어야 한다. 이는 면역력 증진과 발육 성장의 정상화, 감염으로부터의 회복 등에 매우 중요하다.

영양 응급상황에 처해있는 임산부의 대부분은 매우 낮은 철분 영양 상태를 보인다. 특히 임신 중 증가하는 철분요구량을 일상 식이를 통해 충족시키는 것은 거의 불가능하다. 이러한 철분부족 상황은 비단 영양 응급상황에서만 나타나는 것은 아니다.

따라서 임산부에게 철분과 엽산 보충제를 공급하는 것은 전반적인 미량영양소 결핍을 예방하기 위한 가장 기본적인 방안 중 하나이다. 하지만, 철분과 엽산 보충제 섭취시 메스꺼움, 변비 등의 부작용이 흔히 나타나기 때문에 이들 보충제의 실제 섭취율이 높지 않다는 문제점이 있다. 따라서 최근에는 철분과 엽산 단독 보충제보다는 멀티 비타민 제제를 활용하는 방안이 대안으로 여겨지고 있다.

이러한 미량영양소 보충 제제의 배분은 주로 급성으로 단기간 내에 영양 응급상황에 처하거나 영양결핍문제를 나타내는 지역을 위주로 이루어지는 특징이 있다.

표 14-1 비타민 A 보충제 권장량과 권장 제공 빈도

제공대상	용량(IU)	제공빈도
0~6개월	50,000	1회
6~12개월	100,000	매 4~ 6개월마다
생후 1년 이상	200,000	매 4~ 6개월마다
임신, 가임기 여성	10,000 미만	매일
수유부	200,000	출산 8주 이내에 1회

표 14-2 임산부 대상 철분 및 엽산 보충제의 권장량 및 제공 빈도

임산부 빈혈 유병 기준	용 량		제공횟수
	철분(mg)	엽산(μg)	
40% 이하 집단	60	400	1회
40% 이상 집단	60	400	매 4~6개월마다

⑦ 식량자급율 증가 및 농업발달 도모

씨앗이나 농사 도구를 나누어주거나 농사기술을 전수하는 등의 전략은 근본적으로 저영양과 미량영양소 결핍을 예방할 수 있는 방안이 될 수 있다. 하지만, 농사를 지을 수 있는 토지에 대한 접근이 불가능하거나 수용시설에서 생활하는 경우가 많으므로 이 전략이 모든 영양 응급 상황에 처한 사람들에게 적용되는 데에는 어려움이 있다.

⑧ 가계소득증대 및 경제력 강화

각 가계의 소득을 증대시키는 것 또한 미량영양소 결핍을 방지할 수 있는 근본적 대안이 될 수 있다. 소득증대로 인하여 식품섭취량 증가와 함께 섭취하는 식품의 다양성을 도모할 수 있게 된다. 당장의 직접 수입 증가가 어렵다면 식품을 구매할 때 활용할 수 있는 쿠폰이나 현금의 지급 등을 통하여 소득 증대시의 식품 구매와 활용에 대해 사전 교육할 수 있다.

하지만, 이 또한 식품을 구입할 수 있는 시장이 충분히 접근 가능해야 한다는 전제조건이 있다.

⑨ 영유아 수유 및 식이 공급 가이드라인 실천

완전 모유수유와 모유수유를 대체할 수 있는 올바른 수유를 시행하는 것은 미량영양소의 결핍을 방지하는데 매우 중요한 전략이 된다. 최소한 생후 6개월까지는 완전 모유수유가 권장되며 6개월 이후부터는 적절한 이유식의 공급과 함께 2년까지 모유수유를 이어 나갈 것을 권장한다. 유아를 위한 이유식은 성장과 발달을 위한 에너지와 영양소 함량이 충분히 포함되어야 한다.

⑩ 충분한 케어 시스템 마련과 환경 확보

좋은 영양 상태와 미량영양소의 균형을 위해서는 전반적으로 건강 상태를 잘 유지하는 것이 중요하다. 이를 위해서 홍역 예방 접종, 구충제 복용을 통한 잠재적 빈혈 예방, 방역 작업을 통한 말라리아 예방, 충분한 태양빛 노출을 통한 구루병 예방 등 다양한 방안을 실천해야 한다.

⑪ 비식품 요소에 대한 고려

때로는 식품이 아닌 냄비, 세제, 조리 도구 등의 비식품 요소의 보충이 미량 영양소 결핍을 방지하는 방안이 되기도 한다. 이러한 비식품 요소를 마련하기 위해서는 가계의 소득증대가 우선되어야 한다.

2. 치 료

예방 전략이 치료 방안보다는 항상 우위에 있어야 하며 더 중요하게 취급되어야 한다. 하지만, 미량영양소 결핍이 실제적 임상 질환으로 유병될 수 있음을 간과해서는 안 될 것이다. 미량영양소 결핍으로 인한 임상 질환이 나타날 시 대부분의 치료는 알약이나 캡슐 형태의 약제 섭취를 통해 이루어진다. 경미한 미량영양소 결핍 질환의 경우에는 해당 미량영양소를 파우더 등을 통해 보충해 주는 것만으로도 치료되기도 한다.

SECTION 4 미량영양소 결핍 관련 국제기구와 활동

국제적으로 미량영양소의 결핍을 방지하고 이에 대한 대안을 마련하는 역할을 하는 국제 기구 중 대표적인 기구는 유니세프(UNICEF)이다. 유니세프는 United Nations International Children's Emergency Fund의 약어로 유엔아동기금으로도 명명된다. 국적이나 이념, 종교 등의 차별 없이 어린이를 구호하기 위해 설립된 국제연합(UN)의 상설보조기관 중 하나이다.

유니세프는 1946년 제2차 세계대전으로 인해 기아와 질병에 지친 아동을 구제하기 위한 긴급원조계획에 의해 수립되었다. '차별 없는 구호'라는 슬로건에 따라 2차대전의 승전국과 패전국, 동유럽과 중국, 한국의 어린이들도 유니세프의 도움을 받았다.

세계대전이 종전된 후에는 점차 그 영역을 넓혀 개발도상국 어린이와 여성들을 위하여 긴급구호, 영양, 예방접종, 식수 및 환경개선, 에이즈 예방 교육 등의 사업을 펼쳐 오고 있다. 유니세프의 영양중재사업의 목표는 저영양으로 고통받고 있는 아동들의 영양상태악화와 이로 인한 사망에서 자유로울 수 있도록 돕는 것이다. 특히 미량영양소 결핍에서 기인한 임상 질환의 위험성을 경고하는 등 미량영양소 결핍 예방에도 주력하고 있다.

유니세프는 미량영양소 결핍을 보이는 임산부의 출산 시 사망률 증가, 저체중아나 미숙아의 출산, 정상적 모유수유의 어려움 등을 경고하며 여성의 미량영양소 결핍을 해결하는 것이 매우 중요함을 피력하였다. 뿐만 아니라, 유아동에게 미량영양소 결핍이 나타나면 감염으로 인한 사망률 증가, 육체적 정신적 발달 장애 등을 지속적으로 경고하고 있다. 이러한 여성과 유아동의 미량영양소 결핍을 예방 관리하기 위하여 영양강화식품과 영양보충제를 제공하는 등 실질적 구호사업을 펼쳐나가고 있다.

Question

1. 세계적으로 가장 심각하게 결핍되고 있는 미량영양소가 아닌 것을 고르시오.

   ① 비타민 A ② 마그네슘
   ③ 철 ④ 요오드
   ⑤ 아연

2. 다음 중 비타민 A 결핍으로 인한 증상이 아닌 것을 고르시오.

   ① 괴혈병 ② 야맹증
   ③ 면역력 약화 ④ 세포 성장 저해
   ⑤ 감염

3. 다음 중 철 결핍 위험군에 대한 설명으로 적절하지 않은 것을 고르시오.

   ① 철 결핍은 다른 미량영양소에 비하여 지역에 관계없이 두루 나타나는 경향을 보인다.
   ② 임산부와 수유부는 철 결핍 위험군에 속한다.
   ③ 생후 6개월 이전의 유아는 철 결핍 위험군에 속한다.
   ④ 병원균 감염율이 높은 지역의 주민들은 철 결핍 증상을 보이기 쉽다.
   ⑤ 노년기에 접어든 사람들은 철 결핍 위험군에 속할 수 있다.

4. 다음 중 비타민C / 니아신 / 티아민 결핍에 따른 각각의 증상이 바르게 나열된 것을 고르시오.

   ① 괴혈병 / 펠라그라 / 베리베리
   ② 괴혈병 / 각기병 / 베리베리
   ③ 각기병 / 구루병 / 펠라그라
   ④ 각기병 / 펠라그라 / 구루병
   ⑤ 괴혈병 / 베리베리 / 펠라그라

5. 다음의 비타민 B군과 기능의 연결이 올바르지 않은 것을 고르시오.

① 티아민 – 오탄당 합성에 필수
② 리보플라빈 – 세포 내 산화 환원 반응에서 수소 운반체로 역할
③ 니아신 – 지방산 합성에 필수
④ 비오틴 – ATP 생성에 필수
⑤ 엽산 – 단일 탄소 그룹 대사

6. 다음 중 비타민 D 결핍을 야기하는 요인이 되지 않는 것을 고르시오.

① 식이를 통한 피틴산의 과다 섭취
② 햇빛에 노출이 적은 환경
③ 비타민 D 외 지용성 비타민의 과다 섭취
④ 불충분한 식이 비타민 D 섭취
⑤ 의복을 통한 자외선 차단

7. 국제적으로 미량영양소 결핍을 방지하고 개선하기 위한 방안으로 적절하지 않은 것을 고르시오.

① 미량영양소 결핍의 정확한 측정을 위한 방법과 진단 마련
② 식이를 통하여 충분한 미량영양소가 공급되도록 해야 한다.
③ 전반적인 건강관리에 주의해야 한다.
④ 위생적인 환경과 병원 시설 구비 등이 선행되어야 한다.
⑤ 특정 미량영양소가 결핍되는 나라에 대하여 국제적인 원조만으로 해결할 수 있도록 해야 한다.

8. 미량영양소 결핍 방지 및 예방 전략으로 올바르게 묶여진 것을 고르시오.

① 미량영양소가 충분히 함유된 구호 식이 배급 / 관리가 용이한 가공식품의 공급
② 구호 식품 일회 제공량 정량 확정 / 미량영양소 보충제 공급
③ 식량 자급률 증가 및 농업 발달 도모 / 가계 소득 증대 및 경제력 강화
④ 청소년 식이 공급 전략 마련 / 비식품 요소에 대한 고려
⑤ 충분한 케어 시스템 확보 / 식품 보충제 제공량 감소

[해답] 1. ② 2. ① 3. ③ 4. ① 5. ④ 6. ③ 7. ⑤ 8. ③

부 록

1. 한국인의 영양섭취기준
2. 식생활지침
3. 세계보건기구 WHO의 영양정책 전략
4. 보건영양사업 운영 계획안
5. 영양성분 알아보기 실습

부 록 1 한국인의 영양섭취기준

한국인의 영양섭취기준 (KDRIs, Dietary Reference Intakes for Korean) : 다량영양소

성별	연령	에너지(kcal／일)				단백질(g／일)			
		필요추정량	권장섭취량	충분섭취량	상한섭취량	평균필요량	권장섭취량	충분섭취량	상한섭취량
영아	0~5(개월)	550						9.5	
	6~11	700				9.8	13.5		
유아	1~2(세)	1,000				12	15		
	3~5	1,400				15	20		
남자	6~8(세)	1,600				20	25		
	9~11	1,900				30	35		
	12~14	2,400				40	50		
	15~18	2,700				45	55		
	19~29	2,600				45	55		
	30~49	2,400				45	55		
	50~64	2,200				40	50		
	65~74	2,000				40	50		
	75 이상	2,000				40	50		
여자	6~8(세)	1,500				20	25		
	9~11	1,700				30	35		
	12~14	2,000				40	45		
	15~18	2,000				40	45		
	19~29	2,100				40	50		
	30~49	1,900				35	45		
	50~64	1,800				35	45		
	65~74	1,600				35	45		
	75 이상	1,600				35	45		
임신부		+0/+340/+450				+0/+12/+25	+0/+15/+30		
수유부		+320				+20	+25		

성별	연령	식이섬유(g／일)				수분(mL／일)			
		필요섭취량	권장섭취량	충분섭취량	상한섭취량	평균필요량	권장섭취량	충분섭취량	상한섭취량
영아	0~5(개월)							700	
	6~11							800	
유아	1~2(세)			10				1,100	
	3~5			15				1,400	
남자	6~8(세)			20				1,800	
	9~11			20				2,000	
	12~14			25				2,300	
	15~18			25				2,600	
	19~29			25				2,600	
	30~49			25				2,500	
	50~64			25				2,200	
	65~74			25				2,100	
	75 이상			25				2,100	
여자	6~8(세)			15				1,700	
	9~11			15				1,800	
	12~14			20				2,000	
	15~18			20				2,100	
	19~29			20				2,100	
	30~49			20				2,000	
	50~64			20				1,900	
	65~74			20				1,800	
	75 이상			20				1,800	
임신부				+5				+200	
수유부				+5				+700	

한국인의 영양섭취기준 (KDRIs, Dietary Reference Intakes for Korean) : 지용성비타민

한국영양학회, 한국인영양섭취기준위원회, 2010

성별	연령	비타민 A(μgRE/일)				비타민 D(μg/일)			
		평균필요량	권장섭취량	충분섭취량	상한섭취량	평균필요량	권장섭취량	충분섭취량	상한섭취량
영아	0~5(개월)			300	600			5	25
	6~11			400	600			5	25
유아	1~2(세)	200	300		600			5	60
	3~5	230	300		700			5	60
남자	6~8(세)	300	400		1,100			5	60
	9~11	390	550		1,500			5	60
	12~14	510	700		2,100			5	60
	15~18	590	850		2,400			5	60
	19~29	540	750		3,000			5	60
	30~49	520	750		3,000			5	60
	50~64	500	700		3,000			10	60
	65~74	490	700		3,000			10	60
	75 이상	490	700		3,000			10	60
여자	6~8(세)	280	400		1,100			5	60
	9~11	370	500		1,500			5	60
	12~14	470	650		2,100			5	60
	15~18	440	600		2,400			5	60
	19~29	460	650		3,000			5	60
	30~49	450	650		3,000			5	60
	50~64	430	600		3,000			10	60
	65~74	410	600		3,000			10	60
	75 이상	410	600		3,000			10	60
임신부		+50	+70		3,000			+5	60
수유부		+350	+490		3,000			+5	60

성별	연령	비타민 E(mg α-TE/일)				비타민 K(μg/일)			
		평균필요량	권장섭취량	충분섭취량	상한섭취량	평균필요량	권장섭취량	충분섭취량	상한섭취량
영아	0~5(개월)			3				4	
	6~11			4				7	
유아	1~2(세)			5	100			25	
	3~5			6	140			30	
남자	6~8(세)			8	200			45	
	9~11			9	280			55	
	12~14			10	380			70	
	15~18			12	430			80	
	19~29			12	540			75	
	30~49			12	540			75	
	50~64			12	540			75	
	65~74			12	540			75	
	75 이상			12	540			75	
여자	6~8(세)			7	200			45	
	9~11			8	280			55	
	12~14			9	380			65	
	15~18			10	430			65	
	19~29			10	540			65	
	30~49			10	540			65	
	50~64			10	540			65	
	65~74			10	540			65	
	75 이상			10	540			65	
임신부				+0	540			+0	
수유부				+3	540			+0	

한국인의 영양섭취기준 (KDRIs, Dietary Reference Intakes for Korean) : 수용성비타민

한국영양학회, 한국인영양섭취기준위원회, 2010

성별	연령	비타민 C(mg/일)				티아민(mg/일)			
		평균 필요량	권장 섭취량	충분 섭취량	상한 섭취량	평균 필요량	권장 섭취량	충분 섭취량	상한 섭취량
영아	0~5(개월)			35				0.2	
	6~11			45				0.3	
유아	1~2(세)	30	40		350	0.4	0.5		
	3~5	30	40		500	0.4	0.5		
남자	6~8(세)	40	60		700	0.6	0.7		
	9~11	55	70		1,000	0.7	0.9		
	12~14	75	100		1,400	0.9	1.1		
	15~18	85	110		1,600	1.1	1.3		
	19~29	75	100		2,000	1.0	1.2		
	30~49	75	100		2,000	1.0	1.2		
	50~64	75	100		2,000	1.0	1.2		
	65~74	75	100		2,000	1.0	1.2		
	75 이상	75	100		2,000	1.0	1.2		
여자	6~8(세)	50	60		700	0.6	0.7		
	9~11	60	80		1,000	0.7	0.9		
	12~14	75	100		1,400	0.9	1.1		
	15~18	75	100		1,600	0.9	1.0		
	19~29	75	100		2,000	0.9	1.1		
	30~49	75	100		2,000	0.9	1.1		
	50~64	75	100		2,000	0.9	1.1		
	65~74	75	100		2,000	0.9	1.1		
	75 이상	75	100		2,000	0.9	1.1		
임신부		+10	+10		2,000	+0.4	+0.4		
수유부		+35	+35		2,000	+0.3	+0.4		

성별	연령	리보플라빈(mg/일)				니아신(mg NE/일)				
		평균 필요량	권장 섭취량	충분 섭취량	상한 섭취량	평균 필요량	권장 섭취량	충분 섭취량	상한 섭취량1	상한 섭취량2
영아	0~5(개월)			0.3				2		
	6~11			0.4				3		
유아	1~2(세)	0.5	0.6			5	6		10	180
	3~5	0.6	0.7			5	7		10	250
남자	6~8(세)	0.7	0.9			7	9		15	350
	9~11	0.9	1.1			9	11		20	500
	12~14	1.2	1.5			11	15		25	700
	15~18	1.4	1.7			13	17		30	800
	19~29	1.3	1.5			12	16		35	1,000
	30~49	1.3	1.5			12	16		35	1,000
	50~64	1.3	1.5			12	16		35	1,000
	65~74	1.3	1.5			12	16		35	1,000
	75 이상	1.3	1.5			12	16		35	1,000
여자	6~8(세)	0.6	0.7			7	9		15	350
	9~11	0.8	0.9			9	11		20	500
	12~14	1.0	1.2			11	14		25	700
	15~18	1.0	1.2			11	14		30	800
	19~29	1.0	1.2			11	14		35	1,000
	30~49	1.0	1.2			11	14		35	1,000
	50~64	1.0	1.2			11	14		35	1,000
	65~74	1.0	1.2			11	14		35	1,000
	75 이상	1.0	1.2			11	14		35	1,000
임신부		+0.3	+0.4			+3	+4		35	1,000
수유부		+0.4	+0.4			+3	+5		35	1,000

한국인의 영양섭취기준 (KDRIs, Dietary Reference Intakes for Korean) : 수용성비타민

한국영양학회, 한국인영양섭취기준위원회, 2010

성별	연령	비타민 B_6(mg／일)				엽산(μgDFE／일)			
		평균 필요량	권장 섭취량	충분 섭취량	상한 섭취량	평균 필요량	권장 섭취량	충분 섭취량	상한 섭취량
영아	0~5(개월)			0.1				65	
	6~11			0.3				80	
유아	1~2(세)	0.5	0.6		25	120	150		300
	3~5	0.6	0.7		35	150	180		400
남자	6~8(세)	0.7	0.9		45	180	220		500
	9~11	0.9	1.1		60	250	300		600
	12~14	1.3	1.5		80	320	400		800
	15~18	1.3	1.5		90	320	400		900
	19~29	1.3	1.5		100	320	400		1,000
	30~49	1.3	1.5		100	320	400		1,000
	50~64	1.3	1.5		100	320	400		1,000
	65~74	1.3	1.5		100	320	400		1,000
	75 이상	1.3	1.5		100	320	400		1,000
여자	6~8(세)	0.7	0.9		45	180	220		500
	9~11	0.9	1.1		60	250	300		600
	12~14	1.2	1.4		80	320	400		800
	15~18	1.2	1.4		90	320	400		900
	19~29	1.2	1.4		100	320	400		1,000
	30~49	1.2	1.4		100	320	400		1,000
	50~64	1.2	1.4		100	320	400		1,000
	65~74	1.2	1.4		100	320	400		1,000
	75 이상	1.2	1.4		100	320	400		1,000
임신부		+0.6	+0.8		100	+200	+200		1,000
수유부		+0.6	+0.8		100	+130	+150		1,000

성별	연령	비타민 B_{12}(μg／일)				판토텐산(mg／일)				비오틴(μg／일)			
		필요 섭취량	권장 섭취량	충분 섭취량	상한 섭취량	필요 섭취량	권장 섭취량	충분 섭취량	상한 섭취량	필요 섭취량	권장 섭취량	충분 섭취량	상한 섭취량
영아	0~5(개월)			0.3				1.7				5	
	6~11			0.5				1.8				7	
유아	1~2(세)	0.8	0.9					2				9	
	3~5	0.9	1.1					3				11	
남자	6~8(세)	1.1	1.3					3				15	
	9~11	1.5	1.7					4				20	
	12~14	1.9	2.3					5				25	
	15~18	2.2	2.7					6				30	
	19~29	2.0	2.4					5				30	
	30~49	2.0	2.4					5				30	
	50~64	2.0	2.4					5				30	
	65~74	2.0	2.4					5				30	
	75 이상	2.0	2.4					5				30	
여자	6~8(세)	1.2	1.5					3				15	
	9~11	1.6	1.9					4				20	
	12~14	2.0	2.4					5				25	
	15~18	2.0	2.4					6				30	
	19~29	2.0	2.4					5				30	
	30~49	2.0	2.4					5				30	
	50~64	2.0	2.4					5				30	
	65~74	2.0	2.4					5				30	
	75 이상	2.0	2.4					5				30	
임신부		+0.2	+0.2					+1				+0	
수유부		+0.3	+0.4					+2				+5	

한국인의 영양섭취기준 (KDRIs, Dietary Reference Intakes for Korean) : 다량무기질

한국영양학회, 한국인영양섭취기준위원회, 2010

성별	연령	칼슘(mg/일)				인(mg/일)				나트륨(g/일)				
		평균필요량	권장섭취량	충분섭취량	상한섭취량	평균필요량	권장섭취량	충분섭취량	상한섭취량	평균필요량	권장섭취량	충분섭취량	상한섭취량	목표량
영아	0~5(개월)			200				100				0.12		
	6~11			300				300				0.37		
유아	1~2(세)	390	500		2,500	350	500		3,000			0.7		
	3~5	470	600		2,500	390	500		3,000			0.9		
남자	6~8(세)	580	700		2,500	550	700		3,000			1.2		
	9~11	670	800		2,500	810	1,000		3,500			1.3		2.0
	12~14	800	1,000		2,500	860	1,000		3,500			1.5		2.0
	15~18	750	900		2,500	790	1,000		3,500			1.5		2.0
	19~29	620	750		2,500	580	700		3,500			1.5		2.0
	30~49	600	750		2,500	580	700		3,500			1.5		2.0
	50~64	570	700		2,500	580	700		3,500			1.4		2.0
	65~74	560	700		2,500	580	700		3,500			1.2		2.0
	75 이상	560	700		2,500	580	700		3,000			1.1		2.0
여자	6~8(세)	580	700		2,500	450	600		3,000			1.2		2.0
	9~11	670	800		2,500	700	900		3,500			1.3		2.0
	12~14	740	900		2,500	680	900		3,500			1.5		2.0
	15~18	660	800		2,500	580	800		3,500			1.5		2.0
	19~29	530	650		2,500	580	700		3,500			1.5		2.0
	30~49	510	650		2,500	580	700		3,500			1.5		2.0
	50~64	590	700		2,500	580	700		3,500			1.4		2.0
	65~74	570	700		2,500	580	700		3,500			1.2		2.0
	75 이상	570	700		2,500	580	700		3,000			1.1		2.0
임신부		+230	+280		2,500	+0	+0		3,000			+0		2.0
수유부		+310	+370		2,500	+0	+0		3,500			+0		2.0

성별	연령	염소(g/일)				칼륨(g/일)				마그네슘(mg/일)			
		평균필요량	권장섭취량	충분섭취량	상한섭취량	평균필요량	권장섭취량	충분섭취량	상한섭취량	평균필요량	권장섭취량	충분섭취량	상한섭취량
영아	0~5(개월)			0.18				0.4				30	
	6~11			0.56				0.7				55	
유아	1~2(세)			1.1				1.7		60	75		65
	3~5			1.4				2.3		85	100		90
남자	6~8(세)			1.8				2.8		125	150		130
	9~11			2.0				3.2		175	210		180
	12~14			2.3				3.5		250	300		250
	15~18			2.3				3.5		335	400		350
	19~29			2.3				3.5		285	340		350
	30~49			2.3				3.5		295	350		350
	50~64			2.1				3.5		295	350		350
	65~74			1.9				3.5		295	350		350
	75 이상			1.6				3.5		295	350		350
여자	6~8(세)			1.8				2.8		125	150		130
	9~11			2.0				3.2		175	210		180
	12~14			2.3				3.5		240	290		250
	15~18			2.3				3.5		285	340		350
	19~29			2.3				3.5		235	280		350
	30~49			2.3				3.5		235	280		350
	50~64			2.1				3.5		235	280		350
	65~74			1.9				3.5		235	280		350
	75 이상			1.6				3.5		235	280		350
임신부				+0				+0		+33	+40		350
수유부				+0				+0.4		+0	+0		350

한국인의 영양섭취기준 (KDRIs, Dietary Reference Intakes for Korean) : 미량무기질

한국영양학회, 한국인영양섭취기준위원회, 2010

성별	연령	철(mg/일)				아연(mg/일)			
		평균필요량	권장섭취량	충분섭취량	상한섭취량	평균필요량	권장섭취량	충분섭취량	상한섭취량
영아	0~5(개월)			0.3	40			1.7	
	6~11	5.0	6		40	2.3	2.8		
유아	1~2(세)	4.8	6		40	2.4	3		6
	3~5	5.4	7		40	3.2	4		9
남자	6~8(세)	6.3	8		40	4.5	5		13
	9~11	8.5	11		40	6.4	8		18
	12~14	11.0	14		40	6.6	8		25
	15~18	11.8	15		45	8.2	10		30
	19~29	7.7	10		45	8.1	10		35
	30~49	7.4	10		45	7.9	9		35
	50~64	7.1	9		45	7.5	9		35
	65~74	6.9	9		45	7.2	9		35
	75 이상	6.9	9		45	7.1	9		35
여자	6~8(세)	6.3	8		40	4.4	5		13
	9~11	8.0	10		40	6.2	7		18
	12~14	10.0	13		40	6.2	7		25
	15~18	12.9	17		45	7.2	9		30
	19~29	10.8	14		45	7.0	8		35
	30~49	10.5	14		45	6.8	8		35
	50~64	6.1	8		45	6.3	8		35
	65~74	5.8	8		45	6.0	7		35
	75 이상	5.8	8		45	6.0	7		35
임신부		+7.8	+10		45	+2.0	+2.5		35
수유부		+0	+0		45	+4.0	+5.0		35

성별	연령	구리(μg/일)				불소(mg/일)			
		평균필요량	권장섭취량	충분섭취량	상한섭취량	평균필요량	권장섭취량	충분섭취량	상한섭취량
영아	0~5(개월)			230				0.01	0.6
	6~11			300				0.5	0.9
유아	1~2(세)	220	290		1,500			0.6	1.2
	3~5	250	330		2,000			0.8	1.7
남자	6~8(세)	330	430		3,000			1.0	2.5
	9~11	440	570		5,000			2.0	10
	12~14	570	740		7,000			2.5	10
	15~18	670	870		8,000			3.0	10
	19~29	600	800		10,000			3.5	10
	30~49	600	800		10,000			3.0	10
	50~64	600	800		10,000			3.0	10
	65~74	600	800		10,000			3.0	10
	75 이상	600	800		10,000			3.0	10
여자	6~8(세)	330	430		3,000			1.0	2.5
	9~11	440	570		5,000			2.0	10
	12~14	570	740		7,000			2.5	10
	15~18	670	870		8,000			2.5	10
	19~29	600	800		10,000			3.0	10
	30~49	600	800		10,000			2.5	10
	50~64	600	800		10,000			2.5	10
	65~74	600	800		10,000			2.5	10
	75 이상	600	800		10,000			2.5	10
임신부		+100	+130		10,000			+0	10
수유부		+350	+450		10,000			+0	10

한국인의 영양섭취기준 (KDRIs, Dietary Reference Intakes for Korean) : 미량무기질

한국영양학회, 한국인영양섭취기준위원회, 2010

성별	연령	망간(mg／일)				요오드(μg／일)			
		평균필요량	권장섭취량	충분섭취량	상한섭취량	평균필요량	권장섭취량	충분섭취량	상한섭취량
영아	0~5(개월)			0.01				130	250
	6~11			0.8				170	250
유아	1~2(세)			1.4	2	55	80		300
	3~5			2.0	3	65	90		300
남자	6~8(세)			2.5	4	75	100		500
	9~11			3.0	5	85	110		700
	12~14			4.0	7	90	130		1,700
	15~18			4.0	9	95	130		1,900
	19~29			4.0	11	95	150		2,400
	30~49			4.0	11	95	150		2,400
	50~64			4.0	11	95	150		2,400
	65~74			4.0	11	95	150		2,400
	75 이상			4.0	11	95	150		2,400
여자	6~8(세)			2.5	4	75	100		500
	9~11			3.0	5	85	110		700
	12~14			3.5	7	90	130		1,700
	15~18			3.5	9	95	130		1,900
	19~29			3.5	11	95	150		2,400
	30~49			3.5	11	95	150		2,400
	50~64			3.5	11	95	150		2,400
	65~74			3.5	11	95	150		2,400
	75 이상			3.5	11	95	150		2,400
임신부				+0	11	+65	+90		
수유부				+0	11	+130	+180		

성별	연령	셀레늄(μg／일)				몰리브덴(μg／일)			
		평균필요량	권장섭취량	충분섭취량	상한섭취량	평균필요량	권장섭취량	충분섭취량	상한섭취량
영아	0~5(개월)			8.5	40				
	6~11			11	60				
유아	1~2(세)	17	20		85				100
	3~5	19	25		120				150
남자	6~8(세)	25	30		150				200
	9~11	33	40		200				300
	12~14	43	50		300				400
	15~18	50	60		300				500
	19~29	45	55		400				600
	30~49	45	55		400				600
	50~64	45	55		400				600
	65~74	45	55		400				600
	75 이상	45	55		400				600
여자	6~8(세)	25	30		150				200
	9~11	33	40		200				300
	12~14	43	50		300				400
	15~18	50	60		300				500
	19~29	45	55		400				600
	30~49	45	55		400				600
	50~64	45	55		400				600
	65~74	45	55		400				600
	75 이상	45	55		400				600
임신부		+3	+4		400				600
수유부		+8	+10		400				600

부 록 2 식생활지침

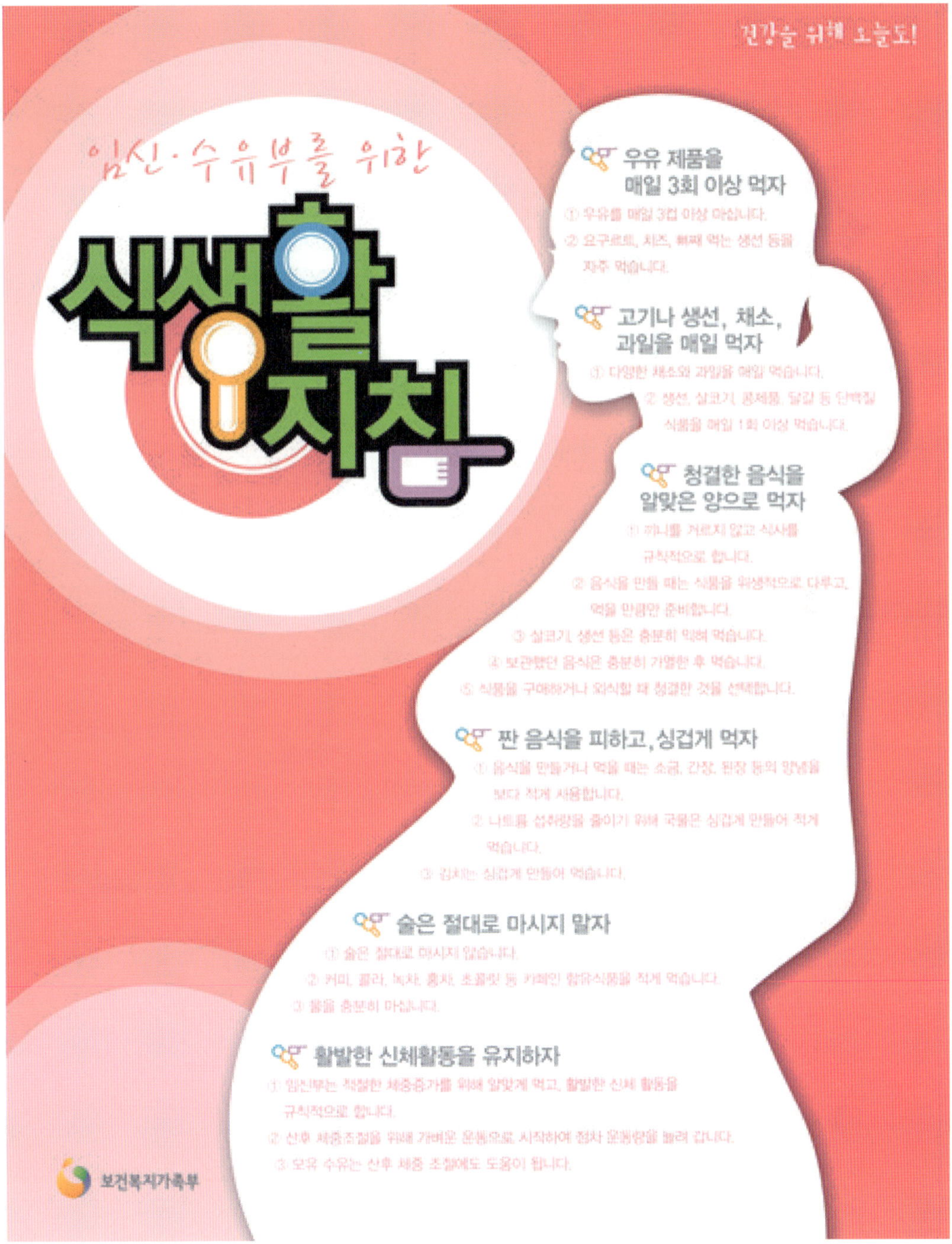
건강을 위해 오늘도!
임신·수유부를 위한
식생활지침
우유 제품을 매일 3회 이상 먹자
① 우유를 매일 3컵 이상 마십니다.
② 요구르트, 치즈, 뼈째 먹는 생선 등을 자주 먹습니다.
고기나 생선, 채소, 과일을 매일 먹자
① 다양한 채소와 과일을 매일 먹습니다.
② 생선, 살코기, 콩제품, 달걀 등 단백질 식품을 매일 1회 이상 먹습니다.
청결한 음식을 알맞은 양으로 먹자
① 끼니를 거르지 않고 식사를 규칙적으로 합니다.
② 음식을 만들 때는 식품을 위생적으로 다루고, 먹을 만큼만 준비합니다.
③ 살코기, 생선 등은 충분히 익혀 먹습니다.
④ 보관했던 음식은 충분히 가열한 후 먹습니다.
⑤ 식품을 구매하거나 외식할 때 청결한 것을 선택합니다.
짠 음식을 피하고, 싱겁게 먹자
① 음식을 만들거나 먹을 때는 소금, 간장, 된장 등의 양념을 보다 적게 사용합니다.
② 나트륨 섭취량을 줄이기 위해 국물은 싱겁게 만들어 적게 먹습니다.
③ 김치는 싱겁게 만들어 먹습니다.
술은 절대로 마시지 말자
① 술은 절대로 마시지 않습니다.
② 커피, 콜라, 녹차, 홍차, 초콜릿 등 카페인 함유식품을 적게 먹습니다.
③ 물을 충분히 마십니다.
활발한 신체활동을 유지하자
① 임신부는 적절한 체중증가를 위해 알맞게 먹고, 활발한 신체 활동을 규칙적으로 합니다.
② 산후 체중조절을 위해 가벼운 운동으로 시작하여 점차 운동량을 늘려 갑니다.
③ 모유 수유는 산후 체중 조절에도 도움이 됩니다.
보건복지가족부

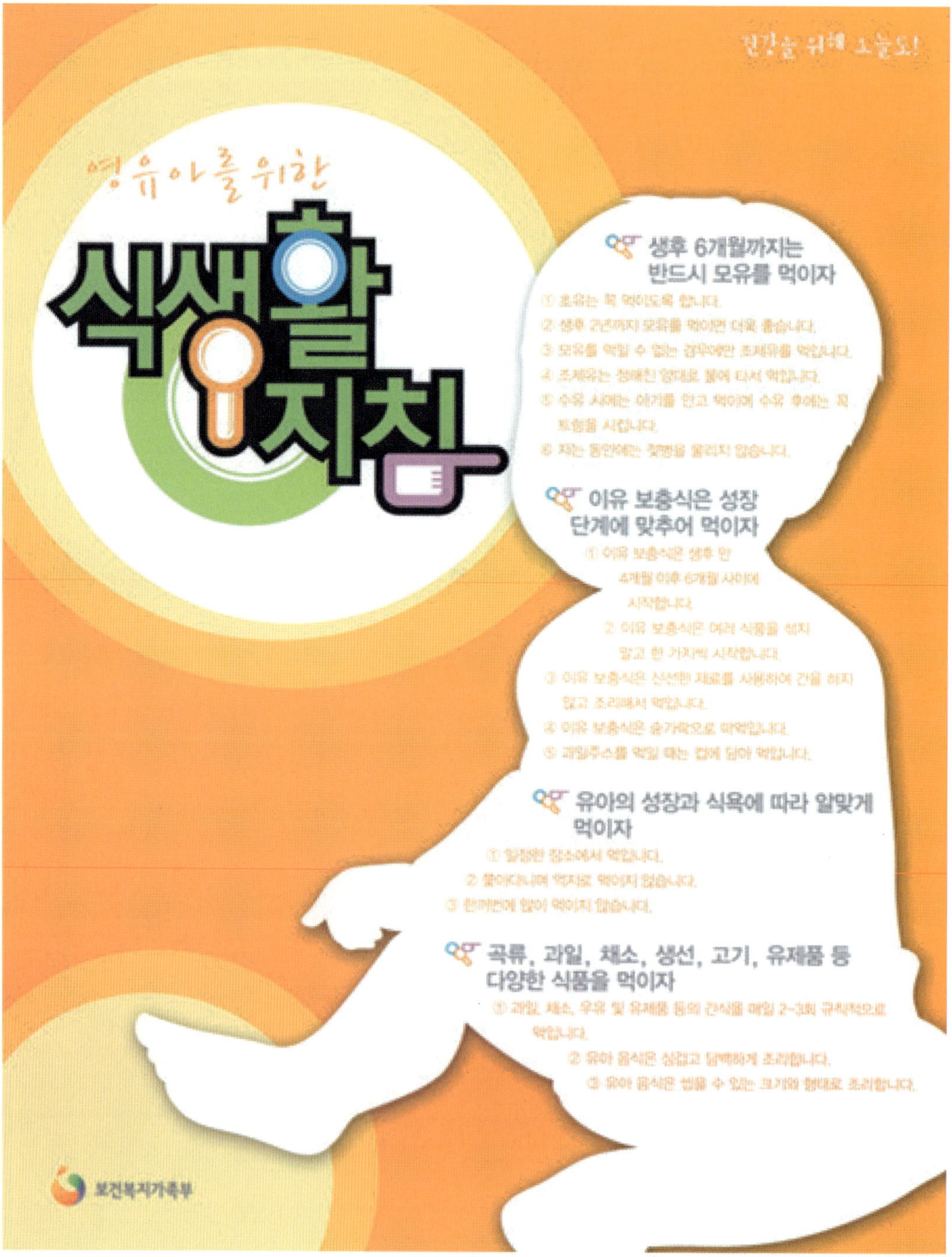

건강을 위해 오늘도!
영유아를 위한
식생활 지침
생후 6개월까지는 반드시 모유를 먹이자
① 초유는 꼭 먹이도록 합니다.
② 생후 2년까지 모유를 먹이면 더욱 좋습니다.
③ 모유를 먹일 수 없는 경우에만 조제유를 먹입니다.
④ 조제유는 정해진 양대로 물에 타서 먹입니다.
⑤ 수유 시에는 아기를 안고 먹이며 수유 후에는 꼭 트림을 시킵니다.
⑥ 자는 동안에는 젖병을 물리지 않습니다.
이유 보충식은 성장 단계에 맞추어 먹이자
① 이유 보충식은 생후 만 4개월 이후 6개월 사이에 시작합니다.
② 이유 보충식은 여러 식품을 섞지 않고 한 가지씩 시작합니다.
③ 이유 보충식은 신선한 재료를 사용하여 간을 하지 않고 조리해서 먹입니다.
④ 이유 보충식은 숟가락으로 떠먹입니다.
⑤ 과일주스를 먹일 때는 컵에 담아 먹입니다.
유아의 성장과 식욕에 따라 알맞게 먹이자
① 일정한 장소에서 먹입니다.
② 쫓아다니며 억지로 먹이지 않습니다.
③ 한꺼번에 많이 먹이지 않습니다.
곡류, 과일, 채소, 생선, 고기, 유제품 등 다양한 식품을 먹이자
① 과일, 채소, 우유 및 유제품 등의 간식을 매일 2~3회 규칙적으로 먹입니다.
② 유아 음식은 싱겁고 담백하게 조리합니다.
③ 유아 음식은 씹을 수 있는 크기와 형태로 조리합니다.
보건복지가족부

건강을 위해 오늘도!

어린이를 위한

식생활지침

음식은 다양하게 골고루

① 편식하지 않고 골고루 먹습니다.
② 끼니마다 다양한 채소 반찬을 먹습니다.
③ 생선, 살코기, 콩 제품, 달걀 등 단백질 식품을 매일 한 번 이상 먹습니다.
④ 우유를 매일 두 컵 정도 마십니다.

많이 움직이고, 먹는 양은 알맞게

① 매일 한 시간 이상 적극적으로 신체활동을 합니다.
② 나이에 맞는 키와 몸무게를 알아서, 표준체형을 유지합니다.
③ TV시청과 컴퓨터게임을 모두 합해서 하루에 두 시간 이내로 제한합니다.
④ 식사와 간식은 적당한 양을 규칙적으로 먹습니다.

식사는 제때에, 싱겁게

① 아침식사는 꼭 먹습니다.
② 음식은 천천히 꼭꼭 씹어 먹습니다.
③ 짠 음식, 단 음식, 기름진 음식을 적게 먹습니다.

간식은 안전하고, 슬기롭게

① 간식으로는 신선한 과일과 우유 등을 먹습니다.
② 과자나 탄산음료 · 패스트푸드를 자주 먹지 않습니다.
③ 불량식품을 구별할 줄 알고 먹지 않으려고 노력합니다.
④ 식품의 영양표시와 유통기한을 확인하고 선택합니다.

식사는 가족과 함께 예의바르게

① 가족과 함께 식사하도록 노력합니다.
② 음식을 먹기 전에 반드시 손을 씻습니다.
③ 음식은 바른 자세로 앉아서 감사한 마음으로 먹습니다.
④ 음식은 먹을 만큼 담아서 먹고 남기지 않습니다.

보건복지가족부

건강을 위해 오늘도!
청소년을 위한
식생활 지침
각 식품군을 매일 골고루 먹자
① 밥과 다양한 채소, 생선, 육류를 포함하는 반찬을 골고루 매일 먹습니다.
② 간식으로는 신선한 과일을 주로 먹습니다.
③ 우유를 매일 2컵 이상 마십니다.
짠 음식과 기름진 음식을 적게 먹자
① 짠 음식, 짠 국물을 적게 먹습니다.
② 인스턴트 음식을 적게 먹습니다.
③ 튀긴 음식과 패스트푸드를 적게 먹습니다.
건강 체중을 바로 알고, 알맞게 먹자
① 내 키에 따른 건강 체중을 압니다.
② 매일 한 시간 이상 적극적으로 신체활동을 합니다.
③ 무리한 다이어트를 하지 않습니다.
④ TV시청과 컴퓨터게임을 모두 합해서 하루에 두 시간 이내로 제한합니다.
물이 아닌 음료를 적게 마시자
① 물을 자주 충분히 마십니다.
② 탄산음료, 가당 음료를 적게 마십니다.
③ 술을 절대 마시지 않습니다.
식사를 거르거나 과식하지 말자
① 아침식사를 거르지 않습니다.
② 식사는 제 시간에 천천히 먹습니다.
③ 배가 고프더라도 한꺼번에 많이 먹지 않습니다.
위생적인 음식을 선택하자
① 불량식품을 먹지 않습니다.
② 식품의 영양표시와 유통기한을 확인하고 선택합니다.
보건복지가족부

건강을 위해 오늘도!
성인을 위한
식생활지침
각 식품군을 매일 골고루 먹자
활동량을 늘리고 건강 체중을 유지하자
청결한 음식을 알맞게 먹자
짠 음식을 피하고 싱겁게 먹자
지방이 많은 고기나 튀긴 음식을 적게 먹자
술을 마실 때는 그 양을 제한하자
보건복지가족부

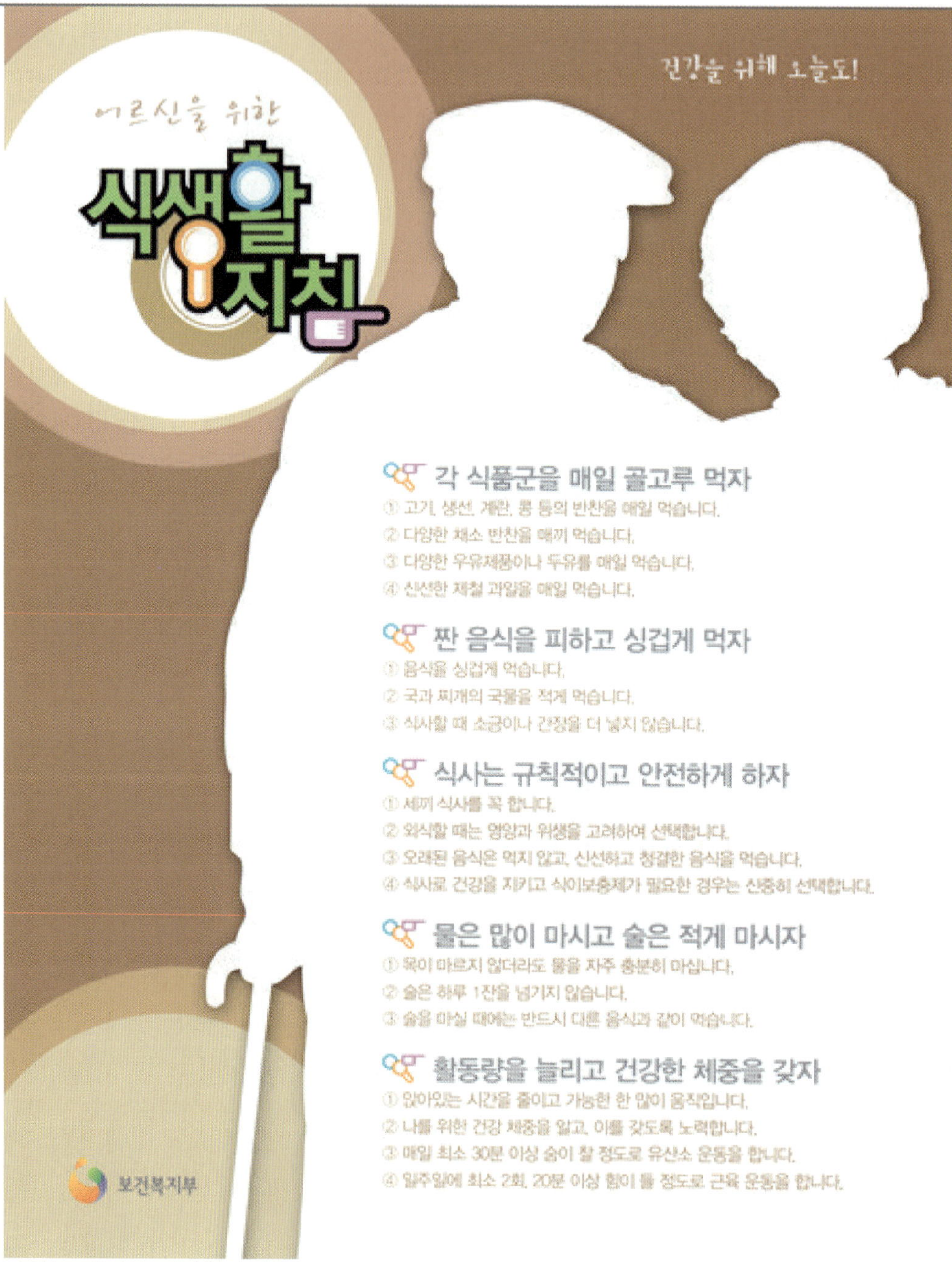
건강을 위해 오늘도!
어르신을 위한
식생활 지침
각 식품군을 매일 골고루 먹자
① 고기, 생선, 계란, 콩 등의 반찬을 매일 먹습니다.
② 다양한 채소 반찬을 매끼 먹습니다.
③ 다양한 우유제품이나 두유를 매일 먹습니다.
④ 신선한 제철 과일을 매일 먹습니다.
짠 음식을 피하고 싱겁게 먹자
① 음식을 싱겁게 먹습니다.
② 국과 찌개의 국물을 적게 먹습니다.
③ 식사할 때 소금이나 간장을 더 넣지 않습니다.
식사는 규칙적이고 안전하게 하자
① 세끼 식사를 꼭 합니다.
② 외식할 때는 영양과 위생을 고려하여 선택합니다.
③ 오래된 음식은 먹지 않고, 신선하고 청결한 음식을 먹습니다.
④ 식사로 건강을 지키고 식이보충제가 필요한 경우는 신중히 선택합니다.
물은 많이 마시고 술은 적게 마시자
① 목이 마르지 않더라도 물을 자주 충분히 마십니다.
② 술은 하루 1잔을 넘기지 않습니다.
③ 술을 마실 때에는 반드시 다른 음식과 같이 먹습니다.
활동량을 늘리고 건강한 체중을 갖자
① 앉아있는 시간을 줄이고 가능한 한 많이 움직입니다.
② 나를 위한 건강 체중을 알고, 이를 갖도록 노력합니다.
③ 매일 최소 30분 이상 숨이 찰 정도로 유산소 운동을 합니다.
④ 일주일에 최소 2회, 20분 이상 힘이 들 정도로 근육 운동을 합니다.
보건복지부

한국인을 위한

식생활지침

건강을 위해 오늘도!

하루하루 건강해지는 좋은 습관, 쉬운 방법입니다.

임신·수유부를 위한 식생활지침

❶ 우유 제품을 매일 3회 이상 먹자.
❷ 고기나 생선, 채소, 과일을 매일 먹자.
❸ 청결한 음식을 알맞은 양으로 먹자.
❹ 짠 음식을 피하고, 싱겁게 먹자.
❺ 술은 절대로 마시지 말자.
❻ 활발한 신체활동을 유지하자.

영유아를 위한 식생활지침

❶ 생후 6개월까지는 반드시 모유를 먹이자.
❷ 이유 보충식은 성장단계에 맞추어 먹이자.
❸ 유아의 성장과 식욕에 따라 알맞게 먹이자.
❹ 곡류, 과일, 채소, 생선, 고기, 유제품 등 다양한 식품을 먹이자.

어린이를 위한 식생활지침

❶ 음식은 다양하게 골고루
❷ 많이 움직이고, 먹는 양은 알맞게
❸ 식사는 제때에, 싱겁게
❹ 간식은 안전하고, 슬기롭게
❺ 식사는 가족과 함께 예의바르게

청소년을 위한 식생활지침

❶ 각 식품군을 매일 골고루 먹자.
❷ 짠 음식과 기름진 음식을 적게 먹자.
❸ 건강 체중을 바로 알고, 알맞게 먹자.
❹ 물이 아닌 음료를 적게 마시자.
❺ 식사를 거르거나 과식하지 말자.
❻ 위생적인 음식을 선택하자.

성인을 위한 식생활지침

❶ 각 식품군을 매일 골고루 먹자.
❷ 활동량을 늘리고 건강 체중을 유지하자.
❸ 청결한 음식을 알맞게 먹자.
❹ 짠 음식을 피하고 싱겁게 먹자.
❺ 지방이 많은 고기나 튀긴 음식을 적게 먹자.
❻ 술을 마실 때는 그 양을 제한하자.

보건복지가족부

부 록 3 세계보건기구 WHO의 영양정책 전략

출처 : http://www.hp.go.kr

1. 실천원칙

세계 건강 보고서 2002는 비전염성 질병의 위험요인의 파급(가장 주목할만한 것으로 해로운 식습관과 신체 활동 부족)을 통한 공중 보건 향상의 잠재력을 강조하고 있다. 아래에 진술된 원칙들은 식습관, 신체 활동 및 보건에 관한 WHO의 범세계적 전략의 초안에 있어서 지침이 되었고 국가적, 지역적 전략 및 실천 방안의 개발을 위해 권장하는 바이다.

전략은 가장 유효한 과학적 연구와 증거에 기초해야 한다. 정책과 실천을 통합하고, 비전염성 질병의 모든 주요 원인을 제기하는 포괄적이고, 장기적 전망을 가지고 모든 사회 부문을 포함하는 다분야의 보건 증진을 위한 오타와 헌장에 포함되어 있고 보건 증진에 관한 다음 회의에서도 승인한 원칙에 어긋나지 않으며, 개인적 선택, 사회적 기준, 경제 및 환경요인 사이의 복잡한 상호작용을 인지하는 다분야 공동 및 참여적이어야 한다.

비전염성 질병의 예방 및 관리를 위해 생애 주기 전망이 필수적이다. 접근방식은 모성 건강과 태아기 영양, 임신 결과, 6달 동안 오로지 모유 수유, 아동 및 청소년 보건에서 시작한다. 학교에 다니는 어린이, 일터 및 다른 환경의 성인, 노인에게까지 미친다. 젊어서부터 나이 들 때까지 건강한 식습관과 신체 활동을 장려한다.

비전염성 질병을 줄이는 전략은 좀 더 광범위하고, 포괄적이며 균형 잡힌 공중보건 노력의 일부가 되어야 한다. 모든 협력자들, 특히 정부는 수많은 논점을 동시에 제기해야 한다. 식습관에 관련하여, 이러한 논점은 영양학의 모든 측면(예를 들어, 영양 과다와 영양 결핍, 미량 원소 부족 및 특정 영양소의 과다 소비)을 포함해야 한다.

식품 안전, 그리고 6개월 동안의 모유수유에 대한 지원 및 홍보. 신체 활동에 관한 논점으로는 일터, 가정, 학교에서의 신체 활동을 위한 필요조건, 도시화 증가, 도시 계획, 운송, 안전의 다양한 측면, 여가 시간 동안 신체 활동을 할 수 있는가 등이 있다.

극빈층 인구와 극빈 지역 사회에 긍정적 영향력을 행사하는 활동에 우선 순위를 두어야 할 것이다. 그러한 활동은 일반적으로 강한 정부의 개입과 감독이 있는 지역사회 기반 실천을 요구한다.

모든 협력자는 정책의 틀을 잡고 효과적으로 예방 가능한 위험요인을 건강으로 귀착시킬 계획을 실천할 책임이 있다. 평가, 감독, 및 감시는 그러한 실천 과정 중 필수적인 과정이다.

식습관 및 신체 활동에 관련된 비전염성 질병의 유행에 있어서 남성과 여성이 격차를 보일 수도 있다. 신체 활동 유형과 식습관은 성별, 문화, 연령에 따라 다르다. 음식과 영양에 관한 결정은 종종 여자들이 내리고 문화와 전통적 식습관에 근거하여 결정을 하게 된다. 따라서 국가적 전략 및 실천은 그러한 차이에 민감하게 반응하여야 한다.

식습관과 신체 활동 유형은 종종 지방 특유의 지역적 전통에 뿌리 박혀 있는 경우가 있다. 따라서 국가적 전략은 문화적으로 적절하고 문화적 영향력에 이의를 제기할 수 있어야 하며 세월의 흐름에 따른 변화에도 반응할 수 있어야 한다.

2. 실천에 대한 책임

식습관과 신체 활동 유형에 변화를 야기시키는 것은 다수의 이해 당사자들, 공과 사가 몇십 년에 걸쳐서 협심해야 가능한 일이다. 범세계적, 지역적, 국가적, 지방적 수준에서 건전하고 효과적인 실천이 요구되며, 이러한 실천의 효과에 대한 철저한 감시 및 평가도 필요하다. 다음 단락에서는 이와 관련한 책임에 대하여 상술하고 협의 절차에서 도출한 관장 사항들을 제시하고 있다.

3. 실천을 위한 증거

건강의 다른 위협 요소가 제기되면, 사람들은 건강한 식습관, 규칙적이고 적절한 신체 활동, 비흡연과 같은 일련의 건강증진 행동을 통하여 70세, 80세, 90세까지 건강한 상태를 유지할 수 있다는 증거가 있다. 최근 연구로 건강한 식습관, 신체활동, 개인 실천 및 공공기반 공중보건 개입의 이익을 이해할 수 있게 되었다. 추가 연구가 필요하겠지만 현재의 지식도 긴급한 공중보건 수단을 보증한다.

비전염성 질병의 위험 요인은 종종 공존하고 상호작용하기도 한다. 위험 요인의 총체적 수준이 오르면, 더욱 많은 사람들이 위험에 놓이게 된다. 따라서 예방 전략은 인구 전반에 걸친 위험도를 낮추는 것을 겨냥해야 한다. 경미하게나마 그러한 위험 수준이 낮아지면 점증적으로 고위험도 개인에게 제한된 개입의 영향력을 능가하는 지속 가능한 이익을 초래한다. 건강한 식습관과 신체 활동, 여기에 흡연 조절까지 더하면 비전염성 질병에 대한 심각해지는 위협을 억누르는 효과적인 전략의 구성 요소가 된다.

국제적, 국가적 전문가의 보고와 현존하는 과학적 증거에 대한 검토에서는 주요 비전염성 질병 예방을 위한 영양섭취와 신체활동 목표를 권장하고 있다. 이러한 권장사항은 현지 상황을 고려하여 국가 정책과 식습관지침을 준비할 때, 고려할 필요가 있다.

식습관의 경우, 전인구 및 개인을 위한 권장 사항에는 다음 사항이 포함되어야한다.

① 에너지 균형과 적정 체중 달성

② 총 지방에서 에너지 섭취를 제한하고, 지방 소비를 포화지방에서 불포화지방, 트랜스 지방산의 제거로 전환

③ 유리당 섭취 제한

④ 모든 음식으로부터 염분(나트륨) 소비 제한 및 옥화처리염분 섭취

신체 활동은 에너지 소비의 핵심적 결정요소이므로 에너지 균형과 체중 조절에 필수이다. 신체 활동은 심혈관 질환과 당뇨병의 위험도를 낮추며 비만과 관련된 이러한 질병뿐 아니라 그 밖의 많은 질병에도 실질적인 도움이 된다. 신체 활동이 신진대사 증후군에 미치는 이로운 영향은 과체중을 조절하는 것 이상의 작용으로 우리 몸에 전달된다.

예를 들면, 신체 활동은 혈압을 낮춰주고, 고밀도 지단백 콜레스테롤을 개선하며, 눈에 띄는 체중 감량은 없지만 과체중인 사람의 혈당 조절을 향상시키고, 여성의 결장암과 유방암 위험을 감소시킨다.

신체 활동을 위해서, 개인은 평생동안 적정 수준의 시간을 할애할 것을 권장한다. 운동 유형과 운동량은 각자의 건강 상태에 따라 다르다. 평상시 30분 정도의 규칙적이고 적절한 수준의 신체 활동으로 심혈관 질환과 당뇨병, 결장암 및 유방암의 위험을 줄일 수 있다. 근육 강화와 균형 운동은 중장년층의 기능적 상태를 저하시킬 수도 증진시킬 수도 있다. 체중 조절을 위해서는 더욱 많은 신체 활동이 요구될 것이다.

흡연을 예방하고 억제하기 위한 효과적인 수단과 함께, 이러한 권장 사항을 지역적, 국가적 실천 방안으로 이끄는 범세계적 전략으로 변형시키려면 지속적인 정치적 헌신과 많은 이해 당사자들의 협력이 요구된다. 이러한 전략은 비전염성 질병의 효과적 예방에 기여할 수 있을 것이다.

4. 기 회

식습관과 신체 활동을 향상시킴으로써 실질적으로 사망과 질병을 줄일 수 있는 효과적인 전략을 수립하고 실행할 유일한 기회가 있다. 건강 행동과 이후의 질병 및 건강 악화 사이의 연관성에 대한 증거는 유력하다. 사람들이 더욱 오래, 더욱 건강하게 살 수 있게 하고 불평등을 감소시키며, 발전을 강화할 수 있게 하는 효과적 개입은 계획 및 실행이 가능하다. 주요 이해 당사자들의 잠재력을 총동원하면, 이러한 미래상은 모든 국가의 전 인구에게 현실로 다가올 날이 올 것이다.

5. 목표 및 목적

식습관, 신체 활동 및 보건에 관한 범세계적 전략의 전반적 목표는 모두 합심하여 해로운 식습관 및 신체 활동 부족와 관련된 질병과 사망률을 줄일 수 있게 해주는 개인, 지역사회, 국가, 세계적 수준에서 지속 가능한 활동을 가능케 하는 환경을 발전시키도록 인도함으로써 건강을 향상시키고 보호하는 것이다. 이러한 활동은 UN 새천년 개발 목표를 지원하며, 전세계에 걸친 공중 보건 증진을 위한 거대한 잠재력을 지니고 있다.

WHO의 범세계적 전략은 네 개의 주요 목적을 가지고 있다.

(1) 해로운 식습관과 신체 활동 부족에서 기인하는 비전염성 질병의 위험 요인을 필수 공중 보건 활동과 보건 향상 및 질병 예방 대책으로 감소시키는 것

(2) 식습관과 신체 활동이 건강에 미치는 영향 및 예방적 개입의 긍정적인 영향에 대한 인식과 이해의 전반적 증진

(3) 지속 가능하고, 포괄적이며, 시민 사회, 민간 부문 및 대충 매체를 포함한 모든 부문이 적극적으로 참여할 수 있고 식습관 개선 및 신체 활동 증진을 가져올 수 있는 범세계적, 지역적, 국가적, 지역사회 정책과 실천 방안의 개발, 강화, 및 실행 장려

(4) 식습관과 신체 활동에 관한 과학적 자료와 주요 영향을 주시하는 것, 개입의 평가를 포함한 광범위한 관련 영역의 연구 지원, 보건을 향상시키고 유지하기 위해 이 영역에서 필요로 하는 인적 자원을 증원하는 것

6. 정책 구조 수립

비전염성 질병에 대한 부담이 점점 무거워지고 있는 실정을 인지하고 있는 회원국들은 사무총장에게 광범위한 협의 절차를 통하여 식습관, 신체 활동 및 보건에 관한 범세계적 전략을 개발할 것을 촉구하였다. 범세계적 전략 초안의 내용을 수립하기 위하여, 6차례의 지역 협의회가 회원국과 개최되었고, UN

체제 기구, 기타 정부간 기관, 시민 사회 대표, 기업 부문의 의견도 들어보았다. WHO의 6개 지역에서 파견된 식습관 및 신체 활동 독자적인 국제 전문가 참고 집단의 조언도 들어보았다.

본 전략은 WHO가 실행한 장기간에 걸쳐 확립된 진행 중인 작업을 보완하고 영양결핍, 미량원소 부족, 영유아 섭식을 포함한 기타 영양학 관련 분야에 관하여 국가적으로 보완해 나가면서 비전염성 질병의 위험요인으로 식습관과 신체활동 두 가지를 제기하는 바이다.

7. 도전과제

사망과 질병의 주요 원인의 균형 이동은 선진국에서는 이미 발생하였으나 개도국에서는 목하 진행중이다. 전세계적으로 비전염성 질병의 부담은 급속히 증가하였다. 2001년 비전염성 질병은 연간 5천 6백만 건의 사망 중 거의 60%를 차지하였고 질병에 대한 범세계적 부담의 47%에 해당한다. 이러한 수치와 이러한 질병의 부담이 앞으로 증가할 것이라는 관점에서 볼 때, 비전염성 질병의 예방은 범세계적 공중 보건의 주요 도전 과제라고 할 수 있다.

세계 보건 보고서 2002는 대다수 국가에서 소수의 주요 위험 요인이 어떻게 질병과 사망의 주요 요인이 되었는지를 상세히 다루고 있다. 비전염성 질병에 있어서, 가장 중요한 위험 요인에는 고혈압, 고농도 혈중 콜레스테롤, 과일 및 채소의 불충분한 섭취, 과체중이나 비만, 신체 활동 부족, 흡연이 있다. 이러한 위험 요인 중 다섯 가지는 식습관과 신체 활동과 밀접한 관계가 있다. 따라서 해로운 식습관과 신체 활동 부족은 심혈관 질환, 제2형 당뇨병, 특정 암을 포함하여 주요 비전염성 질병의 주요 원인에 속하며, 실질적으로 질병, 사망, 장애에 대한 전세계적 부담에 기여하고 있다. 충치나 골다공증과 같은 식습관 및 신체 활동 부족에 관련된 기타 질병은 널리 퍼져 있는 주요 질병 요인이다.

극빈 국가에서는, 감염병과 영양 결핍이 현재 질병에 대한 부담의 태반을 차지하고 있지만, 만성 질환의 주요 위험요인이 확산되고 있다.

과체중과 비만의 확산은 개도국, 혹은 더 부유한 국가의 저소득층에서도 증가하고 있다. 해로운 식습관과 신체 활동 수준 저하의 원인에 대한 통합적 접근법은 비감염성 질병에 대한 앞으로의 부담을 줄여줄 수 있을 것이다.

자료 입수가 가능한 모든 국가들의 경우, 비감염성 질병의 근원적 결정요소가 주로 동일하다. 비감염성 질병의 위험성을 증가시키는 요인으로는 높은 에너지 집약 소비, 지방, 당분, 염분이 높은 영양 불균형 식품, 가정, 학교, 직장에서의 신체 활동 감소와 오락 및 운송으로 인한 신체 활동 감소, 흡연이 있다. 인구 사이에서 위험 수준과 관련 건강 결과가 차이나는 것은 일부분 국가적, 전세계적 차원에서의 경제적, 인구통계학적, 사회적 변화의 시기와 강도 차이 때문이다. 특별이 우려되는 사항은 아동과 청소년의 해로운 식습관, 불충분한 신체 활동, 에너지 불균형이다.

임신 전 및 임신 중의 모성 건강과 영양, 영아의 영양은 전 생애에 걸친 비전염성 질병 예방에서 가장 중요할 것이다. 6개월 동안 모유만을 수유하거나 적절한 보완식을 수유하면 최적의 신체 성장과 정신 발달을 이룰 수 있다. 태아기, 혹은 출생 후까지 성장 제약으로 고통받은 영아는 성인기에 비전염성 질병에 걸릴 위험이 더욱 높을 것으로 보인다.

중장년층 인구의 대부분은 선진국에 살고 있으며, 인구의 고령화는 질병과 사망 유형에 강력한 영향을 끼친다. 따라서 다수의 선진국은 감염병에 대한 지속적 부담과 동시에 비감염성 질병에 대한 부담도 증가하는 상황에 직면하게 될 수 밖에 없을 것이다. 인간적 차원에서 뿐만 아니라, 증가 추세인 중장년층의 건강과 기능적 능력을 유지하는 것 또한 보건 서비스에 대한 요구와 비용을 줄이는 데 있어 중요한 요인이 될 것이다.

식습관과 신체 활동은 양자 모두 혹은 개별적으로 건강에 영향을 미친다. 식습관과 신체 활동이 건강에 미치는 영향은 종종 상호작용하기도 하지만, 특히 비만에 관련해서는, 영양이나 식습관과는 별도로 신체 활동으로부터 얻을 수 있는 건강 상의 이점이 있으며, 비만과 관련없는 중요한 영양상의 위험 요인도 있다.

신체 활동은 개인의 육체적, 정신적 건강을 향상시키는 기초적 수단이다. 정부는 다른 이해 당사자들과 협력하여 개인, 가족, 지역 사회의 행동 변화를 할 수 있도록 격려하고, 건강한 식습관과 신체 활동 양식에 관하여 삶의 질을 향상시키는 긍정적인 결정을 할 수 있는 환경을 조성하는데 있어서 중추적 역할을 맡고 있다.

비감염성 질병은 이미 삐걱거리는 보건 체계에 상당한 경제적 부담을 안겨주며, 사회에 엄청난 비용을 부과한다. 보건은 발전의 주요 결정요소이며 경제 성장의선구자이다. 거시 경제학과 보건학에 관한 WHO 위원회는 질병이 발전에 미치는 파괴적인 영향력과 보건에 대한 투자의 경제 발전의 중요성을 증명하였다. 질병 예방을 위한 건강한 식습관 및 신체 활동을 겨냥한 계획은 발전 목표를 달성하기 위한 정책의 핵심적 수단이다.

부 록 4 보건영양사업 운영 계획안

〈예 : 삼육대학교〉

1. 사업목적

① 삼육대학교 보건관련학과 재학생들에게 새로운 보건의료 환경에 접하게 하여 21세기가 필요로 하는 보건인력을 양성한다.

② 학생들이 배운 것을 실습하게 하는 훈련장으로서 기능을 수행한다.

③ 다양한 계층의 교육생들을 위한 다양한 교육 프로그램을 개발하고 전달하는 교육장으로서 삼육대학교만이 시행할 수 있는 특별한 보건교육의 모델을 만들어 보급한다.

④ 삼육 교육을 홍보하는 데도 목적을 둔다.

2. 필요한 시설물

① 객실 16개(2인 1실 – 32명 수용)
② 학생실습관 4개(8인 1실 – 32명 수용)
③ Reception area
④ 사무실 3개(센터장, 직원사무실–재무, 영양사, 등)
⑤ 촉탁의 진료실
⑥ Nurse station, 간호사 당직실
⑦ 강의실(대강의실 1개, 소강의실 2개)
⑧ 도서관 및 미디어센터
⑨ 남, 녀 수치료실, 마사지실
⑩ 헬스장
⑪ 식당
⑫ 부엌(냉장실, 물품보관실, 식당직원 휴식공간 포함)
⑬ 주차장

• **장기 계획** : 확장된 건물 안에는 직원 숙소가 있어야 함 (프로그램이 3박 4일, 혹은 5박 6일로 이어지고 교육생들이 숙식을 같이 하며 센터에 거주하기 때문에 프로그램에 직접적으로 관련된 프로그램 운영자들의 방이 있어야 함)

3. 센터 운영진

① 센터장 1명
② 보건교육을 위한 특성화담당 교수 1명
③ 센터 매니저 1명
④ 사무원 2명(재무관련 및 reception 담당)

4. 프로그램 운영진

① 프로그램 매니저 1명
② 보건교육사 4명
③ 영양사 1명
④ 조리사 1명
⑤ 식당 보조 2명
⑥ 나머지 필요한 인력은 근로 학생들을 사용한다.

(보건교육사 자격을 가진 자 중에 음악 지도, 피아노 반주가 가능한 자, 대한 적십자사 CPR/First Aid 수료증을 가진 자, 간호조무사 자격을 가진 자를 채용하여 프로그램 보조에 활용한다.)

5. 교육 프로그램

(1) 2박 3일 프로그램

<table>
<tr><th>시 간</th><th>첫째날</th><th>둘째날</th><th>셋째날</th></tr>
<tr><td>6:00~7:00</td><td></td><td colspan="2">함께 걸어요</td></tr>
<tr><td>7:00~8:45</td><td></td><td colspan="2">아침식사</td></tr>
<tr><td>8:45~9:00</td><td></td><td colspan="2">함께 노래를 불러요</td></tr>
<tr><td>9:00~9:50</td><td></td><td>강의 2</td><td>강의 4</td></tr>
<tr><td>10:00~10:50</td><td>등록 및 방배정</td><td colspan="2">함께 스트레칭</td></tr>
<tr><td>11:00~11:50</td><td>오리엔테이션</td><td colspan="2">요리강습</td></tr>
<tr><td>12:00~1:50</td><td></td><td>점심식사</td><td></td></tr>
<tr><td>2:00~4:00</td><td>수치료, 마사지 A</td><td>수치료, 마사지 B</td><td>수료식</td></tr>
<tr><td>4:00~5:20</td><td colspan="2">수영</td><td rowspan="4">일
터
로</td></tr>
<tr><td>5:30~6:50</td><td colspan="2">저녁식사</td></tr>
<tr><td>7:00~8:30</td><td>강의 1</td><td>강의 3</td></tr>
<tr><td>9:30</td><td colspan="2">Go to Bed at 9:30pm</td></tr>
</table>

(2) 3박 4일 프로그램

시 간	첫째날	둘째날	셋째날	넷째날
6:00~7:00		함께 걸어요		
7:00~8:45		아침식사		
8:45~9:00		함께 노래를 불러요		
9:00~9:50		건강 강의 2	건강 강의 4	건강 강의 5
10:00~10:50		스트레칭		수료식
11:00~11:50		요리강습		
12:00~1:50		점심식사		
2:00~4:00	등록 및 방배정	수치료, 마사지 A	수치료, 마사지 B	
4:00~5:20	오리엔테이션	수영		일터로
5:30~6:50		저녁식사		
7:00~8:30	건강 강의 1	건강 강의 3	Banquet	
9:30	Go to Bed at 9:30pm			

수치료, 마사지 A : A형은 수치료와 마사지를 실습생들에게 받게 한다.

수치료, 마사지 B : B형은 수치료와 마사지를 직접 실습하게 한다.

건강 강의에는 ① 음식, 운동, 물, 수면, 휴식
② 금연, 금주 교육
③ 성인병 예방에 관련된 고혈압, 당뇨, 비만 예방 교육 등
④ 자녀와의 대화
⑤ 부부학교
⑥ 정신건강
⑦ 음악치료, 미술치료 등

(3) 5박 6일 프로그램

<table>
<tr><th>시 간</th><th>첫째날</th><th>둘째날</th><th>세째날</th><th>네째날</th><th>다섯째날</th><th>여섯째날</th></tr>
<tr><td>6:00~7:00</td><td></td><td colspan="5">함께 걸어요</td></tr>
<tr><td>7:00~8:45</td><td></td><td colspan="5">아침식사</td></tr>
<tr><td>8:45~9:00</td><td></td><td colspan="5">함께 노래를 불러요</td></tr>
<tr><td>9:00~9:50</td><td></td><td>건강 강의 2</td><td>건강 강의 4</td><td>건강 강의 6</td><td>건강 강의 8</td><td>건강 강의 9</td></tr>
<tr><td>10:00~10:50</td><td></td><td colspan="4">스트레칭</td><td>수료식</td></tr>
<tr><td>11:00~11:50</td><td></td><td colspan="4">요리강습</td><td></td></tr>
<tr><td>12:00~1:50</td><td></td><td colspan="4">점심식사</td><td></td></tr>
<tr><td>2:00~4:00</td><td>등록 및
방배정</td><td>수치료,
마사지 A</td><td>수치료,
마사지 B</td><td>수치료,
마사지 A</td><td>수치료,
마사지 B</td><td rowspan="5">일
터
로</td></tr>
<tr><td>4:00~5:20</td><td>오리엔
테이션</td><td>수영</td><td>그룹활동</td><td>수영</td><td>그룹활동</td></tr>
<tr><td>5:30~6:50</td><td colspan="5">저녁식사</td></tr>
<tr><td>7:00~8:30</td><td>건강 강의 1</td><td>건강 강의 3</td><td>건강 강의 5</td><td>건강 강의 7</td><td>Banquet</td></tr>
<tr><td>9:30</td><td colspan="5">Go to Bed at 9:30pm</td></tr>
</table>

(4) 인도네시아 건강 프로그램

PROGRAM FOR HEALTH

(Additional Program after the Detoxification Program)

Price 7890 THB

Day 1

06.00 am. Morning yoga

07.00 am. Antioxidant-rich Breakfast

Morning walk

09.00 am. Deep breathing exercises and muscle relaxation

10.30 am. Skin nourishing

12.00 am. Lunch to nourish the liver and spleen

1.00 pm. Take a short walk, Back-strengthening exercises

2.00 pm. Time to enjoy nature

5.00 pm. Water aerobics

6.00 pm. Healthy Dinner

7.00 pm. Relaxation time

(5) 미국 이든밸리 건강 프로그램

Daily Schedule

MONDAY ~ FRIDAY

Time Event Location

5:30 AM Rising Time Your Room

6:00 AM Optional walk, rebounding, etc. Campus

6:15 AM Raw Juicing LSC

7:00 AM Breakfast Annex

8:00 AM Trust & Healing Class LSC

8:45 AM Walk / Hike Annex

10:15 AM Health Lecture (Mon, Wed, Fri) LSC

– Cooking Class (Tues & Thurs) Annex

11:15 AM Medical Rounds (Mon & Thurs) Doctor's Office

– Treatments LSC / Annex

12:15 PM Raw Juicing LSC

12:45 PM Dinner Annex

1:45 PM Short walk immediately after dinner Campus

2:00 PM Treatments (2:00-5:00) LSC / Annex

5:30 PM Raw Juicing LSC

6:00 PM Light Supper (Optional) Annex

7:00 PM Lecture / Evening Program LSC

9:00 PM Good Night! Your bed

During the first week of the program a vegetable juice fast is given for two days.

SATURDAY

Time Event Location

6:30 Juicing LSC

7:00 AM Breakfast Annex

Saturday AM free time or below services offered -

9:15 AM Sabbath School Church

10:50 AM Church Service Church

12:30 PM Dinner Annex

2:00 PM Special Outing or Free Time -

5:30 PM Light Supper (Optional) Annex

7:00 PM Lecture / Free Time LSC

9:00 PM Good Night! Your bed

- Transportation is available for those interested in attending church on Sunday.
- Saturday and Sunday Schedule for juicing, meals, outings and lectures is the same.
- This schedule shows what we offer on a daily basis, but is subject to change.

We'll Be Glad to Meet You Here!

The Lifestyle Natural Remedies included are:

- Massage and Hydrotherapy
- Russian Steam Baths
- Sauna Baths
- Vitamin and Mineral Supplementation
- Herbal Remedies
- Science-based Health Lectures
- Instruction in Lifestyle Change
- Cooking Classes
- Fever Therapy
- Resistance and Cardiovascular Exercises
- Fasting
- Faith-promoting Talks

Your happiness, your comfort and your health is our aim in all we offer at our Lifestyle Center. We believe that almost anyone can enjoy a new start by adopting a few simple preventive health measures and lifestyle changes.

10-Day Program Costs

For:

- weight management
- smoking cessation
- heart problems
- diabetes & hypoglycemia
- high blood pressure
- allergies
- stress management
- arthritis
- stroke prevention
- other degenerative diseases

$2,295.00

With cancer:

$3,300.00

With a support person:

$1,350.00

A $250 non-refundable deposit is required for each person

Costs subject to review / change

부 록 5 영양성분 알아보기 실습

식품군 및 식품명	에너지	단백질	지방	탄수화물	식이섬유	칼슘	철분	비타민 A	티아민	리보플라빈	니아신	비타민 C
단위	kcal	g				mg						
곡류군												
곡류군												
곡류군												
고기생선 달걀콩류												
고기생선 달걀콩류												
고기생선 달걀콩류												
채소류												
채소류												
채소류												
과일류												
과일류												
과일류												
우유 및 유제품류												
우유 및 유제품류												
유지 및 당류												
유지 및 당류												

식품의약품안전처 식품영양성분데이터베이스
홈 | 공지사항 | 이용안내 | 사이트맵 | 마이페이지 | 로그인
홈페이지 소개
식품 및 영양성분 정의
식품영양성분DB
건강기능식품DB
식단작성과 영양평가
영양성분표 산출프로그램
생애주기 영양관리 정보관
FANTASY
Food And Nutrient daTA SYstem
식품/음식명을 입력 해주세요.
영양성분검색
식품영양성분DB
식품의 정의
영양성분의 정의
영양성분 함량정보
건강기능식품 함량정보
식품영양성분DB 자료현황
더보기 +
자료원
년도
건수
식단작성과 영양평가
내가 먹은 음식
칼로리 코디
내가 한 운동
운동 칼로리 계산
영양관리
오늘하루?
식단작성
오늘은 어떤 음식을 해볼까?
영양적인 레시피와 식단을 만들수 있도록 도와드립니다.
영양성분표 산출프로그램
식품의 제조/가공/판매 혹은 수입식품판매업자등이 영양표시를 목적으로 식품 중의 영양소 평균함량을 산출하는 프로그램 입니다.
영양성분
열량 95kcal
탄수화물 6g 2%
당류 5g
식이섬유 1g 4%
단백질 0g 0%
포화지방 0g 0%
트랜스지방 0g
콜레스테롤 0mg 0%
우)363-951 충청북도 청원군 강외면 오송생명2로 187 (연제리 643번지) 오송보건의료행정타운 식품의약품안전처
식품영양안전국 영양안전정책과 Tel : (043)719-2271 Fax : (043)719-2250 e-mail : kfdae19@kfda.go.kr
본 홈페이지에 게시된 이메일 주소가 자동 수집되는 것을 거부하며, 이를 위반시 정보통신망법에 의해 처벌됨을 유념하시기 바랍니다. 개인정보처리방침
식약처

참고 문헌

- 하애화 · 최경희, "아동영양학", 공동체, 2011.
- 한정순 외, "new 생애주기영양학", 지구문화사, 2012.
- 윤미은, "보건영양학", 지구문화사, 2010.
- 정미라 · 배소연 · 이영미 · 공저, "영유아를 위한 건강 및 영양교육", 양서원, 2010.
- 이명희 · 박연희 · 이민준, "아동영양학", (사) 한국보육교사교육연합회, 2013.
- 김일옥 · 최경순, "아동영양학", 공동체, 2011.
- 김일옥 · 최경순 · 이정실 · 권세경 · 이소영, "영유아교사를 위한 아동영양학", 양서원, 2013.
- 승정자 외 공저, "식사요법 이론 및 실습", 광문각, 2007.
- 손숙미 · 임현숙 · 김정희 · 이종호 · 서정숙 · 손정민, "임상영양학", 교문사, 2006.
- 김인숙외 5인 공저, "치과영양학", 고문사, 2012.
- 박광균외 3인 공저, "치과영양학", 대한나래출판사, 2007.
- 조민정외 3인 공저, "임상치위생관리", 고문사, 2011.
- 염계정, "임신 중 음주의 영향 요인", 삼육대학교 대학원 석사학위논문, 2011.
- 한정열, "Fetal alcohol spectrum disorder의 조기진단연구", 식품의약품안전평가원, 2009.
- 이연숙 · 임현숙 · 안홍석 · 장남수, "생애주기영양학", 교문사, 2005.
- "2012 국민건강통계 국민건강영양조사 제5기 3차년도(2012)", 보건복지부 · 질병관리본부.
- "2012 건강행태 및 만성질환 통계 국민건강영양조사 제5기 3차년도(2012) 및 제8차(2012) 청소년건강행태온라인조사", 보건복지부 · 질병관리본부.
- "청소년건강행태 온라인 조사 통계", 2012 · 2013.
- "서울시 대사증후군 관리사업 예방관리 가이드라인 연구 –식생활 관리를 중심으로– 최종보고서", 서울특별시의회, 2013.

- "연간음주율 추이", 국민건강영양조사, 보건복지부 질병관리본부 건강영양조사과, 2013.
- https://knhanes.cdc.go.kr/knhanes/index.do
- http://k.daum.net/qna/item/view.html?svcorgid=_SDB&sobid=h_dise&itemid=H003562#item_4806
- http://www.khudh.or.kr 경희대학교 치과병원 홈페이지
- SPHERE handbook (2011 in print): http://www.sphereproject.org/
- "UNICEF Core Commitments for Children in Humanitarian Action", New York: UNICEF, September 2000.
- "WFP Food and Nutrition handbook", Rome: WFP, 2000.
- "Module 14 of the Harmonized Training Package (HTP)", Micronutrient Interventions.
- De Pee, S et al. Home fortification in emergency response and transition programming: Experiences in Aceh and Nias, Indonesia. Food and Nutrition Bulletin, vol 28, no.2, 2007.
- De Pee, S et al, "Home fortification in emergency response and transition programming: Experiences in Aceh and Nias, Indonesia", Food and Nutrition Bulletin, vol 28, no.2, 2007.
- Ip, H et al, "Improved adherence and anaemia cure rates with fliexible administration of micronutrient Sprinkles: a new public health approach to anaemia control", European Journal of Clinical Nutrition, 1-8, 2007.
- Menon, P et al, "Micronutrient Sprinkles Reduce Anemia among 9- to 24Mo-Old Children When Delivered through an Integrated Health and Nutrition Program in Rural Haiti", Journal of Nutrition 137: 1023-1030, 2007.
- Black, R.E., Allen, L.H., Butta, Z.A., Caulfield, L.E., de Onis, M., Ezzati, M., Mathers, C., Rivera, J., "Maternal and child undernutrition: global and regional exposures and health consequences". The Lancet, Volume 371, Issue 960-8, pp. 243-260, 2008.
- Caulfield LE. de Onis M. Blossner M. Black RE. "Undernutrition as an

underlying cause of child deaths associated with diarrhea, pneumonia, malaria, and measles". American Journal of Clinical Nutrition. 80(1):193-8, 2004 Jul.

- UNICEF Core Commitments for Children in Humanitarian Action, September 2000, New York: UNICEF
- WFP Food and Nutrition handbook, 2000. Rome: WFP
- Module 14 of the Harmonized Training Package (HTP), Micronutrient Interventions
- Module 1 of the Harmonised Training Package (HTP), Introduction to Nutrition in Emergencies
- Module 3 of the Harmonised Training Package (HTP), Understanding malnutrition
- Emergency Nutrition Assessments- Guidelines for field workers. Save the Children, 2004.
- Module 5 of the Harmonised Training Package (HTP) Understanding malnutrition.

찾아 보기

ㅇ

ㅈ

ㅊ

ㅋ

ㅌ

ㅍ

ㅎ

NEW 보건영양학

2014년 8월 25일 초판 인쇄
2014년 9월 1일 초판 발행

저 자 윤미은 · 류혜숙 · 박현진
오현경 · 이순희

발행인 주 병 오

발행처 지구문화사
JIGU PUBLISHING Co.

경기도 파주시 회동길 209
파주출판문화정보산업단지

영업팀 (031)955－7566 · 7577
편집디자인팀 (031)955－7731
F A X (031)955－7730
홈페이지 www.ji-gu.co.kr
전자우편 jigupub@hanmail.net

ISBN 978－89－7006－709－4

값 25,000원